# 전기의 요정

# 전기의 요정

*La Fée*
*Électricité*

## 추천의 글

❚ 이 책은 전기와 전자기학 발전사에서 핵심 역할을 수행한 과학기술자들의 기여도를 살펴보고, 어떤 과정을 통해서 전기 혁명이 이루어졌고 전자기학이 탄생했는가를 체계적으로 알려준다.

아울러 전기와 전자기학을 기반으로 반도체 기술, 유무선 통신 기술이 어떻게 개발되어 왔고, 최근에는 양자역학으로 어떻게 이어져 왔는가를 알기 쉽게 안내하고 있다.

따라서 과학기술에 많은 관심을 가진 이들에게 이 책을 숙독하기를 추천한다. 특히 과학 기술적 호기심에서 출발하여 핵심 문제를 도출하고 정확하게 정의하며, 창의적·융합적 사고 및 융합적 협력 연구를 통해 해법을 찾고자 하는 과학기술자들에게, 이 책이 좋은 안내서가 될 것이다.

— 카이스트 전기및전자공학부 명예교수 │ **조동호**

▌《전기의 요정》은 전기 및 자기 측면에서 과학의 역사를 다시 조명한 책이다. 인간이 전기나 자기 현상을 발견하는 과정을 통하여 과학적 발명의 역사를 다시금 살펴볼 수 있다. 생성형 AI 시대를 맞이하고 있는 현시점에서 인간이 '새로운 과학적 사고 전환'을 생각할 수 있는 중요한 지침서가 될 것이다. 이 책을 통하여 과학적 사고 능력을 기르고, 과학적 발견의 역사에 대하여 흥미를 가질 수 있을 것으로 기대한다.

― 카이스트 전기및전자공학부 교수 | **최준균**

▌'전기의 요정'이라는 제목에서 다소 생소한 느낌과 기대감을 동시에 느꼈다. 결과적으로 평소에 내가 하고 싶었던, 그리고 한 번 정도는 출판되었으면 했던 그런 책이었다. 전기는 '신이 인류에게 선물한 최고의 선물'이다. 오랜 역사에 걸쳐 발견과 발명, 수학과 실험을 통해 전기를 퍼즐과 같이 하나하나 풀어냄으로써 현재의 거대한 문명의 탑을 쌓아온, 수많은 요정들의 이야기! 전문가가 읽어도 좋고 비전문가가 읽어도 좋은, 정말 재미있는 책이기에 독자들에게 자신 있게 권하고 싶다.

전기는 현대 과학 문명 그 자체이고, 우리 일상생활과 산업 전반에 필수적인 역할을 하고 있다. 이 책은 전기의 역사와 일화 그리고 숨은 이야기를 시간연대적으로 흥미롭게 서술하였으며, 독자에게 새로운 시각과 깊은 사색을 제공한다.

저자는 이 책에서, 전기의 발견에서 전기가 대중화된 현대까지, 전기의 발전사에 중요한 기술과 기술을 개발한 인물 중심으로 이야기를 진행한다. 중요한 인물들의 생생한 인간적인 모습, 절망과 노력 그리고 눈물과 애환을 기술과 결합시켜 다루었으며, 제3자의 시점에서 그들을 평가하고 서술하였다.

특히 책을 읽으면서 감동한 지점은, 저자가 소개하는 전기의 요정들 중 다수가 태어날 때부터 무지개와 찬란한 태양 혹은 커다란 산줄기의 정기를 받고 태어난, 남들과 다른 사람이 결코 아니라는 점이다. 그들은 지진아이면서 불구자이고, 가난하면서 제대로 교육을 받지 못한, 학벌이 별로 좋지 않은 흙수저였다. 이러한 사실이 한국 사회에 울림을 주고, 우리에게 도전을 던져줄 수 있기에, 많은 이들에게 이 책을 권하고 싶다.

전기와 관련된 역사적 사실만이 아니라 인간 승리의 이야기까지도 다루며 우리의 삶에 긍정적인 메시지를 전할 수 있다는 점에서 특히 이 책이 돋보인다. 그 어떤 과학도 한 명의 천재에 의해 만들어진 것이 아니라, 거인의 어깨 위에서 조금씩 진보하였다는 사실! 저자는 이러한 진보의 사슬을 엮어서 하나의 스토리로 연결해 낸다. 전문가의 관점에서도 기술이 완성되는 과정을 몹시 흥미롭게 읽을 수 있었다.

독자들이 바쁜 생활 속에서 잠시나마 시간을 내어 이 책을 읽어보고, 나를 돌아보고, 주변을 돌아보면서, 자신의 가능성을 발견하고, 자신을 사랑하는 계기가 되었으면 한다. 이렇게 좋은 책을 출판하는 것에 경의를 표하며, 또한 좋은 책을 추천할 수 있는 기회가 내게 주어진 것에 감사한다.

— 전력연구원 공학박사 | 김찬기

## 프롤로그

프랑스의 화가 라울 뒤피Raoul Dufy(1877~1953)는 파리 전력공사의 요청으로 '한 편의 그림'을 그렸다. 길이 60미터에 높이가 10미터인 이 작품은, 1937년 세계박람회장에서 전시된 〈전기의 요정La Fée Électricité〉이다. 이 작품 속에는 전자기 이론의 발전과 상용화에 기여한 108명의 인물이 수록되어 있다. 전자기 역사서라고 해도 무방할 정도로, 뒤피의 〈전기의 요정〉은 시간의 흐름에 따라 굵직굵직한 인물들을 잘 표현하고 있다. 특히 그림 속 전자기 유도와 산업화의 격변기에서는 그리스·로마 신화의 제우스가 등장하여 중심을 잡고 있으며, 인물들을 전기의 요정으로 인식하는 것에서 자연스러움을 더해준다.

이 작품 〈전기의 요정〉은 이 책을 쓰는 데 지대한 영향을 주었다. 부끄럽게도 필자는 책을 집필하기 시작했을 때 작품에 등장하는 인물을 절반도 채 알지 못했다. 머릿속엔 기계적인 공식만이 남아 있었고, 유기적인 탄생 배경은 더더욱 알지 못했다. 현업에 있는 많은 이들과 〈전기의 요

프랑스 현대 시립미술관에 전시 중인 라울 뒤피의 〈전기의 요정〉(1937)

정〉에 관해 이야기해 볼 수 있었지만, 모두가 같은 무지에 빠져 있었다. 이는 어쩌면 당연하다 생각했다. 헤비사이드를 몰라도 맥스웰 방정식만 알면 아무런 문제가 되지 않는 세상에 살고 있으며, 요정들의 고민을 알지 못해도 전공 서적 속 기계적인 공식으로 세상을 돌아가게 할 수 있기 때문이었다. 이렇다 보니 큰 문제의식을 느끼지 못했던 것도 사실이다.

원래는 하나의 본류에서 시작됐으나, 뻗어 나온 강줄기에 강둑을 쌓아 올렸기에 기원을 알지 못하는 후학들이 차고 넘쳤다. 이로 인해 서로가 하나였음에 낯선 감정을 느끼는 것도 당연한 것이다. 오늘날 전력, 통신, 제어, 반도체, 디스플레이와 같이 서로 다른 세부 학문으로 나뉘어 담을 쌓고 지내는 문제도, 전자기 발전사를 재정립함으로써 조금은 다른 의미의 재결합을 이루고자 했다. 마치 하늘에서 바라본 독립된 작은 섬들이 사실은 수면 아래에서 하나의 땅으로 연결되어 있음을 알리고 싶었으며,

태초부터 나누어진 섬이 아닌 인고의 세월을 거쳐 형성된 것임을 보여주고 싶었다. 실제로 책에서 시간의 흐름에 따라 인물 중심의 이야기를 다루었으며, 호박과 자석에서 시작된 물줄기가 다양한 세부 분야로 퍼져나가는 모양새로 서술했다. 오늘날 전문 분야가 명확하게 분류되어, 닫혀 있는 강둑을 보고 자란 후학들에게는 알고 있던 지식이 사실은 빙산의 일각이었음을 깨닫게 할 수 있으며, 특히 관련 지식을 부분적으로 알고 있거나 전체적인 숲을 그려본 적이 없는 사람들에게는 전자기학이라는 전체 퍼즐을 맞출 수 있도록 했다.

라울 뒤피의 그림 〈전기의 요정〉에서 시작된 이 책은 전자기학의 비하인드 스토리를 다루고 있다. 구체적으로는 이론이나 동시대적 발견 그리고 용어에 기여한 선대 요정들이 등장하는데, 책을 집필하면서 특히 이 부분을 중요하게 생각했다. 전기전자공학에서 한 번쯤은 들어봤을 앙페르와 패러데이 그리고 맥스웰은 결실을 거둬낸 사람이었다. 전류 전쟁으로 유명한 에디슨과 테슬라 역시도 마찬가지이다. 그러나 그들을 위해 토양을 다진 사람들에 대해서 얼마나 알고 있었을까?

서양으로부터 유입된 학문을 배우다 보니, 기원에 대한 깊이가 얕을 수밖에 없다. 이론의 뿌리부터 맞닿아 있는 서구권은 유기적으로 학문을 가르치고 있으며, 누가 처음으로 개간했고 누가 그 위에 새로운 씨앗을 옮겼는지 그리고 누가 그 결실을 수확했는지가 인물별로 기록되어 있다.

안타깝게도 우리는 그러지 못했다. 이것이 비단 동양 문화권의 문제라고 보진 않는다. 옆 나라 일본을 보면 상황은 크게 달라진다. 20세기 초, 미국에 의해 강제 개항한 일본은 원수와 같은 서양 문화에 대해 뿌리부터 조사했으며, 수많은 사람들을 파견하여 원서를 수입했고 일본어로 번역했다. 실제로 일본의 가나자와 공대에 가면 15세기 코페르니쿠스의 《천구의 회전에 관하여》부터 19세기 찰스 다윈의 《종의 기원》까지 세계를 바꾼 서적들의 '원문'이 보관되어 있다. 이처럼 빠르게 과학의 요람기를 거친 일본은 굳건한 토양을 갖추었다. 1935년에는 유카와 히데키가 원자핵 내부의 중간자 이론을 제시했으며, 그 공로를 인정받아 1949년 노벨 물리학상을 받았다. 최근 몇 년간 미디어를 통해 양자역학에 대한 이야기가 흘러나와 새로운 학문인 것 같은 느낌을 주지만, 옆 나라 일본과 비교했을 때 흘러간 옛 노래에 지나지 않는다.

이 책을 쓰게 된 문제의식을 다시 되새겨 본다. 나는 옆 나라 일본이 그랬던 것처럼 전자기학의 역사적 흐름의 공백을 메우고자 했다. 예를 들어, 탈레스에서 길버트로 훌쩍 뛰어넘는 비연속적인 기술 방식을 탈피하고자 했으며, 터무니없는 시도이자 현재는 사장된 것일지라도 전자기학의 자양분이 되었던 선대의 기록을 담아내고자 했다. 또한 철학과 과학의 경계가 모호하던 시대의 이야기, 천재가 이룩한 업적이 사실은 동시대적 발견이었던 사실 등을 들춰냄으로써 새롭게 환기하고자 했다. 이론과 수학적 기술이 난무하는 전자기 이론에서 벗어나 전공 서적에서 볼 수 없었던 새로운 전자기 이야기를 끌어내고자 했으며, 전기·전자라는 학문을 공부한 사람이라면 퍼즐을 맞추는 듯한 느낌이 오도록 했다.

이 책을 통해 유기적인 관계를 알게 되는 순간, 무분별한 조각들이 맞춰지는 희열을 느낄 수 있다고 본다. 딱딱한 답습으로 인해 나와 같은 고민을 했던 사람이라면 이 책이 도움이 되리라 믿는다. 물론 백지와 같은 상태로 이 책을 접해도 문제는 없다. 칸트의 《판단력 비판 Kritik der Urteilskraft》에서는 자연을 탐구하는 능력과 예술을 인지하는 능력이 크게 다르지 않다고 말한다. 판단력이란 이성과 감성을 오가는 매개체이며 인간은 그러한 능력을 충분히 갖추고 있다 믿는다. 예술에 문외한인 내가 그림을 보고 아름다움을 느끼듯이, 마음을 편히 먹고 어려운 설명이나 수학식을 바라본다면 그 아름다움을 향유할 수 있을 것이다.

# 차례

추천의 글 • 4

프롤로그 • 7

## 1부_ 유럽 전기 혁명의 미명

### 01 호박과 자석을 연구한 사람들 —————————————— 17

탈레스의 호박 • 17　고대 그리스의 자연철학자 • 21　로마인의 기록 • 26　아랍의 과학과 십자군의 자석 • 29　로저 베이컨과 스콜라 철학 • 39　윌리엄 길버트의 《자석에 관하여》 • 42　'전자기학' 용어의 사용 • 47

### 02 과학혁명과 전자기력의 맹아: 코페르니쿠스에서 뉴턴까지 ———— 49

헬리오센트리즘, 태양 중심 우주관의 확립 • 49　아리스토텔레스의 세계관에 맞선 투쟁들 • 54　네덜란드에 불어온 바람 • 59　철학자로 알려진 과학자 데카르트 • 62　거인의 어깨 위에 올라선 위대한 과학자 뉴턴 • 66　동시대의 거인들 • 69　역제곱 논쟁과 프린키피아의 혁명 • 75　뉴턴과 라이프니츠의 미적분 논쟁 • 79　전자기력의 맹아 • 83

### 03 17·18세기, 전기를 다룬 사람들 —————————————— 85

오토 폰 게리케, 마그데부르크의 반구를 발명하다 • 85　영국의 전기 기술자, 기체 방전의 시초가 되다 • 94　스티븐 그레이가 발견한 전기 전도성 • 95　그레이의 실험을 재현한 뒤페 • 99　라이덴 병: 전기를 저장하는 발명품의 탄생 • 100　번개를 끌어오는 사람들 • 103

### 04 계몽주의 시대의 전기 혁명 —————————————————— 109

에피누스의 전기 그리고 평행판 커패시터 • 109　쿨롱의 비틀림 저울과 전기력 • 114　프랑스의 계몽주의 시대를 연 아담과 이브 • 116　베르누이 가문과 오일러 • 120　유체의 저항과 달랑베르의 역설 • 125　배터리의 시작과 전기 혁명 • 126

## 2부_ 힘에서 장으로, 전자기학의 탄생

### 05 낭만주의 시대의 과학자들 ——————————— 133

칸트의 관념론과 코페르니쿠스적 전환 • 133   자연을 어떻게 바라볼 것인가 • 135   낭만주의는 사실 저항이었다 • 137   가시광선 스펙트럼 너머에 • 140   외르스테드의 발견: 전기와 자기의 상호 작용 • 143   앙페르의 자기력과 비오-사바르의 법칙 • 144   영국 왕립연구소가 남긴 족적 • 149   과학의 쇼를 주도한 험프리 데이비 • 151   위대한 도약, 패러데이의 유산 • 153

### 06 혁명과 프랑스의 요정들 ——————————— 165

프랑스 대혁명의 배경 • 165   고귀하고도 허망한 과학자 라부아지에 • 174   라그랑지안, 세상이 돌아가는 작용원리 • 176   대수학자 라플라스, 그의 방정식의 의미 • 179   에콜 폴리테크니크 출신의 두 거장 • 183

### 07 에너지 보존, 그 기원에 대하여 ——————————— 189

산업혁명과 루나 소사이어티 • 189   에너지 보존 법칙의 연구자들 • 192   렌츠의 법칙 • 195   일과 에너지 그리고 열의 연구 • 198   에너지 보존 법칙에 대한 고찰 • 203

### 08 화려하지 못했던 맥스웰 방정식의 등장 ——————————— 205

독일의 원격작용론자들 • 205   옴의 법칙과 동시 발견자들 • 208   전자기학의 산파들 • 211   맥스웰 방정식의 등장 • 215   빛에 관하여 • 223

## 3부_ 맥스웰의 유산과 한계, 그리고 불확실성의 서막

### 09 캐번디시 연구소와 맥스웰주의자들 ——— 233

유서 깊은 케임브리지의 캐번디시 • 233  헤비사이드 층으로의 여행 • 235
헤르츠의 전자기파 발견 • 241  시대 전환을 예고한 빛의 파동성 연구 • 245

### 10 발명가의 시대 ——— 249

결핍을 가진 미국의 전기공학자 스타인메츠 • 249  영국과 미국의 발명가들 • 254  해저 케이블의 시작 • 258  정보를 전달하는 바닷속 거대 뱀, 대서양 횡단 케이블 • 259  초기 전기 모터의 선구자들 • 263  전기의 마법사 테슬라의 출사표 • 269  유도모터를 발명한 동시대의 다른 발명가들 • 271  3상 모터, 균일하게 회전하는 힘 • 274  전기 자동차의 역사 • 277  전류 전쟁 • 280  음파와 전파 그리고 전화기 • 285  마르코니와 테슬라의 무선통신 • 289  무선전력 전송 • 292

### 11 새로운 선에 관하여 ——— 297

진공관과 방전 연구 • 297  반도체의 시작은 전구였다 • 301  톰슨의 실험과 전자의 발견 • 306  미지의 빛, X선 • 309  새로운 빛, 방사선 • 311

### 12 언제나 후발주자였던 아인슈타인 ——— 315

절대 좌표계가 무너지는 순간 • 315  상대성 원리의 주역은 누구인가 • 320

### 13 빛이 갈라지고 시작된 양자의 세계 ——— 325

복사에너지의 방출과 흡수를 연구한 사람들 • 325  양자의 탄생 • 328  광양자 가설 • 330  양자역학의 역사와 현대 문명 • 333

**에필로그_ 노벨상에 다가간 한국인 • 339**

주 • 347

# 1부
# 유럽 전기 혁명의 미명

01 • 호박과 자석을 연구한 사람들
02 • 과학혁명과 전자기력의 맹아: 코페르니쿠스에서 뉴턴까지
03 • 17·18세기, 전기를 다룬 사람들
04 • 계몽주의 시대의 전기 혁명

# 01
# 호박과 자석을 연구한 사람들

### 탈레스의 호박

정전기란 물체에서 전자electron가 이동하여 전하charge가 재배열되고 축적되어 고정되는 현상을 말한다. 여기서 전하란 모든 전자기 현상의 출발점이 되는 물리 현상이며, 물체가 전하를 띠는 것을 '대전 현상'이라 한다. 일반적으로 플라스틱과 동물 가죽은 전기적으로 중성이지만, 가죽으로 플라스틱을 문지르거나 닦는 순간 마찰에 의해 대전된다. 전자를 쉽게 얻는 특성이 있는 플라스틱은 전기적으로 음의 성질인 음전하를 띠는데, 이때 양전하를 갖거나 중성을 띠는 물체(예를 들어 종이, 깃털, 머리카락)를 가까이 대면 인력에 따라 끌어당겨진다. 이러한 현상을 총칭하여 '정전기 현상'이라 부른다.

정전기는 대부분 '마찰'에 의해 생기기 때문에 습한 환경보다는 건조한 겨울철에 더 잘 발생한다. 피부가 지성인 사람보다 건성인 사람들이 정전

아나톨리아반도에 위치한 이오니아 지방은 고대에 그리스 영토에 속해 있었다. 그중 밀레토스는 이오니아 지방의 중요한 도시였다.

기를 더 많이 느끼는 이유도 마찰과 관련이 있기 때문이다. 이러한 이유로 손에 핸드크림을 바르거나 세탁할 때 섬유유연제를 사용하면 정전기 발생을 줄일 수 있다. 하지만 마찰에 유리한 환경이 만들어진다면, 물체에는 양전하나 음전하가 쉽게 쌓이고, 이에 따라 접촉 시 쌓여 있던 전자가 이동하여 찌릿한 전류current를 느끼게 된다.

지금은 상식처럼 자리 잡은 지식의 기원을 알아보기 위해서는 아주 먼 과거의 그리스까지 거슬러 올라가게 된다. 전기의 기원은 철학의 아버지라 불리는 탈레스Thales(기원전 624~546 추정)에서 시작된다. 그는 아나톨리아반도의 이오니아 지방 사람이며, 밀레토스 지역에서 활동했기 때문에 밀레토스의 탈레스라고도 부른다. 그에 관해 전해지는 이야기 속에서 심심치 않게 자연 현상을 예측한 일화를 살펴볼 수 있다. 일찍이 탈레스

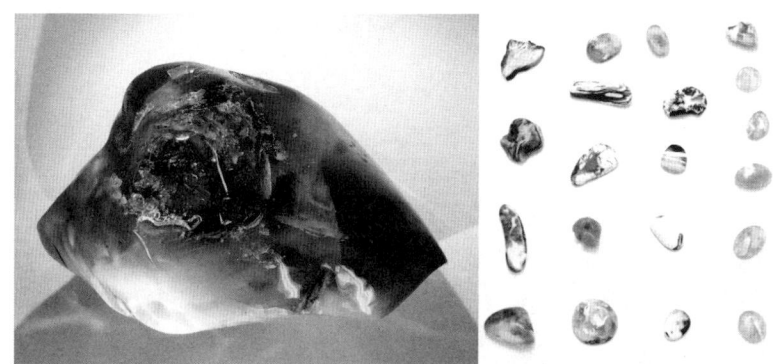
정전기의 존재를 알렸던 자연 물질, 호박

는 자연의 주기성을 알아차렸고, 측정한 정보를 토대로 기원전 585년 5월 22일의 일식을 예측했다. 이뿐만 아니라 올리브 수확 시기를 정확히 예측하여 큰돈을 벌어들인 일화가 있기도 하다.[1]

그는 만물의 근원을 물이라고 주장한 인물로, 주장의 옳고 그름을 떠나 자연에 대한 호기심을 드러내고 사유하기 시작했다는 점에서 주목할 필요가 있다.[2] 그는 그리스, 이집트, 신바빌로니아에 이르는 넓은 지역을 여행하며 많은 기연 현상을 경험했고, 다양한 사람들을 만났다. 만약 그가 그리스 사회에만 머물렀다면, 그 역시도 자연을 하늘의 신인 제우스와 대지의 신인 가이아의 작품이라 생각했을 것이다. 그러나 탈레스는 신화적이고 미신적인 요소를 걷어 내기 시작했고, 그의 경험과 자연에서 얻은 통찰을 바탕으로 진리를 탐구하려 했다. 이러한 방향성을 후대의 자연철학자들이 계승한다.

고대 그리스에서는 호박琥珀, amber 속에 신이 머물러 있다고 생각했다. 이는 영롱한 빛을 내는 보석이 원격으로 무언가를 끌어당겼기 때문이었다. 당시 사람들은 이를 초자연적으로 이해했지만, 탈레스는 다르게 생각

기원전 600년경, 정전기 현상을 발견한 탈레스(삽화)

했다. 실제로 호박은 항상 무언가를 끌어당기는 것이 아니라, 동물가죽으로 호박을 문질렀을 때에야 그러한 현상을 보였다. 탈레스는 이러한 인과관계에 주목했다.[3] 결국 호박 속의 정령이라는 신비주의를 허물고, 관찰을 통해 호박의 작용 원리를 설명해 냈다. 이러한 공로는 탈레스의 업적으로 평가된다.

자연철학자였던 탈레스는 불가사의한 원격작용을 일으키는 호박에 '일렉트론elektron'이라는 이름을 붙였는데, 이는 전기electricity라는 용어의 기원이 되었다.[4] 비록 탈레스가 호박이 일으키는 현상을 과학적으로 완전히 설명하지는 못했지만, 정전기static electricity는 탈레스의 시대부터 시작된 것으로 여겨지게 되었다. 탈레스 이후, 아리스토텔레스의 제자인 테오프라스투스Theophrastus(기원전 371~287)는 여러 광물에 대해서 정리한 《돌에 관하여On Stones》를 통해 호박 외에도 다른 물체 역시 (문지르는 행위를 통해) 전기적인 성질이 나타날 수 있음을 기록하였다. 로마 제국 시대에는 플리니우스Pliny the Elder(23/24~79)가 《박물지Natural history》라는 저서를 통해 호박이 불꽃을 일으키며 가벼운 물체를 끌어 올리는 힘(전기력)을 기록한 바 있다.[5] 그럼에도 1,000년이 넘는 시간 동안 호박은 여전히 신비주의의 대상이었고, 르네상스 시대에 이르러서야 '호박은 나무의 진액이 굳어져 만들어진 광물'이라는 생각이 자리 잡게 된다.

## 고대 그리스의 자연철학자

고대에는 호박의 전기와 마찬가지로 신비롭고 주술적인 성격을 띠는 광물이 있었다. 그것은 자석magnet이다. 신비한 돌에 대한 기록은 호박과 마찬가지로 탈레스에서부터 시작된다.[6] 탈레스는 자철석lodestone이 철을 끌어당긴다는 사실을 알게 됐는데, 시간이 지나 자석에 대한 연구가 이루어졌을 때쯤에는 자석이 주변 물체들에 미치는 영향을 자기magnetism라고 부르기 시작했다. '전자기학'이라는 학문의 이름에서도 알 수 있듯이 물체를 끌어당기는 힘의 원천인 자기는 매우 중요한 현상이며, 앞으로 이어질 발견과 결과물들의 핵심 원리가 된다.

고대 그리스 북부 지방, 트라키아의 해안 도시인 압데라에는 데모크리토스Democritus(기원전 470~370)라는 철학자가 있었다. 부유한 집안에서 태어난 그는 탈레스와 마찬가지로 젊은 시절을 바빌로니아와 이집트에서 보냈으며, 이 과정에서 경험한 학습을 통해 자연을 신화적으로 바라보기

 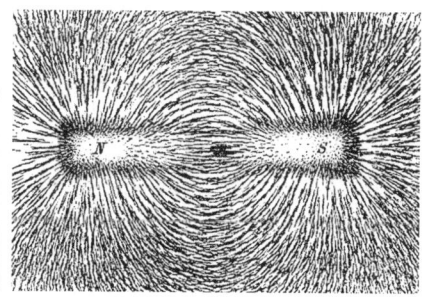

자철석과 자석 주위에 나타나는 자기력선

중세 학자의 모습으로 그려진 데모크리토스(왼쪽)와 아리스토텔레스(오른쪽)

보다는 물질주의에 바탕을 두고 해석하였다. 여기서 등장한 것이 바로 우리에게 잘 알려진 '원자론'이다. 그는 이 세상의 모든 것들이 원자로 이루어져 있으며, 물질의 본질은 원자와 진공이라 하는 텅 빈 공간, 즉 공허만이 존재한다고 주장했다. 데모크리토스는 자연의 모든 변화를 설명하기 위해 원자끼리는 합쳐지기도 하고 떨어지기도 한다고 주장했는데, 이러한 상호 작용의 근거가 된 것이 바로 자석이었다. 원자들끼리의 기계적인 움직임을 마치 자석이 철을 끌어당기는 것처럼 생각한 것이다. 지금은 소실되어 그 원저를 알 수 없지만, 후대의 목소리를 통해 전해지는 데모크리토스의 《자석에 관하여On Magnets》에서는 자기적인 성질에 대한 그의 생각이 담겨 있다.[7] 그는 "본디 속성이 서로 같은 것들끼리는 서로를 향해 운동하며, 같이 모인다"라고 말했다. 어떻게 보면 틀린, 자석에 대한 그의 이러한 생각은 꽤 오랜 시간 사실처럼 받아들여졌다.

데모크리토스의 시대를 지나, 아주 잠시 그리스 자연철학을 대표하는 아리스토텔레스Aristoteles(기원전 384~322)를 살펴볼 필요가 있다. 그는 여러 학문의 아버지라 부를 정도로 인류사에서 빼놓을 수 없는 인물이다.

그는 17세에 플라톤Platon(기원전 427~348)이 세운 아카데미아에 들어갔으며, 스승의 이데아 사상을 흡수함과 동시에 독자적인 사유를 통해 리케이온이라는 새로운 학파를 만든 인물이다. 아리스토텔레스는 방대한 양의 저서를 남겼지만, 전기나 자기에 관한 내용은 상당히 드물다. 자석에 관한 그의 생각은 두 군데에 나타나 있는데, 그것은 "자석은 영혼을 가지고 있다"라는 내용과 "자석은 움직임을 일으키는 부동의 동자Unmoved mover"[8]라고 언급한 부분이다. 우리는 여기서 두 번째 내용에 집중할 필요가 있다. 플라톤은 천상의 우주만이 실재한다는 이데아의 세상을 믿었던 반면, 아리스토텔레스는 스승이 평가절하한 지상의 움직임에 집중하였다. 그의 저서인 《자연학》에서는 천체의 하늘을 (과거부터 전해지던) 완전한 원운동[9]으로 여겼고, 지상에서의 운동은 수직운동으로 설명했다.

이러한 생각은 잘못된 실험과 직관으로부터 시작됐다. 아리스토텔레스에 따르면 지면 위로 들어 올린 흙은 자신의 본성으로 돌아가기 위해 움직였고, 물체가 보인 운동은 수직 운동이었다.[10] 이로 인해 아리스토텔레스에게 땅으로 떨어지는 수직 운동은 불완전함의 상징이었으며, 그는 여기서 더 나아가 무거울수록 더 빠르게 제자리로 돌아간다고 주장했다. 이와 반대로 천상의 운동은 고귀하고 완전해야 했기에 직선과는 반대되는 원이어야 했다. 물론, 눈부신 기하학의 발전으로 각이 존재하지 않는 원이 이데아의 상징이 된 것도 예로 들 수 있다. 만일 세상을 완전과 불완전으로 양분하지 않았다면, 직선 운동을 역학적으로 바라봤을 수 있다. 그러나 잘못 뿌리내린 결론은 꽤 오랜 시간을 가두는 족쇄가 되었다. 그럼에도 아리스토텔레스는 《자연학》을 통해 물체의 운동과 변화를 기술해냈고, '역학Mechanics'의 시작을 알렸다. 여기서 그는 물체의 운동을 '자연스러운 운동'과 '강제적인 운동'으로 구분했으며, 인과관계를 설명하기 위해 '목적인final cause'[11]이 제시되었다. 목적인은 사물이나 행위의 궁극적인 목표를 의미하는데, 동식물은 번식이 목적이고 인간은 행복 추구가 목적이라고 설명했다.

아리스토텔레스는 변화와 운동을 설명하면서, 한발 더 나아가 운동을 가능케 하는 '전달 매개체'를 고안해 냈다. 여기서 등장하는 개념이 '무버 mover'였다. 현대 과학의 관점에서는 무버를 가상의 개념이라 여기고 있지만, 때로는 미신적인 요소로 인식한다. 자연스러운 운동에서는 무버가 물질 자체에 내재되어 있어서 이동이라는 결과를 초래하지만, 강제적인 운동에서는 그 원인인 무버가 외부에서 기인한다고 아리스토텔레스는 설명했다. 당시에는 현대의 힘과 운동량의 개념이 혼재된 채 사용되었기 때문에, 이러한 점을 감안하면 놀라운 접근법이라 할 수 있다. 하지만 이 지점에서 아리스토텔레스가 왜 자석에 대해 많은 기록을 남기지 않았는지를 추측해 볼 수 있다. 자석 그 자체는 움직이지 않으면서 철은 운동하게 했기 때문에, 아리스토텔레스에게 자석은 부동의 동자이자 완전한 것이었다. 그에게 이 개념은 신적인 존재와 연결되는 궁극적인 무언가였으며, 더 설명할 수 없는 무언가였다. 또한 그는 플라톤과는 달리 불완전한 것에서 의미를 찾으려 했기 때문에, 자석은 그의 관심 밖이었을 것이라 짐작해 볼 수 있다. 하지만 흥미롭게도 리케이온에서 아리스토텔레스를 보좌하던 제자는 전기와 자석에 대해서 큰 흥미를 갖기 시작했다.

테오프라스토스는 아리스토텔레스 사후 그의 자리를 물려받은 인물로서 '외골수 학자'라 불리던 학구파였다. 그의 저서인 《돌에 관하여》(1491)는 스승의 가르침에 따라 광물을 흥미롭게 분류해 낸 책이며, 그의 성격을 보여주는 예시라 할 수 있다. 그는 분류 작업을 위해 지표를 만들었는데, 매끄러움과 색, 가연성 등이 그 예시이다. 그리고 여기서 등장한 것이 인력이었다. 그는 호박과 자석을 같은 부류로 묶었으며, 다른 물체를 끌어당기는 돌로 분류하였다. 테오프라스토스는 금속에 관한 분류 연구도

테오프라스토스(왼쪽)와 그의 저서 《돌에 관하여》 속 삽화(오른쪽)

수행했는데, 자석을 금속이 아닌 확실한 돌로 여겼다. 당시 4원소설이 지배적이었기 때문에 열에 의해 액체로 변하는 금속은 그 본질이 물에 있다고 여겼고, 열에 쉽게 녹지 않는 돌은 흙으로부터 기인한다고 생각했다. 그리고 상반된 두 물체가 인력을 통해 서로 반응하는 것을 보임으로써, 많은 사람들이 "돌을 금속으로 만들 수 있지 않을까?" 하는 상상을 하게 만든다.

비슷한 시기에 역사적으로 중요한 사건을 짚고 넘어갈 필요가 있다. 그리스 문화의 중심지였던 아테네는 기원전 338년 마케도니아의 필리포스 2세Philippos II(기원전 382~336)의 영향력 아래로 들어갔다. 아리스토텔레스의 교육을 받으며 성장한 알렉산드로스Alexander III(기원전 356~323) 대왕은 필리포스 2세의 뒤를 이어 즉위하였고, 기원전 334년 소아시아를 넘어 페르시아 아케메네스 제국을 무너뜨린 뒤, 인도 북서부의 인더스강에 이르는 대제국을 건설한다. 이때 그리스와 아랍 그리고 인도 문화가 결합하는 진기한 현상이 발생했으며, 헬레니즘 문명이라 부르는 그리스 문화의 절정기가 열린다. 알렉산드로스 대왕이 바빌론에서 이른 나이에 사망함에 따라 휘하 장군들이 서로 창칼을 겨누는 내전(디아도코이Diadochi)이 발생하지만, 이후 안정기에 접어들어 헬레니즘 문화의 꽃을 피운다.

이 시기, 소아시아 사모스섬에서 태어난 에피쿠로스Epicurus(기원전 341~271)는 그리스 철학자 데모크리토스의 영향을 받아, 원자론을 꺼내 들며 무한하고 영원한 우주와 그 사이의 빈 공간을 떠도는 원자의 상호 작용을 설명하였다. 에피쿠로스의 사상은 현대 과학의 관점과도 유사한 점이 많은데, 이성을 강조하는 것은 물론이고 실험 관찰과 이론적인 추론을 중요하게 여겼다. 또한, 결정론적인 세계관을 부정하고 자유 의지를 강하게 주장하였다.[12] 이러한 에피쿠로스의 사상은 이후 등장하는 로마의 철학자이자 시인에게 큰 영향을 주게 된다.

## 로마인의 기록

그리스의 자연철학은 시대의 물결을 따라 어느새 로마로 옮겨 올 준비를 하고 있었다. 헬레니즘 시대 막바지에 로마는 카르타고(현재 튀니지 일대)와 포에니 전쟁(기원전 264~146)을 벌였으며, 동쪽으로는 지중해의 패권을 잡기 위해 그리스로 진출하여 마케도니아 전쟁(기원전 214~148)을 유도했다. 결국 두 전쟁에서 승리한 로마는 헬레니즘 시대의 막을 내렸고, 시대의 지배자가 됐다. 그리고 시대의 변화에 맞추어 로마의 학자들은 그리스 자연철학자들의 사상을 흡수한 뒤, 조금은 다른 방향으로 사물을 들여다보기 시작한다.

일반적으로 자석의 어원을 설명할 때 가장 많이 인용되는 예시는 바로

루크레티우스의 흉상(왼쪽)과 그의 책 《사물의 본질에 대하여》(오른쪽)

루크레티우스Lucretius(기원전 99~55)와 플리니우스의 기록이다. 소아시아 지역의 '마그네시아' 혹은 '마그네테스'라는 지역 안에서 철을 끌어당기는 돌이 생산됐는데, 사람들이 그것을 '마그넷', 즉 '자석'이라고 불렀다는 것이다. 그 일화는 루크레티우스의 《사물의 본질에 대하여On the Nature of Things》(1570)에 기록되어 있다.[13] 또 다른 설은 플리니우스의 《박물지》에서 찾아볼 수 있다. 그의 책에서는 자석을 '마그네스의 돌'이라고 불렀는데, 우연히 지나가다가 쇠 지팡이를 돌이 끌어당기는 것을 발견한 양치기의 이름인 마그네스에서 유래됐다고 설명했다.[14]

먼저 루크레티우스는 데모크리토스와 에피쿠로스의 영향을 받아 원자론과 인접작용에 기대어 자기적인 현상을 설명하려 노력했다. 사실 이 과정에서 보여준 루크레티우스의 설명은 정교함이 떨어지지만, 전자의 이동과 전류라는 개념의 예고편 같은 느낌을 준다. 그는 철이 자석에 붙는

01 • 호박과 자석을 연구한 사람들　27

이유를 설명하기 위해, 자석에서 나온 원자들이 공기를 쳐서 공허(진공)를 만들고, 그 자리를 철의 원자들이 들어와 차지하는 과정을 설명했다. 그 뒤에 원자를 통해 이동한 '철의 고리'와 '보이지 않는 걸개'가 자석과 붙을 수 있게 하는 요소라고 주장했다. 물론 이 설명은 잘못됐으나, 고리와 걸개를 통해 자기력의 원리를 설명하고자 했다는 데에 큰 의의가 있다. 특히 시대에 걸맞은 요소로써 현상을 이해하려는 모습은, 마치 19세기의 맥스웰이 전자기 동역학을 설명하기 위해 육각형 모양의 소용돌이 분자와 그것들 사이를 오가는 작은 구형 입자인 유동바퀴Idle wheel[15]를 도식화한 장면을 연상시킨다.

로마 시대의 과학을 살펴보기 위해서는 플리니우스의 《박물지》를 살펴볼 필요가 있다. 총 37권으로 구성된 이 저서에는 실생활에 도움이 될 만한 공학적인 내용이 많이 포함되어 있으며, 플리니우스의 지적 호기심과 광적인 수집욕이 잘 나타나 있다. 그가 기록한 항목만 해도 2만 가지가 넘으며, 직접 보고 경험하지 않았더라도 여행자나 수집가들의 도움을 받아 내용을 기록하였다. 그렇기에 그가 비판적인 자세로 저술했음에도 터무니없거나 출처가 불분명한 내용도 많이 포함되어 있다. 그럼에도 약 2,000년이 지난 지금, 그 당시의 자석에 관한 기록을 볼 수 있음은 축복일 것이다. 자석끼리의 인력과 척력이라는 주목할 만한 내용이 담겨 있는 것이다. 이전까지는 철과 같은 특정 금속에만 자기 인력이 작용한다고 생각했는데, 이 책 36권 25장에서는 '에티오피아 자석이 다른 자석을 자기 쪽으로 끌어당긴다'는 내용이 등장한다. 또한, 20권에서는 밀어내는 힘에 대한 내용이 기술되어 있다. 최초로 자기력에 관한 두 힘이 언급된 것이다. 그 전까지만 해도 아리스토텔레스의 부동의 동자 개념으로 인해 일방적으로 영향을 주던 자석이 플리니우스의 정립에 따라 움직일 수 있는 대상이 되었다.

플리니우스(왼쪽)와 12세기에 복제된 그의 저서 《박물지》(오른쪽)

   플리니우스가 자연을 바라보는 방식의 특징은 '공감'과 '반감'이라는 이분법적인 개념에 있다. 얼핏 보면 인력과 척력에 대해 이야기하는 것 같지만, 안타깝게도 그렇지는 않다. 공감이 자연 친화적인 성격이라면 반감은 혐오에 가깝다. 그는 물과 흙, 그리고 물과 불처럼 친화와 대립의 관점으로 물질의 관계를 분류했다. 플리니우스는 루크레티우스와 비교하자면 수집가라는 수식어가 더 적절하다. 그는 인력과 척력에 관해서 파고든 뒤, 깊이 사고하기보다는 전해지는 이야기에 집중했던 것 같다. 그가 만약 끌어당기는 돌과 밀어내는 돌이 있다는 구전을 전해 듣고 실험에 임했다면 밀어내고 당기는 현상을 동시에 마주했겠지만, 그러지 못했다. 자석의 두 극이 함께 존재하는지 모른 채 분류하고 서술한 플리니우스의 생각은 꽤 오랜 시간 유럽 사회를 지배하게 된다.

## 아랍의 과학과 십자군의 자석

이스라엘에서 시작된 유일신 종교는 그리스도의 탄생Anno Domini[16]과 함께 인류사에서 새로운 형태의 패러다임을 제시하고 있었다. 그리스도교의 박해 시기를 지나 점차 유럽 문화권에 스며들었으며, 종교의 틀을 벗어나 학문의 영역으로 확장된다. 313년, 콘스탄티누스Constantinus(272~337) 대제는 밀라노 칙령[17]을 통해 그리스도교를 공인했다. 로마 제국은 종교의 힘을 빌려 불안했던 내정을 다지려 했으나, 4~6세기 훈족과 게르만족의 침입으로 395년에는 서로마 제국과 동로마 제국이 분열한다. 서로마 제국은 군벌 지도자로 인해 혼란한 시기를 보냈으며, 476년에는 결국 멸망하게 된다. 동로마 제국은 오스만 제국에 의해 멸망하기 전까지 명맥은 이어갔지만, 안과 밖을 가리지 않고 위협이 발생하면서 자유로운 분위기를 조성하기 어려웠다. 이에 로마 시기의 과학 발전도 정체기를 맞이한다.

인류 과학사의 진보는 예상 밖의 지역에서 그 명맥이 이어지게 되는데, 바로 종교적 색채가 짙은 중동 지역이었다. 당시 해상무역이 발달함에 따라 아라비아반도는 홍해를 통해 지중해와 인도양을 잇는 지리적 요충지였다. 돈이 흐르는 곳엔 당연히 사람들이 모여들었고, 유목 사회의 관습과 공동체가 무너져 갈 때쯤 혼란한 시대를 틈타 새로운 바람이 불기 시작한다. 610년경 이슬람의 예언자로 알려진 마호메트Muhammad(570~632)가 아라비아반도에서 이슬람교를 창시한 것이다.

이후 등장하는 이슬람 왕조들은 마호메트의 사상을 이어가려 노력했으나, 여느 왕조와 다름없이 쿠데타가 반복됐다. 750년경에는 지금의 이라크 바그다드 지역에 강력한 왕권을 기반으로 한 아바스 칼리파국이 등장했다. 아바스 왕조는 지식인을 활발히 후원했는데, 특히 '지혜의 집'[18]이라는 아카데미가 대표적이었다. 비슷한 시기, 당나라와의 탈라스 전투[19]를 통해 이슬람 지역에 중국의 제지술이 전파됐으며, 수많은 책이 번역되어 보급되었다. 양피지와 파피루스밖에 없던 시절에 제지술의 보급은 말 그대로 과학혁명이었고, 혁명의 여파로 사마르칸트와 바그다드를 잇는 도시 곳곳에 제지공장이 들어섰다. 이러한 영향으로, 그리스어로 된 철학과 과학 서적들이 아랍어로 번역되어 보급되기 시작했다. 이 시기 기하학을 대표하는 유클리드Euclid(기원전 323~283)의《원론》과 수의 체계를 확립한 인도의 학문이 중동에서 결합하는 기이한 현상도 있었다.[20]

8세기 바그다드의 알 콰리즈미al-Khwarizmi(780~850)는 수학자와 천문학자로 명성을 떨치고 있었는데, 교류하던 인도의 천문학과 수학의 유용성을 알아보고는 적극적으로 수용하면서 그 내용을 담아《인도 수학에 의한 계산법》이라는 책을 집필하였다. 이 책에서는 0을 이용한 기수법 체계를 소개했으며, 십진법을 도입하여 후에 서구 문명에 아라비아 숫자가 전파될 수 있는 계기를 마련했다. 알 콰리즈미는 830년에《알 제브로 알 무카발라al-jabr al-muqabala》라는 책을 집필하기도 했는데, 여기서 이항과 분배 법칙을 이용한 최초의 방정식 풀이를 소개하였다. 대학교에 갓 입학한 공학도가 교양과목에서 처음으로 배우게 되는 '대수학algebra'의 어원이 바로

 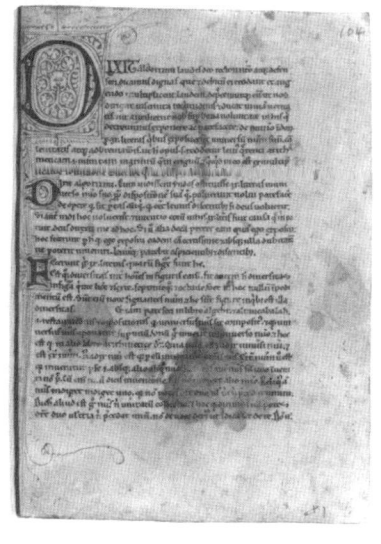

알 콰리즈미(왼쪽)와 그의 책 라틴어 번역본 일부분(오른쪽): "알 콰리즈미는 말했다"라는 말로 시작한다

01 • 호박과 자석을 연구한 사람들　31

이항al-jabr에서 등장한 것이다. 비록 음수의 개념은 없었지만 알 콰리즈미는 2차 방정식[21]의 근을 구해냈으며, 그의 방법은 후대의 학자들에게도 영향을 주었다.

10~11세기, 과학의 주도권은 아직도 중동에 있었다. 이 시기에 '진정한 과학자'라고 부를 만한 인물, 알하산 이븐 알하이삼al-Haytham(965~1040)이 등장한다. 그는 빛과 관련된 광학을 연구하여, 최초로 빛의 직진성을 실험으로 증명해 낸다.

고대 프톨레마이오스 시대에는 눈에서 방출한 빛이 물체를 인식하는 것으로 생각했다. 아리스토텔레스는 물질 자체에서 빛을 방출하기 때문에 관찰자가 눈으로 인식할 수 있다고 말했다. 이 모든 것을 정면에서 반박한 것이 알하이삼의 가설과 실험 결과였다. 우리가 보고 인식할 수 있는 원리는 빛(광원)이 물체에 반사되고, 반사된 빛이 눈에 들어와 망막에 상이 맺힘으로써 볼 수 있는 것이라고 주장하였다. 그는 어두운 방이라 불리는 카메라 옵스큐라[22]를 구축하여 올바른 실험과 해석을 내놓았는데, 광원으로부터 발생한 빛이 암실에 뚫린 작은 구멍에 들어와 상이 거꾸로 뒤집어지는 것을 보여주었다. 이러한 원리는 필름 카메라에 적용되며, 현대의 꽃이라 부르는 반도체 공정에도 사용된다.

알하이삼이 소개하고 제시한 과학적 방법은 현대의 방식과 매우 유사하다. 이론적인 가설을 세우고, 통제된 실험을 통해 귀납적인 결과에 도달하는 방식은 현대 과학의 관점과 결을 같이하는 면모라 할 수 있다. 특히 그의 저서 《광학의 서Book of Optics》와 《위치에 관한 논고》에 그러한 내용이 잘 반영되어 있다. 또한 렌즈와 망원경 그리고 마찰력 등에 관한 알하이삼의 결과들은 몇 세기 후에야 나타나는 갈릴레오 갈릴레이의 업적과 유사할 정도로 진보적이라 할 수 있다.[23]

4세기 서로마 제국의 멸망부터 르네상스 시대가 출발하는 14세기 이전

 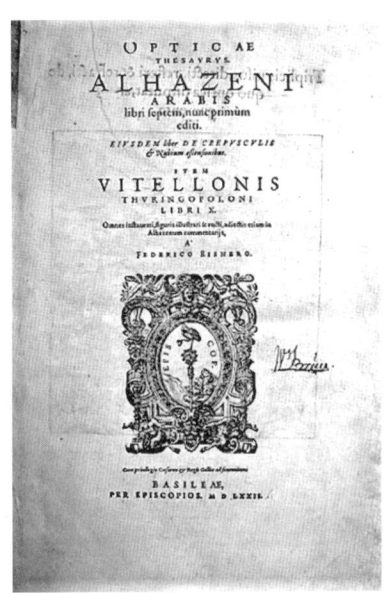

이븐 알하이삼과 갈릴레오 갈릴레이를 그려낸 〈헤벨리우스의 월면도〉(왼쪽)와
라틴어로 번역된 알하이삼의 《광학의 서》(오른쪽)

까지를 중세 유럽이라고 한다. 이 시기는 기독교(그리스도교) 신학을 기반으로 한 철학적 사상이 지배적이었기 때문에 과학 발전을 위한 토양이 제대로 갖추어져 있지 않았다. 이에 따라 과학의 중심은 알 콰리즈미나 이븐 알하이삼이 활동했던 중동이었다. 11세기 말의 유럽에서는 광적으로 변모한 기독교 사상으로 인해, 예루살렘 성지 탈환을 슬로건으로 내세워 이슬람 세력과의 전쟁을 선포했다. 13세기 말까지 이어진 십자군 전쟁은 자연스럽게 이슬람 문화와의 접촉을 야기했고, 아랍어로 번역된 고대 그리스와 인도 수학 그리고 이슬람 문화의 독자적인 과학기술이 라틴어로 번역되어 유입되었다. 이 시기를 가장 잘 대변하는 인물은 레오나르도 피보나치Leonardo Fibonacci(1170~1250)라고 할 수 있다.

피보나치는 무역업을 통해 어린 시절 알제리와 이집트 주변국을 경험하고 이슬람 수학자들로부터 인도-아라비아 숫자를 배웠으며, 수 체계 자체가 로마 숫자보다 유용함을 깨닫고는《산술 교본Liber Abaci》을 집필하여 아라비아 숫자 체계와 기수법을 소개하였다.[24] 이 책은 단순히 이론적인 접근만을 담은 것이 아니라, 무역에 필요한 계산 방식이라거나 이자 문제와 같은 실생활에 필요한 내용을 포함했으며, 자연을 탐구하기 위해 수를 활용하는 방식도 설명하고 있다. 특히 유명한 일화가 토끼 번식 패턴에 관한 것이며, 여기서 등장한 수열이 바로 그 유명한 '피보나치 수열'이다.[25] 이 수열은 기하학적으로는 나선형의 패턴을 보여주고, 점진적으로 황금비에 다가가기 때문에 많은 사람들의 이목을 끌었다. 피보나치의 수는 이후 자연과 인간 중심적인 르네상스 시대와 잘 결합했고, 이를 적극적으로 활용한 사람이 바로 레오나르도 다 빈치Leonardo da Vinci(1452~1519)였다. 황금비를 잘 반영한 〈비트루비안 인간Vitruvian Man〉이 그 대표적인 작품이다.[26]

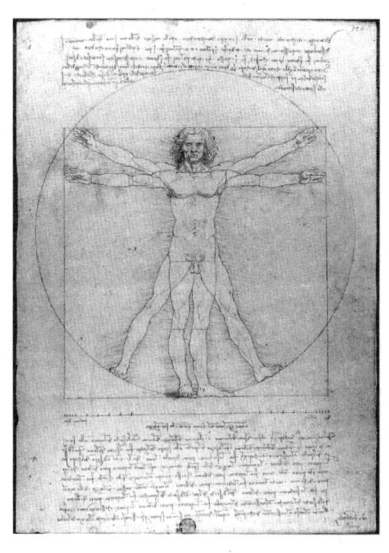 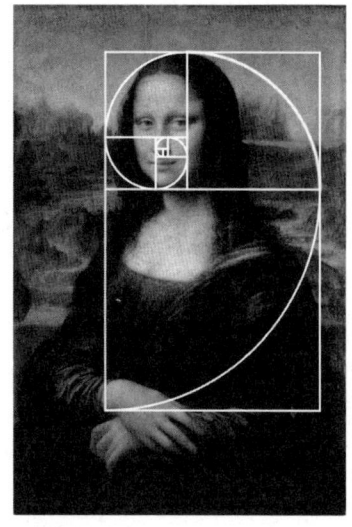

〈비트루비안 인간〉(왼쪽)과 〈모나리자〉(오른쪽) 작품 속 황금 나선

이렇듯 아랍에서 유럽으로 수의 체계가 보급되자, 수학을 통해 아름다움과 조화를 표현하고자 하는 시도들이 일어난 것이다. 중세로 향하는 유럽 문화는 과학의 시작을 예고하고 있었지만, 반대로 13세기의 중동 문화권은 내리막길을 걷는다. 1206년, 칭기즈칸이 통일한 몽골 제국은 전방위로 세력 확장에 나섰고, 1258년에는 훌라구가 이끄는 몽골군이 중동과 동유럽에까지 그 영향력을 행사하게 된다.[27] 결국 아바스 왕조의 바그다드까지 정복한 몽골군이, 역사적인 문서를 보관하고 있던 바그다드의 대도서관인 지혜의 집을 불태운다. 이 시기에 많은 과학자와 철학자가 죽었고, 그들의 책에 사용된 가죽은 몽골군의 신발 가죽이 되었다.[28] 항복하지 않는 국가와 민족에게 잔혹함으로 일관하던 몽골 제국은 중동 사회를 쑥대밭으로 만든다. 이렇듯 어지럽고 혼란한 사회의 연속이었고, 찬란했던 중동의 문화가 황폐해졌다. 자연스럽게 과학의 주도권이 서양 문화권으로 되돌아가는 계기가 됐다.

유럽은 십자군 전쟁으로 인해 과학의 전성기를 보내던 중동 아랍과 자연스럽게 물리적 접촉이 발생했다. 아랍의 선진 문명을 경험한 몇몇 사람들은 그 중요성을 알아차렸고, 지식 보급을 위해 힘썼다. 그중 주목할 만한 한 사람이 시칠리아 왕국의 루제르 2세Ruggeru II(1095~1154)이다. 시칠리아는 9세기 아랍 세력의 영향력 아래에 있다가 11세기 초 노르만족의 침략을 받아 새로운 왕조가 들어섰는데, 그 중심에 있던 인물이 루제르 2세였다. 그는 지중해 무역의 중심지가 된 시칠리아 왕국을 번영시켰으며, 아랍과 그리스 학문의 중요성을 알아차린 뒤에 아랍의 학자들을 초청하여 그들의 앞선 학문을 흡수했다. 그리고 수많은 책을 라틴어로 번역하여 서유럽에 전파하기도 했다.[29] 하지만 13세기가 되면 지중해를 둘러싼 국가들의 이해관계가 복잡해지기 시작한다. 이 시기 시칠리아의 왕은 만프레디Manfredi(1232~1266)였는데, 그는 교황이 주도한 권력투쟁에 반발하여 황제의 편을 들었다. 또한, 시칠리아의 시민들은 대다수가 이슬람교도였으며 아랍의 맘루크 술탄국과도 좋은 외교관계를 유지하고 있었기 때문에 교황과의 마찰은 예견된 일이었다. 교황은 프랑스의 야심가였던 샤를 당주Charles Ier d'Anjou(1226~1285)를 소환하여 시칠리아 정벌을 명령했는데, 재미있는 것은 이렇게 모인 군대도 십자군이라고 불렀다는 점이다(물론 이러한 표현은 13세기 이후에 고착화되었고, 당시 그들을 지칭하는 단어는 '순례자pilgrim'였으며, 페레그리누스의 어원도 '순례자'로부터 시작되었다). 그리고 이 군대에 속해 있던 순례자로부터 자석에 대한 한 단계 도약이 일어난다.

마리쿠르의 페트루스 페레그리누스Peter Peregrinus of Maricourt(13세기)는 1269년 종군 과정에서 자석에 관한 편지letter를 하나 썼는데, 이것이 바로 《자성서Epistola de magnete》[30]로서 그가 푸코쿠르의 병사 시제르에게 보내

순례자pilgrim라고 불린 십자군, 페레그리누스(왼쪽)와
1558년 아킬레스 가세르가 편집한 《자성서》(오른쪽)

**36**  1부 • 유럽 전기 혁명의 미명

는 것이었다.[31] 편지 형식을 띤 최초 논문이라고 볼 수 있는 이 책은 그 내용이 매우 흥미롭다. 이전의 서술 방식들과는 결을 달리하며, 원인이나 본질에 관한 철학적 사유는 철저히 배제하였다. 1부와 2부로 나누어지며, 자석에 관한 관찰과 실험 그리고 고찰로 이루어져 있고, 공학적인 접근을 통해 응용하는 방법에 대해서 서술했다. 이 책에 따르면, 자석에는 북쪽(N)과 남쪽(S)을 가리키는 극이 있다. 당연하게도 '극pole'이라는 말을 처음 사용한 것 역시 페레그리누스이다.

그는 우리에게 상식처럼 자리 잡은 '자기쌍극자Magnetic dipole의 원리'를 아주 긴 호흡으로, 관찰자의 입장에서 설명하였다. 페레그리누스는 막대자석의 가장자리부터 시작하여 균등하게 영역을 나누었고, 이를 $A$, $B$, $C$, $D$로 명기하였다. 그리고 사전에 $A$ 지점은 N극, $D$ 지점은 S극의 성질을 나타내는 것을 확인하였다. 그런 다음에 $B$ 지점과 $C$ 지점을 절단하면 $B$ 지점에는 S극이, $C$ 지점에는 N극의 성질이 확인되었다. 그리고 $B'$ 지점에는 새롭게 N극이, $C'$ 지점에는 S극이 관찰되었다. 이 원리를 토대로 생각

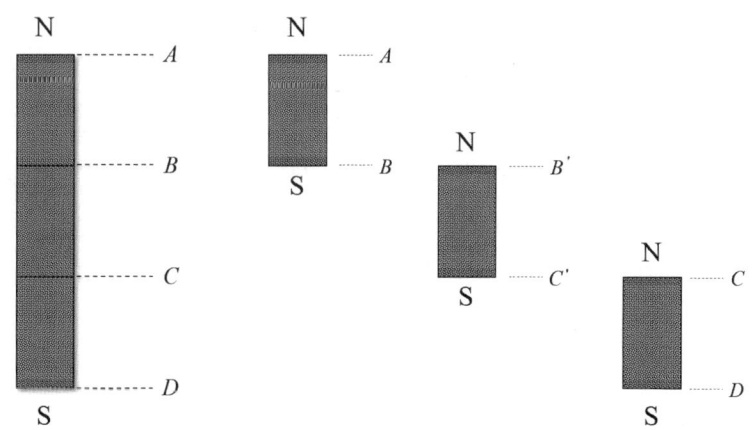

페레그리누스는 자석을 아무리 쪼개도 하나의 극으로 분리할 수 없다는 '자기쌍극자의 원리'를 위 그림과 같이 설명했다

해 보면, 자석은 아무리 쪼개도 N극이나 S극만을 갖는 돌로 분리할 수 없다는 결론에 이른다. 페레그리누스는 이러한 실험 관찰을 통해, 과거 플리니우스가 끌어당기는 돌과 밀어내는 돌이 있다고 주장한 것에 자연스럽게 반론을 제기한 것이다. 지금에는 아주 당연한 관찰 결과지만, 극과 쌍극자의 발견은 그 의미가 남다르다. 실제로 전자기학의 체계를 대변하는 맥스웰 방정식 안에도 자기쌍극자에 대한 수식이 포함되어 있다. 그만큼 중요한 발견이었다.

페레그리누스는 자석의 실험 관찰을 통해 인력 및 척력에 대해서도 그 기본 원리를 정립하였다. 먼저 이에 앞서, 그는 자화Magnetization의 개념을 소개한다. 자석으로 마찰된 철은 마치 자석과 같은 성질을 보였는데 이러한 관찰을 통해 자석의 N극에 의해 자화된 바늘은 남쪽이 되고, S극에 의해 자화된 바늘은 북쪽이 된다고 말했다. 다르게 생각하면 이러한 고찰로부터 인력은 서로 다른 극끼리 작용한다는 것을 보인 것이다. 여기서 더 나아가 N극과 바늘의 북쪽 그리고 S극과 바늘의 남쪽은 서로 반발한다는 척력의 개념을 밝혀냈다. 그러나 페레그리누스는 철 자체는 자석으로 보지 않았다. 바늘의 경우도 자화되지만, 그것이 자석이라 생각하지 않았기 때문에 극이라는 표현보다는 북쪽과 남쪽을 가리킨다는 표현으로 대체하였다. 이러한 생각의 배경은 그 나름대로 합리적이다. 자석과 자화된 바늘의 척력 실험을 하던 중, 일정 수준의 마찰이 지속되면 그 이전의 자화를 지워버리고 새롭게 자화되었기 때문이다. 페레그리누스가 이런 표현을 사용하진 않았지만 조금 더 쉽게 설명하자면, 기존의 자화 현상에 따라 결정된 바늘의 N극과 S극이 뒤바뀐다는 것을 의미한다. 두 개의 자기력과 자화 관계를 밝혀낸 페레그리누스는 조금은 다른 실험을 고안하여 극을 찾는 방법을 설명했다. 그는 자석을 연마하여 구형으로 만든 뒤에, 길고 얇은 바늘 형태의 철가루를 나열하여 (방위각에 따른) 자오선을 그렸다. 또한 동쪽으로 이동해 가며 (경도에 따라) 철가루를 나열하여 추가적인 자오선들을 그렸다. 이렇게 그려진 자오선들은 정확히 구의 두 점에서 교차하게 되는데, 그것이 바로 자석의 자극임을 알아차린 것이다.

자오선(경도선)이 만나는 지점을 지리적 북극이라고 하며, 나침반이 가리키는 북극을 자기 북극이라고 한다

《자성서》의 2부에서는 페레그리누스의 공학자로서의 면모가 드러난다. 그는 자석을 이용한 나침반을 만들었으며, 그 안에는 태양과 달 그리고 별의 방위각을 결정하는 장치가 포함되어 있었다. 나침반의 주위에는 0에서 360도 사이의 눈금이 새겨져 있었으며, 회전하는 원판과 자석으로 기존의 나침반을 대체할 수 있는 자석 응용품을 선보였다.

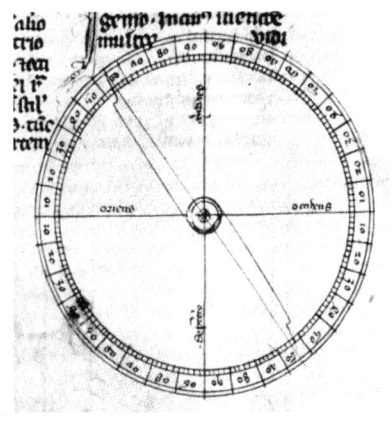

페레그리누스의 《자성서》에 등장하는 회전 나침반

페레그리누스에 대해서 전해지는 자료는 많지 않지만, 동시대의 영국의 신학자인 로저 베이컨을 통해 그의 평가를 엿볼 수 있다.[32] 그는 실험철학 분야의 엄청난 공을 세운 사람이며, 불필요한 담론과 정쟁보다는 부지런히 작용 원리를 설명해 나간 실험의 대가였다고 전해진다.

## 로저 베이컨과 스콜라 철학

13세기에는 아랍으로 전파되었던 플라톤과 아리스토텔레스의 기록이 라틴어로 재번역되어 유입됨에 따라, 아리스토텔레스의 자연철학 및 다양한 저서들이 등장하기 시작했다. 13세기 이전에 중세 유럽을 지배하던 사상은 신학 중심의 아우구스티누스 철학[33]이었다. 하지만 자연을 논리적으로 설명할 수 없고 자연과는 동떨어져 버린 신학은 그 체계의 기반 자체가 결핍되어 있었다. 그에 반해 아랍을 통해 다시금 전파된 아리스토텔레스의《자연학》과《형이상학》은 논리학을 무기로 앞세웠기 때문에 신학에 비해 사람들을 설득할 힘을 지녔다. 이러한 문제점을 파악한 엘리트층의 신학자들은 구시대적인 아우구스티누스 철학과 아리스토텔레스 철학을 융합시키기 위한 움직임을 주도했는데, 그 중심에 토마스 아퀴나스 Thomas Aquinas(1224~1274)가 있었다. 그는 이교도적인 아리스토텔레스의 철학도 결국 진리에 다가서면 기독교 교리와 크게 다르지 않을 것이라 믿었고, 신학 역시도 오히려 '이성이라는 도구'를 통해 신앙이 추구하는 진리에 한발 더 다가설 수 있을 것으로 생각했다. 다시 말해, 이성은 신앙과 충돌하지 아니하며, 오히려 철학을 통해 교리를 증명할 수 있는 조화의 수단으로 여겼다. 이러한 생각을 바탕으로 13세기에 등장했던 사상이 바로 스콜라주의[34]이다. 이는 이성을 통해 진리 탐구와 신학의 조화를 꿈꾼 하나의 패러다임이었다.

로저 베이컨Roger Bacon(1219~1292)은 토마스 아퀴나스와 마찬가지로 스콜라 철학을 받아들인 신학자였다.[35] 그는 당시 신학의 중심이었던 파리 대학에서 페레그리누스의 영향을 받으며 실험 철학의 중요성을 배웠고 당시 아랍으로부터 재유입된 수의 체계와 광학에 관한 지식을 받아들였다. 특히 그는 알하이삼의 눈과 뇌의 해부학, 빛의 방향, 굴절과 반사 등에서 지대한 영향을 받았다. 베이컨은 신학 박사학위를 받고 난 뒤, 영국으로 귀국하여 실험과학의 중요성을 강조한 저서《대저작Opus Majus》,《소저작》,《제3저작》을 발표하였다. 그의 과학적 철학은 매우 중요한 의미가

 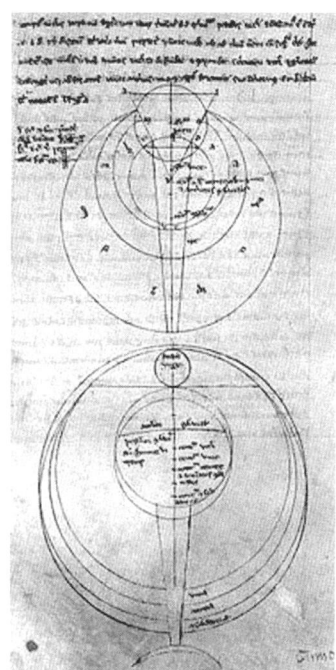

로저 베이컨(왼쪽)과 그의 저서 《대저작》(오른쪽)

있다. 귀납에 의해 성취되는 원리는 반드시 분석과 실험적 검증을 거쳐야 한다는 '제1의 특권'[36]을 주장하고, 분석 과정에서 제시된 명제는 반드시 현상을 재현·재구성할 수 있어야 한다는 '제2의 특권'을 주장하였다. 요컨대, 어떠한 주장을 위해서는 사실적이면서도 실험 검증을 위해 재현 가능해야 한다는 조건을 제시한 것이다.

베이컨은 《대저작》을 통해서 자기력과 빛에 관한 흥미로운 기록도 남겼다.[37] 그는 특히 공기를 매질 삼아 유한한 시간 동안 근접한 힘의 작용이 퍼져나간다고 설명했는데, 이는 마치 자기장과 전기파를 암시하는 듯하지만 그런 것은 아니다. 과거 아리스토텔레스는 물질의 변화를 설명하고자 '형태의 전환'을 예로 들었는데, 베이컨은 아리스토텔레스의 인접

작용 원리를 성실히 받아들여 자석에 나타나는 힘의 원리를 인과성에 맞추어 설명한 것이다. 그러나 이 시기까지도 한계를 뛰어넘는 연구가 이루어지진 못했다.

기독교는 고대 그리스의 아리스토텔레스 사상을 재해석하여 신이 이 세상에 남긴 메시지(진리)를 탐구하고 세상에 드러냄으로써 신앙의 위엄과 권위를 드높이고자 했으나, 이성과 신앙은 융합하지 않고 충돌하기 시작했으며 스콜라주의는 방향을 잃어갔다. 스콜라 철학의 영향은 오히려 인간의 잠재력과 가치를 일깨우는 계기가 됐고, 자연스럽게 종교적 관점을 무너뜨리고 인간의 이성과 능력을 강조하는 르네상스 시대의 문을 열었다.

## 윌리엄 길버트의 《자석에 관하여》

윌리엄 길버트William Gilbert(1544~1603)는 영국 실험과학의 아버지이자 자기학의 선구자로 알려져 있다. 사실 그는 케임브리지에서 의학박사 학위를 받았고, 엘리자베스 1세Elizabeth I(1533~1603) 여왕의 주치의로 활동했다. 여왕의 총애를 받은 길버트는 영국 사회에서도 엘리트로 평가받던 인물이었다.[38] 길버트가 갑자기 자기학 연구에 매진하게 된 뚜렷한 이유는 기록되어 있지 않지만, 시대적 흐름을 배제할 수 없을 것 같다. 자석 연구와 더불어 항해용 나침반이 개량되어 보급되었으며, 뒤이어 콜럼버스의 신대륙 발견(1492)과 바스코 다 가마의 인도 항로 개척(1498)이 이뤄졌다. 이러한 사건은 고착화된 인류의 활동 반경 확대는 물론, 생각을 확장하는 계기가 되었다. 이때는 문화적으로도 꽃을 피우던 시기였다. 극작가인 윌리엄 셰익스피어와 로그 체계를 발견한 존 네이피어가 활동하던 시기였으며, 코페르니쿠스의 《천구의 회전에 관하여》와 베살리우스의 《인체의 구조》가 출판되어 새로운 전환을 예고하고 있었다. 대항해의 시대를 보내며 누적된 부와 지식으로 부르주아 계급과 의사 그리고 기술자들이 왕성하게 활동할 수 있었으며, 서로의 생각을 공유하는 장이 만들어지기 시작했다. 의사였던 길버트가 자기학 연구를 시작할 수 있었던 것도 이러한 배경이 뒷받침하고 있었다.

페레그리누스 이후로도 자석에 대한 연구가 이어졌지만, 여전히 신비의 대상이었으며 시대에 맞는 우스꽝스러운 옷이 입혀져 등장하기도 했다. 가장 대표적인 것이 '자석의 산'이다. 바다 끝에는 모든 배를 끌어당기는 곳이 있다는 낭설이 돌았으며, 북쪽에는 바다의 방위를 결정하는 자석의 산이 있다는 소문이 퍼져 있었다.[39] 실제로 이러한 내용은 18세기 괴테의 《젊은 베르테르의 슬픔》에도 등장한다.[40] 물론, 자석은 그 특유의 성질로 인해 충분히 마술 같아 보이나, 길버트는 이를 그대로 받아들이기보다는 실험을 통해 경험적이고 귀납적으로 그 원리를 받아들이고자 했다. 그렇게 그는 실험에 매진하여 18년간의 연구 끝에 책을 발표하는데, 그것이 바로 《자석에 관하여》[41]이다. 1600년에 출간된 책의 정식 명칭은 '자석과 자성 물체에 대하여, 그리고 커다란 자석인 지구에 대해, 많은 논의와 실험을 통해 증명된 새로운 자연철학'이다. 라틴어로 쓰인 이 책은 총 여섯 권이며, 각각의 주제는 아래와 같다.

1권: 자석에 관한 역사적 조사 및 지구가 자성체라는 이론
2권: 자기와 전기의 차이 및 영구 기관 불가능성
3권: 테렐라[42] 모형에 관한 실험
4권: 편각Declination(자북극)
5권: 복각과 자기 경사계 설계
6권: 별과 지구의 운동에 대한 자기적 이론 및 분점의 위치에 관하여

 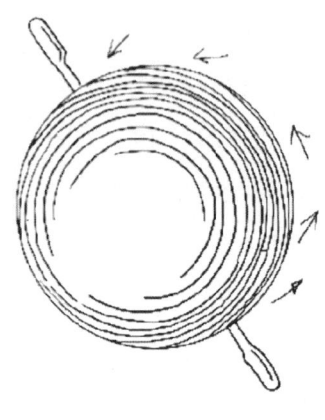

윌리엄 길버트(왼쪽)와 테렐라 모형(오른쪽)

 길버트는 자신의 저서에서 수학적 기술보다는 실험을 통해 해석하고 자세하게 기록하는 방식을 채택하였다. 또한 그는 철저한 이성주의자로서, 조금이라도 신비주의적인 요소가 있으면 거부하는 기본 자세를 취하였다.
 길버트의 책은 자석을 주로 다루고 있지만 정전기학에 대한 내용도 등장한다. 2권 2장에 등장하는 호박의 정전기 현상은 이전에 없던 새로운 사실을 전해준다. 먼저 베르소리움이라고 부르는 검전기 장치를 소개했는데, 마찰을 통해 대전된 호박의 정전기를 측정할 수 있었다. 장치는 지지대 위에 금속 바늘이 자리 잡은 형태로서, 대전된 물체를 가까이하면 바늘이 회전했으며 이를 통해 정전기의 발생 여부를 확인했다. 또한 바늘을 이동시킨 각도를 측정하여 정전기의 세기 역시 파악할 수 있었다.
 길버트는 정전기를 발생시키는 원인이 정말 호박에 있는지를 다시 한 번 객관적으로 판단하기 위해 흑옥, 다이아몬드, 유황 등을 사용해 보았

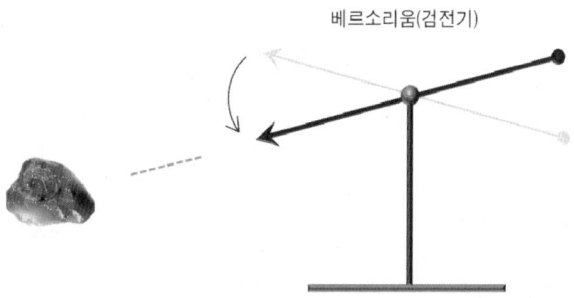

길버트가 제안한 전기력 측정 방식은 베르소리움(검전기)이 끌리는 강도를 기준으로 전기의 영향을 판단하는 것이다

는데, 호박과 마찬가지로 마찰에 의해 정전기가 발생하는 것을 확인하였다. 이러한 이유로 호박처럼 끌어당기는 물질이라는 이름에서 '전기적 물질electricum'이라는 단어가 탄생했다. 하지만 나무나 부싯돌, 상아, 금, 은, 동 등에서는 정전기 현상이 발생하지 않았다.[43] 길버트가 정전기라는 현상을 《자석에 관하여》에 포함시킨 이유는 사실 기존의 생각을 반박하려는 것이었다. 기존에는 공감과 반감이라는 이유로 전기와 자기력을 같은 것으로 여겼기 때문에, 전기와 자기를 서로 다른 것으로 구분 짓기 위해 성선기에 대힌 현상을 보다 명확히 했다. 물론 길버트도 검전기로는 측정할 수 없었던 전기적 척력을 부정하는 실수를 범하기도 했다.[44]

길버트의 《자석에 관하여》를 관통하는 중요한 사실은 바로 지구도 하나의 자석이라는 것이다. 페레그리누스가 그랬던 것과 마찬가지로 구형 자석인 테렐라를 만들어 자오선을 그렸으며, 교차하는 두 개의 극을 찾았다. 또한 두 극 사이에 위치한 등간격의 적도선을 그렸다. 길버트는 책에서 자석에 대한 여러 사실을 나열하지만, 결국 귀납적으로 지구도 자석임을 증명하고자 했다. 방법 자체는 페레그리누스와 크게 다르지 않았지만, 길버트가 그와 달리 '지구도 자석이다'라는 결론에 도달할 수 있던 것은

 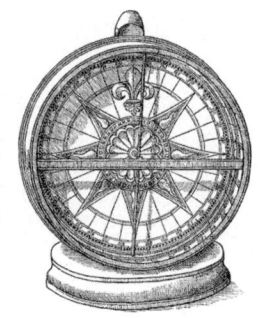 

길버트의 《자석에 관하여》 표지(왼쪽)와
32개 방향으로 나누어진 1607년의 나침반(가운데, 오른쪽)

항해술의 발달에 있다. 이미 길버트의 시대에는 경험적으로 '편각'과 '복각'이 존재한다는 사실을 알고 있었는데, 편각은 지리적 북극과 자기장의 북극이 서로 다르기 때문에 발생하는 나침반의 편차였으며, 복각은 지리적으로 북극에 다가감에 따라 발생하는 나침반 바늘의 수직 편차였다. 길버트는 여기서 '왜 나침반의 N극이 북쪽을 가리키며, S극은 남쪽을 가리키는가?'에 대한 합리적인 결론에 다다를 수 있었다.[45]

지구는 자성체이며, 자석이다.[46] — 윌리엄 길버트

길버트의 《자석에 관하여》는 그 시대를 앞서가던 학자들에게 매우 긍정적인 평가를 받았다. 실제로 갈릴레오 갈릴레이도 실험을 재현해 보았으며, 길버트를 실험과학의 창시자라고 불렀다.[47]

비밀스러운 것들의 발견에서, 그리고 숨겨진 원인의 탐구에서 더 강력한 이유는 철학적 사색가들의 그럴듯한 추론과 의견이 아닌 확실한 실험과 증명된 논증에서 나온다. — 갈릴레오 갈릴레이

케플러 역시도 지동설을 뒷받침할 근거로서 길버트의 연구 결과인 '자기 고리'를 언급했으며, 길버트와 만나 이야기해 보고 싶다는 의견을 피력하기도 했다.[48]

## '전자기학' 용어의 사용

전기와 자기에 대한 연구로 최초의 성공을 거둔 사람은 단연코 윌리엄 길버트일 것이다. 앞서 설명했던 대로 그의 《자석에 관하여》는 많은 이들에게 영향을 주었고 그를 따라 하려는 시도들이 이어졌으며, 길버트의 명성은 나날이 높아져 갔다. 다만 그의 말을 무조건적으로 따르려는 사람들만 있는 것은 아니었다. 예수회의 회원이자 수학 교수였던 니콜로 카베오 Niccolò Cabeo(1586~1650)는 '척력'을 형이상학적이라고 주장한 길버트의 말에 정면으로 반기를 들었다. 그는 실험을 통해 자석에서 발생하는 같은 극끼리의 반발력을 확인했으며, 이내 마찰전기 실험에 전념하여 '때때로 수 인치를 밀어내는 힘', 즉 전기적 척력을 발견하게 된다. 이러한 실험결과를 종합하여 카베오는 1629년에 《자기 철학 Philosophia Magnetica》[49]이라는 책을 펴낸다.

또 한 명의 예수회 소속 박식가인 아타나시우스 키르허 Athanasius Kircher (1602~1680)는 길버트와 카베오의 영향을 받아 자석의 본질에 관하여 연구하였고, 1641년에 자석의 특성, 응용, 그리고 자기 사슬이라는 주제에 관해서 《마그네스 Magnes sive de Arte Magnetica》라는 책을 썼다. 당시 가장 뜨거운 감자였던 지구 자기와 편각에 대한 문제를 다룬 이 책은, 정확히 코페르니쿠스의 지동설과 이를 지지하던 길버트와 케플러를 반박하기 위해 저술되었다. 키르허는 자석에 관한 관찰 기록을 포함하여 이 책을 썼지만, 자기적인 인력에 의해 지구가 고정되어 있다고 주장하였다. 이러한 주장

최초의 '전자기학'이라는 말을 사용한 아타나시우스 키르허(왼쪽)와 그의 저서 《마그네스》의 표지(오른쪽)

은 앞서 설명한 대로 카베오가 먼저 발표했고 키르허가 이를 이어받은 것이라 할 수 있다.

지금으로서는 지구가 멈춰 있다는 주장이 터무니없기 때문에, 카베오와 키르허에 대해서 잘 알려져 있지 않다. 그러나 키르허는 공간적으로 떨어진 철에 자석이 주는 영향, 즉 원격작용을 응용하면 '원격통신'이 가능할 것이라는 진보적인 주장을 한 인물이자 최초로 전자기학Electro-magnetism이라는 용어를 사용한 인물로 우리가 기억할 수 있을 것이다.[50]

# 02
# 과학혁명과 전자기력의 맹아
### 코페르니쿠스에서 뉴턴까지

앞서 살펴본 바와 같이 전자기학은 과학의 발전이라는 큰 줄기 안에서 분화되었고, 여기에 길버트가 작은 씨앗 하나를 심었다 할 수 있다. 전자기학이 본격적으로 싹을 트기 시작하는 것은 과학혁명 시기(일반적으로 코페르니쿠스부터 뉴턴의 시대까지, 1543~1687)이다. 하지만 과학혁명 시기는 하늘과 땅의 보편성과 힘의 작용 원리(역학)를 다루는 중요한 시기인 만큼 전자기학과의 유기적인 관계를 밝히기 위해 살펴볼 필요가 있다.

### 헬리오센트리즘, 태양 중심 우주관의 확립

이는 달력의 계산에서부터 시작된다. 기원전 45년 카이사르가 도입한 율리우스력은 서양 세계의 주된 달력으로, 기독교 전파와 함께 널리 사용되고 있었다. 그러나 이러한 달력에도 서서히 문제가 드러나기 시작한다. 실제 태양의 1년 주기는 365.2422일에 가깝기 때문에 실제보다는 0.0078

일이 더 길다는 문제가 있었다.[1] 이로 인해 율리우스력은 약 128년에 하루씩 오차가 발생했다. 서기 325년 니케아 종교회의 이후 약 900년이 흐른 1263년에는 수일의 날짜가 뒤틀려 있었다. 이런 사안에 가장 빠르게 반응했던 사람은 수도사들이었다. 종교의식을 치르는 수도사들에게는 절기가 굉장히 중요했으며, 그리스도의 부활을 기리는 부활절은 특히 예민한 문제였다. 부활절은 춘분 이후 첫 번째 만월 다음의 일요일로 정해지는데, 달력의 오차로 인해 절기가 어긋나고 있었다. 로저 베이컨이 교황에게 편지를 보내 이러한 문제를 지적하기도 했는데, 그럼에도 당시에는 어떠한 조치도 이루어지지 않았다. 물론 호기심을 가진 몇몇 수도사들이 달력을 맞추기 위한 개별 연구를 진행하기도 했으며, 그 과정에서 새로운 사실을 맞이하는 사람들이 등장하게 된다.

16세기에 이르러서야 변화가 시작되었다. 그 당시 당연하고도 지배적이던 패러다임은 지구를 중심으로 천체가 회전한다는 '천동설'이었다. 스콜라 철학의 영향으로 아리스토텔레스의 천동설은 부정할 수 없는 사실이었으며, 관측 결과와 일치하지 않는 문제가 남았지만 주전원[2]의 개념을 도입하여 문제를 해결하고자 하는 노력들이 있었다. 하지만 문제가 해결되지 않자 보다 과감한 접근을 시도하던 신학자인 니콜라우스 코페르니쿠스Nicolaus Copernicus(1473~1543)가 태양중심설을 주장했다. 그는 관측되는 다른 행성들이 역행운동을 하는 이유를 지구의 움직임에 의한 것이라 주장하면서 지동설의 시작을 알렸다.

이런 생각의 배경에는 실험 관찰을 통해 얻은 결과가 이론과 일치하지 않는다는 주된 이유가 있었다. 로저 베이컨이 주장했던 과학적 방법론을 근거로 생각해 보자면, 실제 현상은 가설과 일치해야 했으나 실제로 측정되는 행성들의 겉보기 운동은 매우 달랐다. 아리스토텔레스가 주장한 등속 원운동의 해석대로라면 봄, 여름, 가을, 겨울을 가리지 않고 일정한 등

니콜라우스 코페르니쿠스
(왼쪽)와 그의 저서《천구의
회전에 관하여》(오른쪽)

간격으로 변화가 나타나야 했다. 하지만 나타나는 현상은 달랐으며, 화성의 운동은 느려지기도 하고 빨라지기도 하며 역행운동을 하기 일쑤였다. 이러한 관측의 결과를 천체의 운동과 일치시키고자 코페르니쿠스는 새로운 관점에서 다시금 천체의 움직임을 기록했는데, 그것이《천구의 회전에 관하여De revolutionibus》이다. 종교계와의 마찰을 걱정했던 탓일지 혹은 그의 주장들이 당시의 패러다임 안에서는 비아냥의 대상일 뿐이라 생각했던 것인지 명확하진 않지만, 그는 자기 책의 출판을 꺼렸다고 한다. 또한 책의 출판이 다가와서는 그의 책을 미리 읽어본 종교개혁가 마르틴 루터[3]에게 신랄하게 비난받았다. 마르틴 루터가 "여호와께서 그 자리에 서 있으라고 명령했던 것은 지구가 아니라 태양이다"[4]라는 성경의 문구를 인용한 것은, 이후로도 코페르니쿠스의 사상이 환영받지 못함은 물론 교회와의 충돌을 예견한 일화라고 할 수 있을 것이다.

  코페르니쿠스의 사후, 천문학자 튀코 브라헤Tycho Brahe(1546~1601)는 덴마크 왕의 지원 아래서 천문대를 건설하여 방대한 자료와 기록을 수집한다. 그는 에드먼드 핼리Edmond Halley(1656~1742) 이전에 이미 혜성의 존재를 관측하여, 지구 공전의 증거가 되는 연주시차도 발견했다. 하지만 튀코 브라헤는 지동설보다는 수정된 형태의 천동설을 주장했는데, 그가 생

 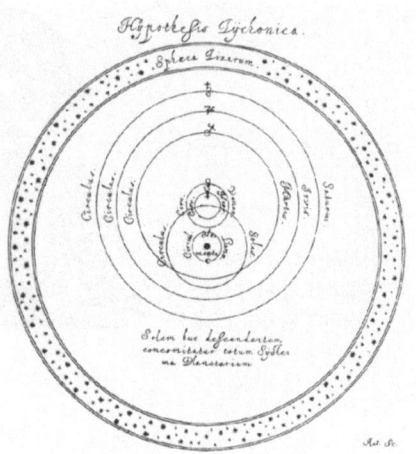

튀코 브라헤(왼쪽)와 그의 천구 시스템(오른쪽)

각하기에 코페르니쿠스의 지동설에는 오류가 많았기 때문이다.

당시 발전된 천문 관측 기술과 집적된 정보로는 코페르니쿠스의 회전과 일치하지 않았기 때문에 지동설이 틀렸다는 결론에 도달했는데, 이는 미완의 지동설에 여전히 아리스토텔레스의 등속 원운동과 프톨레마이오스의 주전원 개념이 적용되어 있었기 때문이었다. 여느 때와 같이 관측을 이어가고 데이터를 축적하던 브라헤는 1601년 어느 남작의 만찬회에서 와인을 과음하게 되는데, 예의를 차리고자 화장실 가는 것을 참다가 그만 방광염에 걸린다. 결국 후유증으로 튀코 브라헤는 죽고 만다. 브라헤의 측정 결과들은 제자 요하네스 케플러Johannes Kepler(1571~1630)에게 모두 전달되었고, 이후 케플러는 방대한 자료들을 분석하여 세 가지 '행성 운동 법칙'[5]을 발표하게 된다. 그것은 다음과 같다.

① 타원궤도 법칙: 행성은 모항성을 한 초점으로 하는 타원궤도를 그리면서 공전한다.

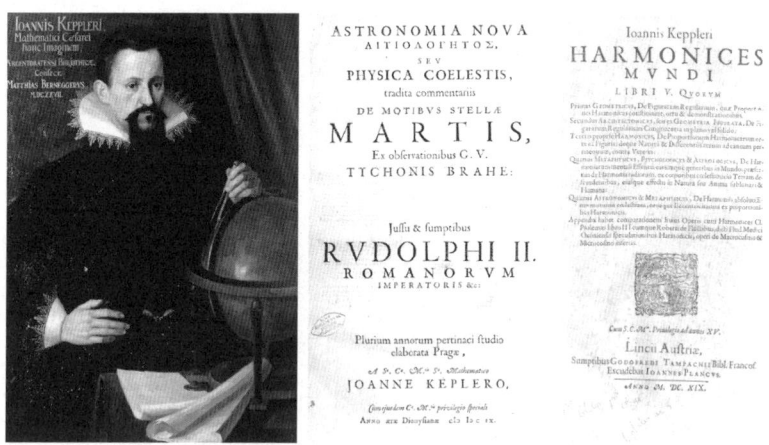

요하네스 케플러(왼쪽)와 그의 저서 《신천문학》(1609)(가운데), 《세계의 조화》(1619)(오른쪽)

② 등속 운동의 부정: 행성과 태양을 연결하는 가상의 선분이 같은 시간 동안 쓸고 지나간 면적은 항상 같다.
③ 주기성과 조화의 법칙: 행성 공전주기의 제곱은 궤도의 긴반지름의 세제곱에 비례한다.

이러한 정리들은 천체 우주의 기본 원리를 설명하는 중요한 개념이 되었고, 이어지는 물리학의 해석에 접근 방법을 제시한다. 실험 결과를 설명할 수 있는 모델을 제시하였고, 이 과정에서 설명을 단순화할 수 있었다.

케플러는 프톨레마이오스의 주전원과 이심이라는 개념 그리고 등속 각운동이라는 것에서 탈피하여, 태양을 중심으로 하는 타원 궤도를 제시한다. 이로써 완벽한 등속 원운동에서 벗어나 보다 실험 결과와 일치하는 모델을 제시하게 되었다. 또한 지구가 아닌 태양을 중심으로 함으로써 태양계 행성들의 공전 궤도를 통쾌하게 나열하였다. 이 시기부터 수학이라는 아름다운 도구를 통해 자연의 언어를 통역해 내는 요정들이 서서히 모습을 드러내기 시작했다.

## 아리스토텔레스의 세계관에 맞선 투쟁들

요하네스 케플러와 동시대 인물로서, 바티칸 시국 토스카나 출신의 갈릴레오 갈릴레이Galileo Galilei(1564~1642)는 지동설을 주장한 또 한 사람이다. 그는 어린 시절, 천장에 매달린 샹들리에의 움직임을 관찰하며 진자의 등시성을 깨달을 정도로 관찰력과 영민함이 뛰어난 사람이었다. 유클리드 기하학과 아르키메데스의 역학을 수학하였고 실험관찰의 방법을 터득한 그는 특유의 손재주를 통해 당시 불확실한 문서로만 전수되던 렌즈를 개선하여 30배율의 망원경을 만들었다. 이미 이때 갈릴레이는 네덜란드의 기술자 한스 리퍼세이의 망원경에 대해서 전해 들었고, 직접 렌즈를 갈아 대물렌즈에 해당하는 볼록 렌즈와 접안렌즈에 해당하는 오목 렌즈를 만들었다. 바로 그해 약 3배율의 망원경을 제작했고, 1609년 8월에는 약 9배율의 망원경을 만들어 베네치아 의원들 앞에서 시연에 성공했다. 케플러식 망원경과 달리 갈릴레이 망원경은 볼록 렌즈와 오목 렌즈의 조합이었기 때문에 상이 반전되지 않는 정립상을 볼 수 있었다. 이후에는 약 30배율의 개량형을 만들기도 했으나, 대물렌즈의 구경이 약 1인치(2.54센티미터) 정도에 초점거리가 30인치(76.2센티미터)로 길어져서, 빛의 양이 제한되고 상이 어두워졌다. 그럼에도 개량한 망원경을 통해 달과 목성의 위성들을 관측해 냈고, '별들로부터의 소식'이라는 의미의《시데레우스 눈치우스》에 그 결과들을 기록했다. 이때 이미 그는 달을 관찰함으로써 아리스토텔레스 세계관에 문제가 있음을 직감한 상태였다.

　아리스토텔레스의 세계관에 따르면 지구는 우주의 중심에 있으며, 달의 궤도를 기준으로 불완전한 지상의 세계와 완전하고 고결한 천상의 세

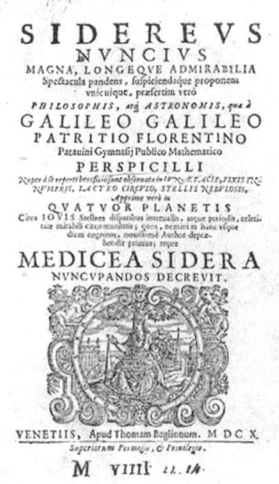

갈릴레오 갈릴레이(왼쪽)와 그의 저서 《시데레우스 눈치우스》(오른쪽)

계로 구분된다고 하였다. 하지만 갈릴레이가 망원경으로 측정한 달은 수많은 크레이터로 인해 찌그러지고 파여 있었다. 이뿐만 아니라 설명되지 않는 수성과 금성의 변화, 그리고 서서히 발견되는 목성의 네 개의 위성[6]은 모든 천체가 지구를 중심으로 돌고 있다는 아리스토텔레스의 세계관을 정면으로 들이받는 계기가 된다. 그리고 아리스토텔레스의 권위에 맞서는 갈릴레이의 평생에 걸친 투쟁이 시작된다.

갈릴레오 갈릴레이는 이탈리아의 주류 철학자로 주목받기 전에 파도바 대학의 일반 수학 교수였다. 그 당시 그는 연구와 관련한 몇 가지 고민이 있었는데, 수학 교수가 그리 후한 대접을 받지 못하는 이유도 있었고 철학적인 탐구의 시간보다는 더 좋은 망원경을 만들라는 본업의 압박이 있었기 때문에 그것들로부터 해방되고자, 당시 이탈리아에서 사회 · 경제 · 정치 전반에 걸쳐 영향력을 행사하던 메디치 가문의 후원을 받고자 노력한다. 1610년에는 자신의 연구 결과인 《시데레우스 눈치우스》를 발표하

면서 목성의 네 개의 위성을 '메디치의 별'이라 부르며 코시모 2세에게 바친다.[7]

마침내 주류 세력과 결탁한 갈릴레이는 그가 원하던 피사 대학의 수학자이자 철학 교수가 된다. 하지만 당시 로마 가톨릭에서 신교 세력이 확산되자 엄중한 검열이 시작되면서 그의 진리 탐구 열망이 억눌리기 시작했다. 실제로 1615년 코페르니쿠스의 지동설을 지지하는 내용의 《시데레우스 눈치우스》로 인하여 갈릴레이는 로마 교황청에 고발을 당했고, 이후 1616년 코페르니쿠스의 《천체의 회전에 관하여》는 금서로 지정되었다.

그후 2년도 안 되어 1618년 독일 지역에서는 30년간의 종교전쟁(1618~1648)이 발발하는데, 극심한 종교 탄압 속에서도 갈릴레이는 1632년 《두 가지 주요한 우주 체계에 관한 대화》를 출간함으로써 종교재판에 회부되어 유죄 판결을 받고, 가택연금을 당하게 된다.[8] 그의 불행은 여기서 끝나지 않았으며, 자신의 오랜 친구였던 교황 우르바노 8세와 메디치 가문에

조제프 니콜라 로베르-플뢰리의 〈1633년 4월 12일, 갈릴레이의 종교재판〉

게도 버림받는다. 1638년 갈릴레이는 다시 한번 책을 쓰는데, 그것이 바로 역학, 관성 그리고 물체의 힘에 관한 책《새로운 두 과학에 대한 논의와 수학적 논증》이다. 그는 인생이 끝나가는 순간까지도 아리스토텔레스의 세계관에 도전하는 투쟁을 지속하였다.

아리스토텔레스는 물체의 속력은 무게에 비례한다고 주장하였다. 예를 들어 무거운 쇠공은 깃털보다 빠르게 떨어진다는 것인데, 여기서 갈릴레이는 아주 재미있는 사고 실험을 하게 된다. 아리스토텔레스의 말이 맞다고 가정할 때, 가벼운 쇠구슬과 무거운 쇠공을 높은 곳에서 떨어뜨리면 쇠구슬은 속도가 느리고 쇠공은 속도가 빠를 것이다. 만약 둘을 줄로 묶어서 떨어뜨린다면, 속도가 느린 쇠구슬은 속도가 빠른 쇠공으로 인해 덩달아 속도가 빨라질 것이고, 반대로 쇠공은 느려지게 될 것이다. 결국 묶인 쇠구슬과 쇠공은 서로 다른 속도가 합쳐져서, 쇠공만의 속도보다 느려질 것이다. 하지만 묶인 쇠구슬과 쇠공은 전체적으로 무게가 증가하기 때문에 속도가 증가해야 한다. 아리스토텔레스의 주장에 논리적 모순이 생긴 것이다. 이러한 부분에 문제를 제기하며 갈릴레이는 '마찰이 무시될 때 깃털이든 무거운 공이든 무게와 상관없이 떨어지는 속도가 같다'는 주장을 펼치게 된다.

갈릴레이의 탁월한 통찰력은 인간의 직관을 깨우는 신호탄과도 같았

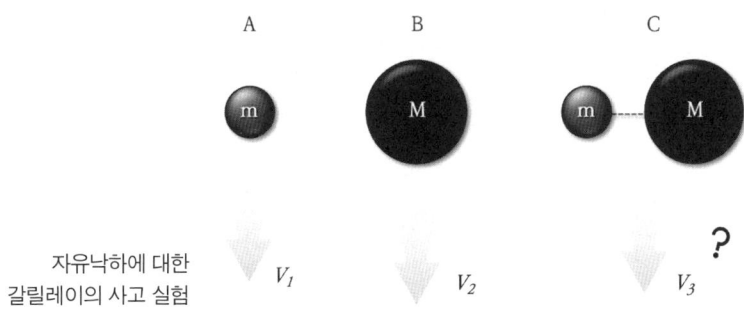

자유낙하에 대한
갈릴레이의 사고 실험

다. 선대의 과학자들이 이룩한 실험관찰이라는 도구 말고도 논리로 무장한 사고실험을 통해서 새로운 국면을 제시한 것이었다. 여기서 멈추지 않은 갈릴레이는 실험의 무대를 경사면으로 옮긴 뒤에 구를 굴리는 실험을 진행했고, 최초로 중력 가속도가 $9.8m/s^2$임을 추론했다.

또한 갈릴레이는 《새로운 두 과학에 대한 논의와 수학적 논증》에서 떨어지는 물체는 등가속도로 움직일 수밖에는 없다는 사실을 수학적으로 나타냈으며, 물체가 시간의 제곱에 비례해 거리를 이동한다는 것을 밝혀 냈다. 그가 이론과 실험관찰을 통해 쌓아 올린 역학 체계는 아리스토텔레스에게 큰 한 방을 먹였으며, 이에 만족한 갈릴레이는 다시금 하늘의 운동을 들여다보기 시작했다. 그리고 지동설의 약점이었던 '왜 지구의 자전을 느끼지 못하는가'라는 문제에 대해서 다시 고민하기 시작했다.

이후 그는 이러한 문제점을 설명하기 위해 '상대성'이라는 개념을 적용한다. 당시 해상 무역이 활발해짐에 따라 배는 상대성 운동을 몸소 체험할 수 있는 좋은 이동 수단이었다. 그가 설명한 바로는, 배에 탄 선원이 배에서 공을 던져도 공이 제자리에 떨어질 수밖에 없는 것은 배와 사람과 공이 모두 같은 속도로 바다를 이동 중이기에 상대적인 속도는 사실상 0이기 때문이다. 갈릴레이는 자연현상을 보다 논리적이고 수학적으로 표현하고 싶어 했다. 그럼에도 고귀한 원운동에 대해서는 차마 아리스토텔레스적 사상을 버리지 못했던 것 같다. 케플러와의 지식 공유[9]가 있었음에도 갈릴레이는 타원 운동에 대해서는 어떠한 의견도 내비치지 않았다. 이러한 배경에는 그의 신앙관이 숨어 있다.

"그래도 지구는 돈다"라는 말을 갈릴레오 갈릴레이가 한 것으로 세간에 알려져 있지만 사실 그는 그런 말을 하지 않았다. 갈릴레이의 삶을 들여다보면, 그는 독실한 신자로서 로마 가톨릭과의 충돌을 피하고자 했으며 그가 로마 가톨릭과 충돌한 것은 종교적인 것이 아닌 우주의 체계에 관한 해석과 이성의 범주 안에서였다. 그의 투쟁은 종교의 권위에 대한 도전이 아니었다. 가톨릭과 아리스토텔레스의 세계관이 뒤섞인 스콜라주의에 대한 저항이었으며, 종교를 등에 업고 과학적 사고를 짓밟던 비과학 체계에 대한 저항이었다.

## 네덜란드에 불어온 바람

15세기 중반에는 요하네스 구텐베르크Johannes Gensfleisch(1398~1468)가 금속활자를 개발하면서 성경 보급이 활발해진다. 일반적으로 율법에 관한 내용의 전파는 교황, 추기경, 수도사와 같이 제한적인 소수만이 담당했으나, 인쇄술의 발달로 성경이 보급되면서 점차 독자적인 해석과 사유가 가능해졌다. 이로 인해 십일조와 면죄부와 같은 비성서적인 것에 반발하여 일어난 사건이 1517년의 종교개혁이었다.

개혁을 통해 가톨릭으로부터 갈라져 나온 프로테스탄트[10] 세력은 정치

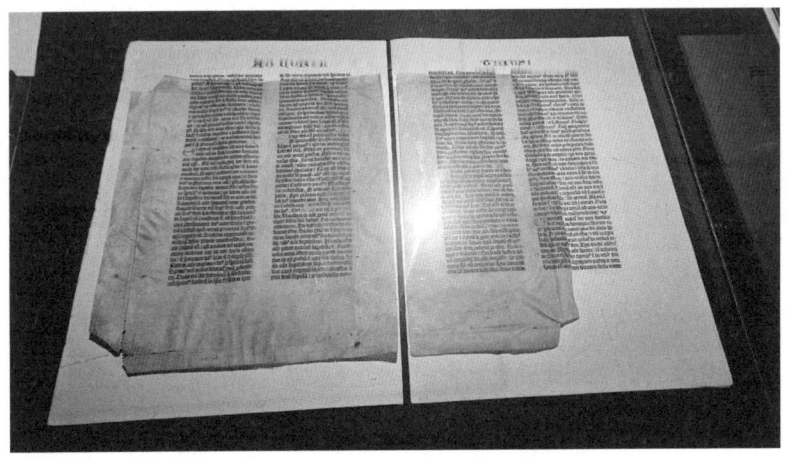

독일 마인츠, 구텐베르크 박물관에 보관 중인 라틴어 성경

마르틴 루터(왼쪽)와 종교개혁의 시작이었던 95개조 반박문(오른쪽)

적 이해관계 속에서 중산계급 자본가인 부르주아와 결탁하여 세력을 확장했는데, 특히 독일의 루터파와 프랑스의 칼뱅파는 해상무역으로부터 부를 축적한 네덜란드에서 큰 영향력을 발휘했다. 16세기 말 네덜란드를 식민지로 지배하던 스페인의 펠리페 2세는 신교도를 이단으로 간주하여 대대적인 탄압을 시작했다. 신교를 지원하던 영국의 엘리자베스 1세 여왕은 스페인의 무적함대를 격퇴함으로써, 17세기 초 네덜란드는 자유도시로 성장할 수 있게 된다.

이 당시 네덜란드에서 활동하던 시몬 스테빈Simon Stevin(1548~1620)은 수학자이자 공학자였다. 당시 활동하던 시대적 흐름에 맞추어 그는 군에서도 활동했으며, 특히 축성 기술자로서의 면모를 보여주었다. 그는 수학에서 소수/분수와 같이 실용적인 수단을 만들어 냈고, 1586년에는 고체와 유체의 정역학인《균형의 원리De Beghinselen des Waterwichts》를 저술했다. 이 책에서는 힘의 평행사변형을 활용한 최초의 기하학적 벡터 개념이 등장하는데, 현재까지도 내적과 외적을 설명하면서 도식적인 방법이 이용될 정도로 획기적인 서술 방식이었다. 이뿐만 아니라 힘에 대한 그의 기

갈릴레오 갈릴레이와 동시대에 중력 가속도를 발견한 시몬 스테빈

발한 생각은 하늘로부터 떨어지는 작용 힘으로 이어졌다. 스테빈은 약 9미터 높이에서 무게가 서로 열 배 차이 나는 납 추를 떨어뜨려 얻은 결과를 통해 아리스토텔레스의 역학 체계의 오류를 지적하였고, 갈릴레오 갈릴레이보다 먼저 중력에 대한 가능성을 기록하였다(실제로 갈릴레이는 기계론석으로 사면을 바라보았기 때문에 원격작용에 해당하는 힘이나 중력에 대해서는 철저히 거부했다).[11] 스테빈은 갈릴레이와는 독립적인 연구를 통해 중력을 발견했으며, 사고실험이 아닌 실제 실험을 통해 물체의 낙하 시간은 무게와 관련이 없다는 것을 증명하였다. 또한 무게가 다른 물체들 역시 동일한 등가속도 운동을 하는 것을 밝혀냄으로써, 중력의 보편성을 입증하였다. 스테빈은 자신의 저서에 유체의 압력과 균형에 관한 연구를 기록했는데, 이는 이후에 등장할 유체역학의 기초 발판을 마련해 주었다. 이렇게 그의 업적이 화려했음에도 스테빈이 속한 네덜란드가 식민지였던 터라 시대 상황상 그 이론이 크게 주목을 받지는 못했다.

02 • 과학혁명과 전자기력의 맹아: 코페르니쿠스에서 뉴턴까지　61

## 철학자로 알려진 과학자 데카르트

합리론의 대표자이며 주로 철학자로 알려진 르네 데카르트René Descartes (1596~1650)는 갈릴레이와 마찬가지로 과학혁명 시기에 활동했던 인물이다. 그는 로마 가톨릭의 영향 아래서 수학과 철학 등의 기본 교육을 받았고, 후에 네덜란드와 프랑스를 오가며 청년기를 보냈으며 종교전쟁에도 참여한 이력이 있다. 이 시기 병영에서 휴식을 취하며 카테시안 좌표계[12]의 토대를 마련한 일화가 잘 알려져 있다. 뉴턴과 라이프니츠의 미적분학이 탄생한 것은 그의 좌표계에서 시작한 것으로서, 이는 해석기하학의 포문을 연 작업이었다. 데카르트는 모든 것을 의심하며 진리를 탐구하는 과정에서 갈릴레이와 방향성이 같았고, 당시 사회를 지배하던 아리스토텔레스의 세계관에 도전하였다. 그러나 당시의 시대는 이러한 도전을 곱게 바라보지 않았다. 신플라톤주의의 영향을 받아 무한 우주론[13]을 제창한 조르다노 브루노는 이단으로 몰려 화형을 당했으며, 지동설을 주장한 갈릴레이는 종교재판을 받았다. 이러한 소식이 전해지면서 데카르트는 그의 사상이 오롯이 담긴 《방법서설Discours de la méthode》의 출판을 주저하게 된다. 그는 종교와의 충돌을 피하는 방향으로 책을 집필했지만, 그럼에도 《방법서설》에는 그가 추구하고자 하는 과학과 진리 탐구의 방법론이 잘 서술되어 있었다.

데카르트는 유클리드의 《원론》을 언급하며 수학의 유용성을 알렸고, 간단하며 직관적인 공리들을 통해 참을 명증적으로 인식하는 방법을 담아냈다. 또한 형이상학적인 요소들에서 조금이라도 의심할 만한 것이 있거나 관념 속에만 존재하는 것으로 판단되면 경계하도록 주의를 주었다. 이러한 과학적 접근 방식은 길버트나 갈릴레이와도 일맥상통했다.

갈릴레이는 사고 실험을 통해 관성의 개념에 거의 도달했지만, 낙하 운

르네 데카르트(왼쪽)와 그의 저서 《방법서설》(오른쪽)

동에서의 등가속도 개념을 직선 운동으로 확장하지 못했고, 따라서 아리스토텔레스의 자연운동과 강제운동 체계를 벗어나지 못했다. 데카르트는 세상의 본질을 이해하기 위해 '물질'과 '정신'으로 구성되는 이원론을 주장했는데, 이 과정에서 물질의 운동을 인과관계로만 해석하려는 기계론적 철학을 드리냈다. 중세를 포함하는 이전 과학에서는 물질 자체에 깃든 영적인 것이 운동의 근원이라고 믿었다. 이는 어떻게 보면 원시적인 애니미즘의 잔재였고, 성경 속에 존재하는 '불어넣은 숨'을 의미하는 종교적 해석이었을 것이다. 이러한 사상이 지배적이다 보니 중세에는 수학이라는 도구에 야박한 평가가 이어졌다. 수학이 자연을 설명할 수 있을지라도 그것은 자연의 껍데기만을 설명할 뿐이며, 그 안에 깃든 본질(영)은 설명할 수 없다는 것이었다. 데카르트의 생각은 조금은 달랐다. 태초에 신이 물질을 창조하고 운동하게 해주었으나, 그것을 지속시키는 것은 신이 아니라는 것이다. 다시 말해 신이 개입했던 천지창조 이래로 물질 간의 상호

02 • 과학혁명과 전자기력의 맹아: 코페르니쿠스에서 뉴턴까지　63

작용이 일어나는 원리는 신의 계획대로 움직일 뿐, 일일이 신이 개입하여 운동시켜 주는 것은 아니라고 보았다. 그렇게 등장한 것이 데카르트의 기계론이다. 또한 데카르트는 이원론을 주장하며 물질에는 영이 깃들어 있지 않다고 생각했으며, 운동을 지속시켜 주는 근본적인 원인을 신비주의가 배제된 것에서 찾고자 했다. 데카르트는 갈릴레이의 역학에서 아이디어를 얻었고, 자신의 자연법칙을 정리하였다. 그리고 그렇게 탄생한 것이 1644년에 발표된 《철학의 원리 Principia Philosophiae》[14]였다. 그 내용을 정리하면 다음과 같다.

- 모든 물체는 다른 것이 그 상태를 변화시키지 않는 한 똑같은 상태로 남아 있으려고 한다.
- 운동하는 물체는 직선으로 그 운동을 계속하려고 한다.
- 운동하는 물체는 자신보다 강한 것에 부딪히면 그 운동을 잃지 않지만, 약한 것에 부딪히면 그것을 움직이게 한 만큼 그것에 준하는 운동을 잃는다.

데카르트는 인과관계에 따라 기계론적인 운동의 3법칙을 정리했는데, 첫 번째와 두 번째가 관성의 법칙이고 세 번째가 운동량 보존 법칙이다. 이렇게 데카르트의 생각은 점점 고전역학의 문을 여는 방식으로 접근해 갔다. 데카르트는 끊임없이 '믿을 수 있는 것은 무엇인가'를 고민해 왔다. 그러한 과정에서 신비주의적이거나 초자연적(형이상학적)인 것은 이원론을 통해 분리했기 때문에 비합리적이라고 여겼다. 그러면서 데카르트가 과학에서 제창한 패러다임은 '외부와의 접촉에 해당하는 충돌이 없으면, 물체의 운동도 없다'는 것이었다. 이러한 집착과도 같은 생각의 틀은 (갈릴레이와 달리) 아리스토텔레스의 '진공은 없다'[15]는 주장을 데카르트가 받아들이는 배경이 된다. 물질과 정신으로 이루어진 세계에서 물질도 없고

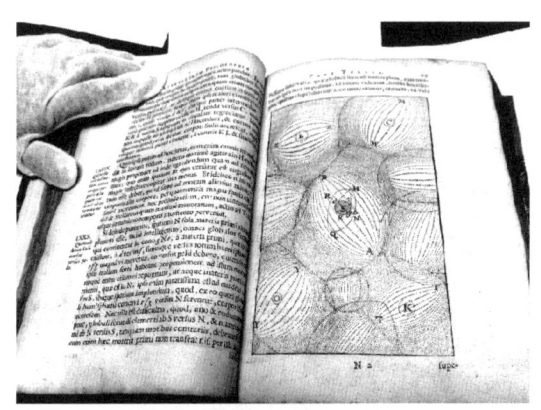

르네 데카르트의 저서
《철학의 원리》:
우주에 가득 찬 에테르와
보텍스

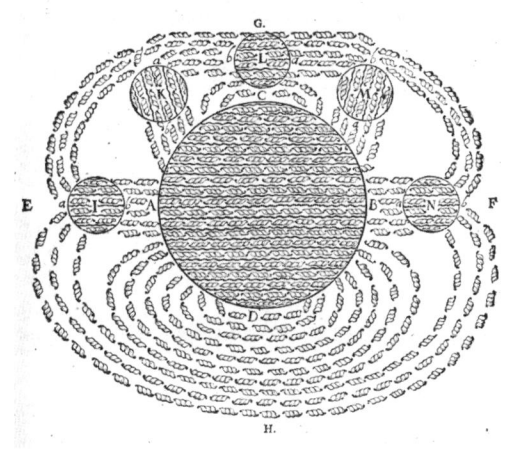

르네 데카르트의
《철학의 원리》에 등장한
자기장의 원형(인접작용)[17]

영도 없는 것은 데카르트의 이원론과도 충돌했으며, 물질 없이는 직접적인 접촉도 불가능하다는 기계론적 원리와도 모순되었기 때문이었다. 데카르트는 갈릴레이와의 충돌도 마다하지 않으며, 에테르로 가득 찬 우주 공간 속에서 보텍스vortex(와동)를 가정하였고, 《철학의 원리》에서 태양 주위 행성들의 움직임, 즉 운동을 설명하였다. 어떻게 보면 이는 데카르트 세계관의 한계이지만, 현실 세계에서 경험할 수 있는 인접 작용을 우주공간까지 확장하려 한 시도였다. 그러나 안타깝게도 (갈릴레이가 그랬던 것처럼) 데카르트가 설명한 행성과 우주의 운동론은 정량적 해석에서 케플러의 이론에 한참 못 미치는 수준이었으며, 케플러의 제3법칙의 의미조차도 정확히 이해하지 못했다.[16]

잘 알려지지 않은 사실이지만《철학의 원리》의 마지막 4부는 지구에 대하여 설명하는데, 여기에서 전자기에 관한 데카르트의 생각이 드러난다. 그는 길버트에서 비롯된 지자기에 대한 내용을 수용하고 있지만, 독자적으로 자기력의 작용원리를 기계적으로 풀어나가고 있다. 이는 현대의 전자기 이론과는 동떨어진 해석이라 할 수 있다. 그는 자석에서 튀어나온 '입자'라는 것과 '보텍스'에 기대어 설명을 한다. 마치 루크레티우스의 철의 고리나 보이지 않는 걸개와 비슷한 해석을 시도하지만, 인력과 척력을 거부했으며 다시 과거로 회귀하는 듯한 모습을 보인다. 데카르트는 논고의 마지막에서 자연의 모든 현상을 설명할 수 있을 것이란 무한한 자신감을 보이지만,[18] 전자기와 관련된 그의 설명은 빠르게 사장되었다.

## 거인의 어깨 위에 올라선 위대한 과학자 뉴턴

갈릴레이가 생을 마감하던 그해에 잉글랜드 시골 마을에서는 위대한 과학자 아이작 뉴턴Isaac Newton(1642~1727)이 태어났다. 당시 유럽 본토에서는 30년 동안의 종교전쟁이 끝나가고 있었으나, 그 불씨는 영국으로 옮겨붙었다. 영국 내에서는 국교인 성공회와 성서주의聖書主義를 기반으로 한 청교도, 그리고 여전히 공고히 버티고 있던 로마 가톨릭이 한데 모여 불편한 동거를 하고 있었다. 엘리자베스 1세 때에는 강력한 중앙집권 체제가 안정적인 듯했으나 후사를 이을 수 없게 되자 강력했던 튜더 왕가가 막을 내리고, 결국 종교들의 이해관계가 충돌하면서 내전의 원인이 되었다. 전쟁으로 국왕 찰스 1세Charles I(1600~1649)의 목이 잘렸고, 신흥 세력이던 청교도와

런던 초상화 박물관에 전시된 아이작 뉴턴의 초상화(왼쪽)와 1672년 왕립학회에서 발표된 그의 반사망원경(오른쪽)

의회 그리고 그 중심에 있던 올리버 크롬웰Oliver Cromwell(1599~1658)이 권력자로 등극했다. 그러나 이것도 잠시였으며, 얼마 지나지 않아 잉글랜드 사회는 그들이 목을 내리쳤던 왕의 아들을 다시 왕으로 앉혔다. 이렇게 혼란한 시기 속에서 뉴턴이 성장하고 있었다.

그럼에도 뉴턴이 살아가던 시절은 과학의 발전 과정에서 썩 나쁘진 않았다. 스골라주의가 지배적이던 시기를 지나 갈릴레이라는 걸출한 인물이 나타나 아리스토텔레스의 세계관에 흠집을 내고 있었고, 이후 그 흠집은 의심이 되어 봇물 터지듯 쏟아져 내리기 시작했다. 그러한 시대적 흐름을 틈타 회의주의가 스며들었지만, 데카르트는 합리론을 통해 잠식되어 가던 과학의 체계를 바로잡고 있었다. 데카르트는 존재에 대한 모호함을 탈피해 보고자 자연을 탐구하고 표현하는 수단으로 수학을 제시하면서, 연역적인 방법이야말로 자연을 탐구하는 유일한 수단이라고 주장했다. 또한 그는 갈릴레이가 말한 "자연은 수학이라는 언어로 쓰여 있다"[19]라는 주장과 그 결을 같이했다. 선대 요정들이 갖춰놓은 토양은 뉴턴에게 많은 영감

02 • 과학혁명과 전자기력의 맹아: 코페르니쿠스에서 뉴턴까지 **67**

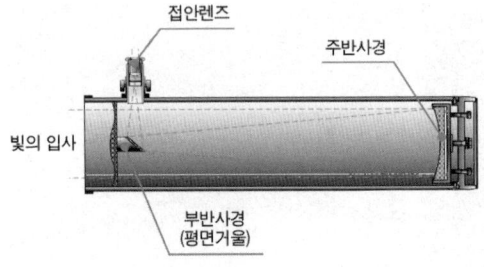

뉴턴 식 망원경의 구조와 원리

을 주었다. 뉴턴이 쌓아 올린 금자탑 위에서 현대 과학이 숨 쉴 수 있듯이, 뉴턴의 모든 업적도 선대의 거인들이 있었기에 가능했다.

흔히 '기적의 해'라고 부르는 1666년은 전 유럽에 흑사병이 퍼져 뉴턴이 학교가 아닌 고향에서 사색의 시간을 보내던 시기였다. 이때 뉴턴은 미적분학의 기초와 광학 연구, 그리고 그 위대한 만유인력의 법칙을 구상했다고 알려져 있다.[20] 하지만 다소 미화될 수 있는 이 시기보다는, 직접적으로 뉴턴이 자신의 영향력을 드러내기 시작한 1672년을 살펴볼 필요가 있다.

이 시기의 뉴턴은 빛에 관한 연구 결과들을 정리 중에 있었다. 이 과정에서 자연스럽게 렌즈, 거울, 프리즘 등에 익숙해졌으며, 이를 개량하면서 자신만의 반사망원경을 개발하였다. 갈릴레이와 케플러 식 굴절망원경과 달리, 오목거울을 통해 빛을 반사한 뒤 다시 반사경을 통해 초점을 잡아 관찰할 수 있도록 하는 독창적인 망원경이었다.

이는 빛이 거울을 통과하지 못한다는 원리를 이용했으며, 렌즈보다 가공이 유리하고 초점거리가 짧아 경통 길이를 줄일 수 있다는 장점이 있었다. 또한 기존 굴절망원경의 렌즈에서는 통과된 빛이 파장에 따라 맺히는 초점이 상이하여 색수차[21]가 생기는 문제가 있었는데, 반사망원경에서는 이러한 문제가 해결되었다.

데카르트의 《굴절광학》[22]을 통해 빛과 프리즘 그리고 무지개에 관한 정보가 어느 정도 알려져 있었는데, 뉴턴은 암실에서 프리즘 실험을 재현하고 응용해 보면서 빛의 분산과 굴절 원리를 알게 되었다. 당시에는 빛이 순수한 백색이며 물질과의 반응을 통해 색이 나타난다고 생각했는데, 뉴턴이 새롭게 제시한 빛에 관한 성질에 따르면 빛 자체가 여러 색으로 구성되어 있었다. 프리즘을 통해 백색광을 분산시키고, 나누어진 무지갯빛들을 프리즘을 통해 다시 합성함으로써 백색광을 만들어 냈는데, 이것이 뉴턴이 밝혀낸 빛의 고유한 성질이라 할 수 있다.[23] 뉴턴은 이러한 빛의 메커니즘을 이해하고 있던 덕분에 기존 망원경의 색수차 현상을 해결할 수 있었으며, 자신이 개선한 망원경을 영국 왕립학회Royal society에 제출한 공로를 인정받아 왕립학회의 신입회원이 될 수 있었다. 그해가 1672년이었다.

## 동시대의 거인들

광학의 발전 과정에서 모두가 하늘을 바라볼 때 땅을 바라본 사람이 있었다. 로버트 보일의 제자이자 17세기의 레오나르도 다 빈치로 불린, 로버트 훅Robert Hooke(1635~1703)이다. 1665년 훅은 관찰의 결과를 총정리하여 책을 출간했는데, 그것이 바로 과학사에서 가장 독창적인 책으로 불리는 《마이크로그라피아micrographia》이다. 훅은 자연철학의 발전을 위해서는 공학적 기술이 뒷받침되어야 한다고 생각했고, 현대의 광학 현미경과 비교해도 손색이 없을 정도의 장치를 만들어 냈다. 실제로 훅은 왕립학회 초기 단계에서 실험과 장비 개발을 도맡아 할 정도로 수완이 좋았다. 당시로서 최첨단의 현미경을 만들어 낸 그는 측정을 통해 《마이크로그라피아》 속에 사진을 첨부한 것과 같은 정교한 그림을 수록하였다. 또한, 당시로서는 흔하지 않게 관찰 기록을 라틴어가 아닌 영어로 기록하였기 때문에 독자의 이해도를 높이는 데 성공하였다. 28세의 나이로 《마이크로그라피아》를 써낸 훅은 왕립학회의 첫 번째 주요 출판물의 저자이자 과학

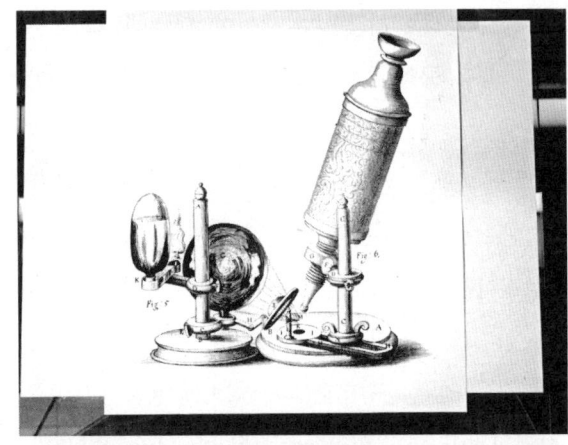

영국 왕립연구소에 전시된 로버트 훅의 현미경 삽화

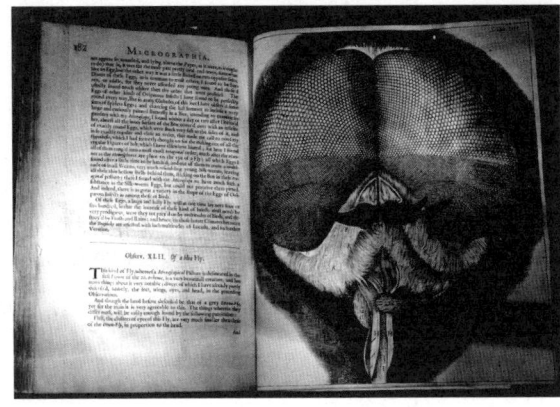

로버트 훅의 저서 《마이크로그라피아》에 실린 곤충의 얼굴

분야 최초의 베스트셀러 작가가 되었다. 그가 관찰한 57개의 사실적인 대상물은 마치 다른 세상에서 가져온 흔적과도 같았고, 이러한 신기한 형태의 관찰물에 세포cell라는 이름을 붙였다. 훅의 접근 방식은 예술 그 자체였으며, 그는 미세한 자연으로의 길을 연 모험적인 개척자였다.

실제로 뉴턴은 1666년부터 시작된 광학 연구에서 (데카르트뿐만 아니라) 훅의 연구 결과도 참고했는데, 아쉽게도 이 과정에서 그는 훅의 선행 연구에 대해 구체적인 언급을 하지 않아 문제를 낳기도 했다.

영국 왕립학회, "누구의 말에도 기대지 말라Nullius in verba"

훅의 《마이크로그라피아》의 어딘가에서 두 개의 쐐기 같은 투명한 용기를 만들었다고 보고했던 예기치 않은 실험.    — 아이작 뉴턴

선대 연구에 대한 인용 문제로 불거진 작은 균열은, 앞으로 벌어질 자존심 강한 두 천재의 미묘한 신경전을 간접적으로 예고하는 듯했다. 이에 앞서, 뉴턴 이전의 자연철학자들이 어떤 토양을 다지고 어떤 영향을 주었는지 확인해 볼 필요가 있다.

1660년 11월 28일, 기계론자인 로버트 보일Robert Boyle(1627~1691), 천문학자인 존 윌킨스John Wilkins(1614~1672)와 로런스 루크Lawrence Rooke(1622~1662), 크리스토퍼 렌Cristopher Wren(1632~1723) 등이 모여 영국 왕립학회를 설립했다. 그들은 각 분야의 학문적인 진보를 위해 자발적으로 모여 영국의 실험철학 발전에 이바지하고자 했다. 1661년에는 보일의 제자였던 훅

영국 왕립학회 창립 멤버인 크리스토퍼 렌(왼쪽)과 로버트 보일(오른쪽)

도 조직에 합류했고, 그다음 해에는 왕정복고로 즉위한 찰스 2세가 공식적으로 '왕립학회'를 윤허하게 된다.

1663년에는 왕립학회에서 외국인 회원도 받아들이기 시작했으며, 그 대표 인물로는 크리스티안 하위헌스Christiaan Huygens(1629~1695)가 있다. 왕립학회의 주된 관심사는 수학, 천문학, 물리학, 화학, 식물학 등이었다. 1665년 《철학회보Philosophical Transactions》를 창간한 이후로는 관련된 연구들이 공신력을 얻어 발표되기 시작한다. 이 과정에서 세상 밖으로 나온 책이 《마이크로그라피아》이기도 하다.

학회의 창립 멤버이자 진공 펌프를 만들어 '보일의 법칙'이라는 업적을 남긴 로버트 보일은 훅의 열렬한 지지자였다. 또한 그는 데카르트의 기계론적인 자연관에 공감했고, 물질을 자동기계로 바라보는 입자철학을 주장했다. 당시는 정밀한 시계 제작 기술이 발전하던 시기였으며 보일은 복잡한 기계를 통해 진공에 다가갔기에, 기계론적인 그의 자연관이 어색하지 않다. 특히 그가 물질과 운동이라는 보편적 사실로 전개한 《기계론적 가설의 우위와 근거에 대하여》(1674)의 내용은 데카르트의 형상과 운동이라는 개념을 토대로 한 기계론적 해석과 크게 다르지 않았다. 혹도 또한 스승과 방향성이 같았다. 진공 펌프나 현미경 같은 복잡한 기계를 다루면서 자동화된 시스템이 자연과 다르지 않다고 생각했으며, 현미경으로 들여다본 세포의 움직임은 '입자'나 '미세 물질'과 같았다. 훅의 기계론적 자연관이 잘 드러나는 저작은 그가 1678년에 발표한

왕립학회의 《철학회보》

《용수철 또는 복원력에 관한 강의》이다. 여기서 훅은 보일이 주장했던 물질과 운동이라는 개념을 답습하지만, '물질 입자의 고유진동'이 성질을 결정한다는 독창적인 주장을 표방하기도 한다. 다시 말해, 그는 모든 힘의 작용 원인이 고유진동, 즉 공명에 있다고 주장했다. 이렇게 보면 영국 왕립학회의 자연관은 데카르트이 영향력 아래 잠식된 것처럼 보이지만, 명확하게 다른 부분도 있다. 훅은 미세 입자들의 인접작용을 중요하게 생각했지만 진공의 존재를 인정했다. 또한, 데카르트나 갈릴레이의 주장과 달리 중력의 존재 가능성을 열어두는 차별점을 보였다. 어쩌면 이러한 차이가 뉴턴이라는 인물이 과감하게 '원격작용'을 주장할 수 있는 기회를 주었다고 할 수 있다. 그러나 분명 이러한 의견에도 반박할 여지가 충분하다. 빛에 관한 연구로 들어가면 상황은 전혀 다른 양상으로 흘러가는 것이 보인다.

네덜란드 출신의 하위헌스는 빛의 반사, 굴절 그리고 회절에 대한 연구

를 진행했는데, 이를 설명하기 위해서는 빛은 파동이어야 한다고 주장했다. 당시 주류 연구 대상이었던 진자와 용수철 그리고 소리에 관한 연구에서 물질의 파동을 가리키고 있었기 때문에, 그는 빛도 에테르라는 물질을 매개로 하는 파동이라고 확신하게 된다. 1670년대에는 이러한 빛의 파동성이 왕립학회에 보고되고 있었고, 훅도 하위헌스의 주장에 동의하고 있었다. 그러다가 1672년, 뉴턴이 나타나 빛에 관한 흥미로운 논문을 발표한다. 뉴턴의 실험은 프리즘을 이용하여 백색광의 굴절을 보여줬으며, 이내 다른 프리즘으로 빛을 모음으로써 다시금 백색광을 만들어 냈다. 이 실험은 청중의 이목을 휘어잡기 충분했다.

자신감을 얻은 뉴턴은 1675년에 (《마이크로그라피아》에서 영감을 받아) 《색에 관한 탐구》를 출간한다. 발표회에서 뉴턴은 빛을 공과 같은 입자로 설명했는데, 빛의 파동성을 주장하던 선배 학자들은 이에 크게 반발했다. 이어지는 비난을 견디지 못한 뉴턴은 출판과 더불어 광학에 대한 후속 연

크리스티안 하위헌스(왼쪽)과 그의 저서 《빛에 관한 논술》(오른쪽)

구를 무기한 보류하기에 이른다. 반면 뉴턴의 생각과는 정반대의 연구를 이어가던 하위헌스는, 1678년 빛의 파동설에 대한 《빛에 관한 논술Traité de la lumière》을 발표한다.

이는 당시 주류 해석이던 파동설의 영향력을 보여주는 일화이다. 뉴턴은 자신의 연구에 비판적이었던 선배들이 모두 사망한 후에 주류 세력이 될 수 있었고, 그 이후에 《광학》을 발표하게 된다. 그 시기가 1704년이었다는 점을 미루어 볼 때, 뉴턴 입장에서는 자신의 연구 결과를 발표하기 위해 억겁의 시간을 보냈음을 간접적으로 알 수 있다. 이러한 사실을 보자면, 선대의 연구가 꼭 뉴턴에게 좋은 토양과 기회만을 제공했다고 하기는 어려울 수 있다.

## 역제곱 논쟁과 프린키피아의 혁명

16세기와 17세기에는 '우편 시스템'이 발달함에 따라 학술적인 교류가 '서신'을 통해 활발해졌는데, 그때의 전통이 지금까지 이어지면서 메이저 논문은 트랜젝션Transactions 혹은 레터letters로 분류되고 있다. 현재까지 이어진 살아 숨 쉬는 역사의 흔적이라 할 수 있다.

1670~1680년에 뉴턴과 훅은 서신을 통해 질문과 답변을 주고받는다. 뉴턴은 기고했던 자신의 논문을 훅에게 동료 평가peer-review를 받고 있었고, 이로 인해 자세를 낮추고 있음이 뉴턴의 편지에 고스란히 드러난다. 1675년 자연철학의 주제였던 빛과 색에 관한 서신에서 뉴턴은 데카르트의 광학과 훅이 추가한 방법들을 높이 평가한다. 자신의 관점이 여기까지 미칠 수 있었던 것은 거인들의 어깨 위에 올랐기 때문이라는 내용이 이 편지에 등장한다. 혹자는 거인이라는 표현이 꼽추였던 훅을 은근히 비웃는 것이라 보기도 하지만, 서신 원본에는 데카르트와 훅의 방법들을 구체

적으로 언급했으며 로버트 훅만을 지칭하는 단수가 아니라 복수를 사용했다는 점에서, 자연철학의 발판을 마련한 선배들을 높이기 위한 표현이라 판단할 수 있다.

> 데카르트가 한 일은 좋은 발걸음이었습니다. 당신은 여러 가지 방법을 추가했고, 특히 얇은 판의 색깔을 철학적으로 고려했습니다. 제가 더 자세히 본 것은 거인들의 어깨 위에 올라섰기 때문입니다.[24]

1686년 뉴턴은 《자연철학의 수학적 원리, 프린키피아》를 출간한다. 뉴턴의 시대부터 아인슈타인의 등장 이전까지 물리 체계를 지배했던 위대한 법칙이 기록된 책이다. 실제로 코페르니쿠스에서부터 시작된 '과학혁명' 시대가 막을 내리는 시기 역시 《프린키피아》가 완성된 1687년으로 분류하고 있다. 이 위대한 업적이 시사하는 바는 케플러가 바라본 '하늘의

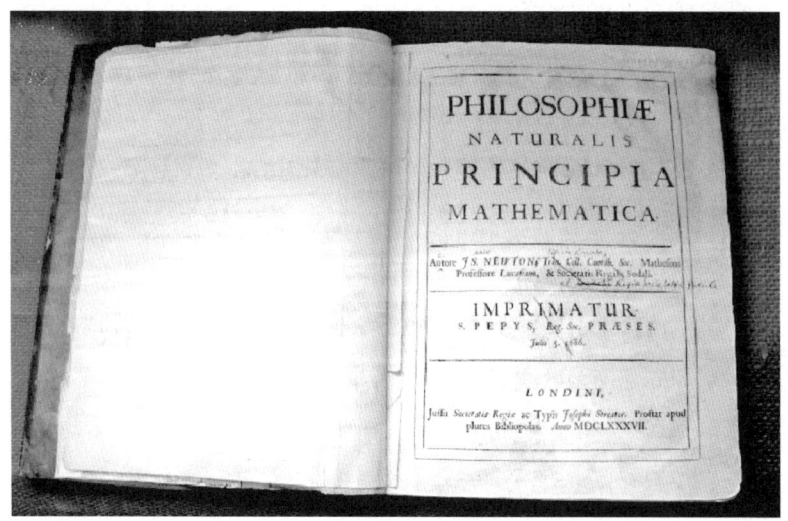

케임브리지 트리니티 칼리지의 렌 도서관에 보관 중인 뉴턴의 《프린키피아》

(천체) 법칙'과 갈릴레이가 찾아낸 '땅의 역학 법칙'을 별개의 것이 아닌 하나의 보편법칙으로 설명한다는 데에 있다.

뉴턴의 《프린키피아》는 데카르트의 가설 연역법을 따르고, 선대의 갈릴레이와 데카르트가 제시한 수학이라는 도구를 철저히 이용함으로써, 마치 유클리드의 기하학 《원론》을 연상케 하는 보편법칙을 보여준다. 이 책의 또 하나 흥미로운 점은 데카르트의 《철학의 원리》, 즉 '프린키피아'[25]를 오마주한다는 것에 있다.

뉴턴 운동법칙은 갈릴레이의 낙하 운동을 직선운동으로 확장했으며, 저항이 있는 유체 공간에서의 운동을 설명함으로써 데카르트의 소용돌이 가설의 모순을 밝혀냈다. 또한 케플러의 제3법칙인 '행성 주기 운동'을 통해 다음과 같은 만유인력의 법칙을 유도하기도 했다.

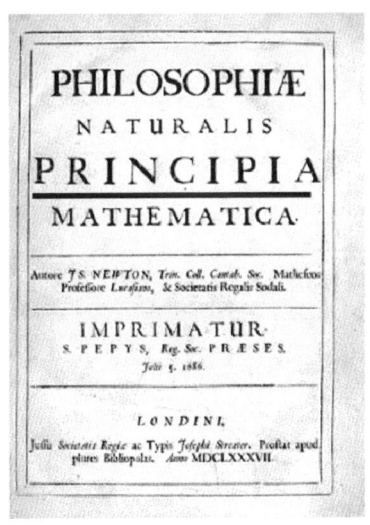 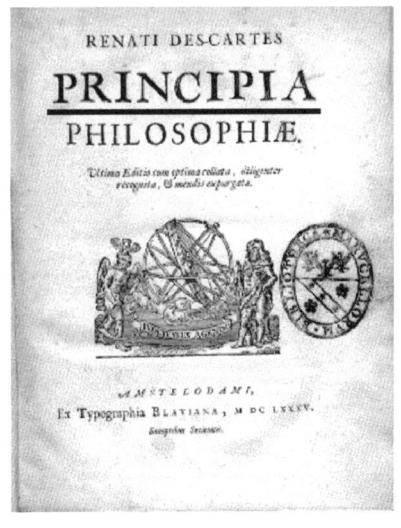

뉴턴의 《프린키피아》(왼쪽)와 데카르트의 《프린키피아》(오른쪽):
일반적으로 프린키피아라고 하면 뉴턴을 떠올리지만, 사실 이 표현은 데카르트의 사상을 상징하는 용어였으며, 뉴턴은 그의 연구를 따라가며 이를 차용한 것이다

$$F_{gravity} = G\frac{Mm}{r^2}$$

뉴턴의 만유인력의 법칙[26]

이렇게 가치 있는 그의 저서가 수많은 동료의 반대와 공격으로 사장될 뻔했으나, 이를 알아본 뉴턴의 동료 에드먼드 핼리의 도움으로 간신히 출판될 수 있었다. 뉴턴과 훅의 논쟁은 1679년까지도 이어지는데, 서신을 통해 나타나는 둘의 관계는 호전되기보다는 악화 양상을 보인다. 자존심 강한 두 천재 사이의 긴장감은 여전했다.

1679년 11월에 주고받은 편지에서는 주제가 천체에 관한 움직임으로 옮겨 가고 있었으며, 훅은 뉴턴에게 '행성의 운동을 합성하는 방법'과 '거리가 증가함에 따라 행성 사이의 인력이 감소한다는 역제곱 가설'을 언급한다. 1686년에 이러한 내용들이 포함된 뉴턴의 《프린키피아》가 출간되자 둘 사이의 관계는 급속도로 악화된다. 뉴턴은 자신이 천문학 쪽으로 관심을 기울일 수 있도록 해준 로버트 훅에게 감사를 표현했음에도 그 표현의 방식으로 인해 훅은 뉴턴이 '중력 감소의 원리', 즉 '역제곱 법칙'의 아이디어를 자신에게서 취했다는 표절 문제를 제기한다. 뉴턴과 핼리는

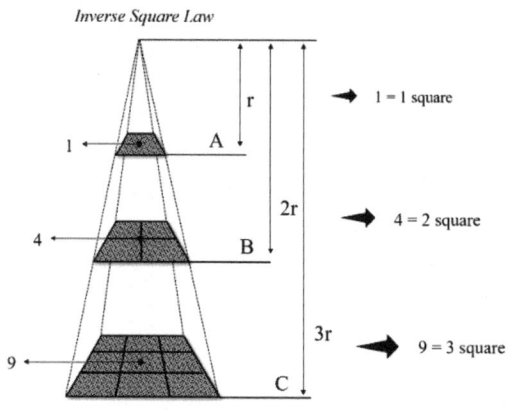

행성 사이에 작용하는 인력의 역제곱 법칙

프린키피아의 증명이 전적으로 독창적인 것이라 주장하는 한편 역제곱 법칙은 훅이 아닌 이스마일 불리알뒤의 연구와 보렐리의 연구를 인용했다고 주장한다.[27] 당시 역제곱 법칙은 단순한 가설과 선험적인 형태로 이미 퍼져 있던 내용이었으며, 그 증명을 종결한 것이 뉴턴임은 틀림없는 사실이었다. 비록 로버트 훅으로서는 억울할 수 있겠으나 '어렴풋이 보이는 진실'과 '증명된 진실' 사이에는 비교할 수 없는 간극이 존재하기 때문에 뉴턴의 독창적 결과물로 보는 것이 합당해 보인다.

뉴턴은 《프린키피아》 출간 이후로는 너드Nerd(이과형 괴짜)의 삶에서 벗어난다. 코페르니쿠스에서부터 시작된 하늘의 회전revolution 운동은 뉴턴에 이르러 더는 하늘의 것만이 아니라 땅에서도 통용되는 보편적인 운동이 되었다. 뉴턴의 《프린키피아》가 갖는 중요한 의미는 과학에만 있지 않다. 서서히 영국 사회에서는 하늘이 내렸다는 '왕의 권위'를 의심하기 시작했으며, 그 중심에 '뉴턴의 보편법칙'이 있었다. 《프린키피아》가 출간된 지 2년도 채 되지 않아 영국 입헌주의의 시발점이 되는 명예혁명Glorious revolution[28]이 발발한다. 하늘과 땅의 법칙이 다르지 않음을 보여준 케임브리지의 뉴턴은 승승장구했고, 명예혁명을 기점으로 국회의원과 조폐국장을 역임한 후에는 왕립학회 회장으로 취임한다.

### 뉴턴과 라이프니츠의 미적분 논쟁

미적분의 최초 발견자는 누구인가? 이에 대해서 뉴턴과 라이프니츠의 논쟁 이야기를 들어봤을 것이다. 두 거인의 업적은 서로 다른 방법으로 미적분의 시작을 알렸다. 따라서 이 논쟁에서 누가 누구의 것을 표절했다고 말하지는 않을 것이다. 두 사람 모두가 독창적으로 미적분을 발명해 낸 거인이다.

뉴턴의 유율법의
내용이 담긴 편지

데카르트의 영향을 받았던 뉴턴은 수학과 유체를 연구하면서 유속(변량, 미분)과 유량(적분)의 개념이 필요했다. 과거 1665년, 뉴턴은 미적분의 길목에서 필연적으로 만나게 되는 '무한급수'를 정리한 바 있다. 이어서 '변화에 대한 수학적 도구'가 필요했음을 깨닫고, 마침내 1666년 유율법 Method of Fluxions이라는 이름의 미적분을 고안했다. 다만 그의 내성적인 성격 탓에 학회나 논문으로는 발표하지 않았다. 학술적으로 그에게 적대적이지 않았던 월리스나 올덴버그에게만 공유된 내용이었다.

한편 30년 전쟁의 막바지, 독일에서는 빌헬름 라이프니츠 Wilhelm Leibniz (1646~1716)가 태어났다. 그는 어린 시절부터 수학자로서의 탁월한 면모를 보였다. 공학자로서의 모습도 살펴볼 수 있는데, 그는 파스칼이 개발한 계산기를 발전시켜 사칙연산이 가능하게 했다. 라이프니츠는 이진법의 체계를 만든 사람이기도 한데, 이것이 결국 컴퓨터 핵심 논리체계가 된다. 그는 논리학을 포함한 수학 이론을 보편적으로 만들어 갔으며, 그중에서 그의 노력이 가장 돋보이는 것이 미적분의 체계이다. 그는 함수, 즉 $y = f(x)$라는 현대의 개념을 정리했으며, 1675년에는 적분에 해당하는 Integral과 미분에 해당하는 $d$ 기호를 고안하기도 했다. 이후 더욱 정교해진 라이프니츠의 미적분학은 1684년 《극대 극소를 위한 새로운 방법 Nova Methodus pro Maximis et Minimis》이라는 책을 통해 최초로 소개되었다.

과거 라이프니츠는 1673년과 1676년에 한 번씩 런던을 방문했는데, 이때 왕립학회에도 방문했으며 뉴턴의 미출간된 논문을 보게 되었다는 후

라이프니츠(왼쪽)와 그의 저서 《극대 극소를 위한 새로운 방법》(오른쪽)

문이 있다.[29] 1676년 라이프니츠와 뉴턴이 주고받은 편지에는 미적분학에 관한 서로의 생각이 담겨 있다. 뉴턴과 라이프니츠의 서신에서 뉴턴은 유율법의 개념을 설명하기 위해 '암호 문자열'을 사용하였고, '흐르는 양으로 구성된 방정식이 주어지면, 유율fluxion을 구하고, 그 반대도 마찬가지'라는 의미의 메시지를 전달했다. 이때까지 학자로서 서로의 의견을 주고받으며 교류하던 원만한 관계였다.

하지만 라이프니츠의 《극대 극소를 위한 새로운 방법》 출판 이후부터는 두 사람 사이에 미묘한 신경전이 있게 된다. 연구 발표에 적극적이었던 라이프니츠와 달리 뉴턴은 미온적이었는데, 그럼에도 자신과 유사한 연구를 라이프니츠가 발표한 것에 대해 기분이 좋지 않았던 듯하다. "두 번째 발명자는 쓸모없다"라는 다소 과격한 표현을 쓰기도 했으니, 직접적으로 라이프니츠에게 문제를 제기하진 않았다. 그러나 뉴턴이 《프린키피아》로 성공하면서 왕립학회의 주류 세력이 되자 라이프니츠와의 갈등이 수면 위로 올라오기 시작했다. 1703년 뉴턴이 왕립학회 회장으로 임명되면서 위대한 자연철학자 반열에 오르자, 이전보다 두터운 팬덤이 형성되었다. 종교와 같은 맹목적 광기를 보이는 뉴턴 지지자들이 자신들의 메시아를 더욱 돋보이게 하기 위해 라이프니츠의 표절 문제를 제기하기에 이른다.

> 라이프니츠가 미적분학의 이름과 기호만 바꿔 발표했으며, 뉴턴이 미적분학을 가장 먼저 발표했음은 의심할 여지 없는 사실이다.
> — 옥스퍼드 수학자 존 케일(1708), 영국 왕립학회

1711년, 이 기고를 보게 된 라이프니츠는 왕립학회에 공식적인 제소 절차를 밟았으며, 사과를 요구하기도 했다. 그러나 라이프니츠의 주장은 받

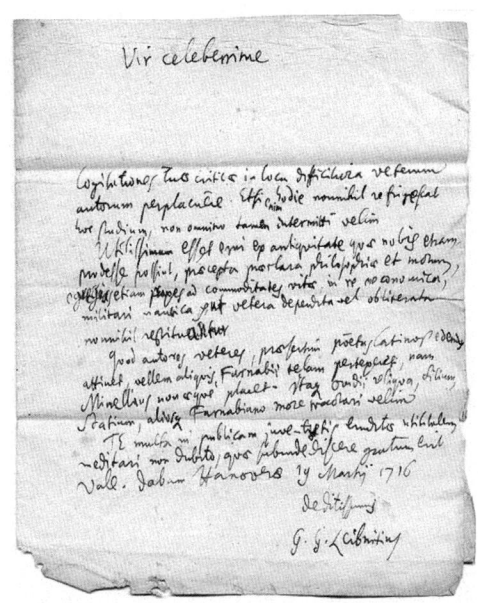

라이프니츠가 자신에게 제기된 미적분학의 표절 문제에 대해서 반론하는 편지:
1716년 사망하기 전 몇 년 동안 라이프니츠는 자신의 작업을 맹렬히 옹호했다. 라이프니츠는 뉴턴과 초기 작업에서 교류했음을 인정했지만, 뉴턴이 취한 접근 방식과 상당히 달랐음을 주장한다.

아들여지지 않았고 왕립학회의 조사 결과도 뉴턴의 손을 들어주었다. 왕립학회 회장이 뉴턴이었기 때문에 공정한 조사가 이루어졌는지에 대한 의문은 여전히 남아 있다.[30]

뉴턴과 라이프니츠의 논쟁은 더욱 비대해졌고, 영국과 독일 양국 간의 다소 과격한 논쟁으로 이어졌다. 영국에 비해 작은 제후 국가였던 독일의 하노버 공국은 결국 라이프니츠의 지지를 철회한다. 더욱이 영국 왕가와 혈연관계에 있던 하노버 공국의 선제후 게오르크 루트비히가 앤 여왕의 뒤를 이어 영국의 왕 조지 1세로 즉위하자 대중의 눈치를 볼 수밖에 없었다. 한때 열렬한 후원자였던 조지 1세는 라이프니츠와의 관계를 정리하게 된다. 이후 승승장구한 뉴턴은 왕에 버금가는 지위를 누렸고, 죽은 뒤에도 존경을 받으며 왕실의 웨스트민스터 사원에 들어갔다. 반대로 라이프니츠의 말년은 초라했다. 그때는 마치 라이프니츠가 패배한 것처럼 보였으나, 200년이 흐른 현대의 관점에서 라이프니츠의 업적을 높이 평가하기도 한다. 물리학을 제외한 대부분의 분야에서는 라이프니츠의 표기법과 체계를 채택하고 있기 때문이다.

## 전자기력의 맹아

이와 같이 길버트의 《자석에 관하여》 이후로 전자기 학문과는 동떨어져 보이는 과학혁명의 시기를 긴 호흡으로 살펴보았다. 천문학, 수학과 기계론적인 사상이 전자기 학문의 발전 과정과 대체 무슨 관련이 있느냐고 질문할 수 있을 것이다. 고대 그리스에서부터 길버트에 이르기까지 오감과 직관을 통해 수많은 관찰 결과를 얻었지만, 그것을 알맞게 담아낼 개념이라는 그릇을 찾지 못하고 배회하던 시기를 보낸 것이 과학혁명 이전이다. 그리고 마침내 뉴턴이 나타나 만유인력을 공식화했는데, 이 순간을 들어 개념과 직관을 오가는 '매개체'의 탄생이라고 할 수 있다.

만유인력이라는 공식이나 이론을 매개체라고 말하는 것은 아니다. 오히려 이러한 매개체는 뉴턴이나 훅, 데카르트, 라이프니츠와 같은 이들의 노력을 말한다. 예전에는 실험관찰 없이 구전에 의지해 이론의 틀을 만들기도 했고, 맹목적인 실험으로 인해 결과를 분류하지 못하기도 했다. 점차 개념과 직관을 오가는 인물들이 나옴으로써 서로 유기적으로 영향을 주고받았고 만유인력이라는 결과를 만들어 냈다. 과학혁명의 시기를 지나면서 전자기와 관련된 새로운 발견이 줄지어 등장하는데, 뉴턴의 만유인력은 중요한 교두보 역할을 한다. 이후로 뉴턴 역학이라 부르는 틀 안에서 전자기 현상을 안착시키고자 하는 새로운 요정들이 등장한다.

# 03
# 17·18세기, 전기를 다룬 사람들

## 오토 폰 게리케, 마그데부르크의 반구를 발명하다

17세기는 종교전쟁의 여파로 피바람이 불던 시기였다. 이 시기에 과학을 통해 희망을 전하려는 사람이 등장했다. 그는 '최초로 지속적인 전기를 생산할 수 있는 장치'를 만들었으며 진공에 대한 실험으로 유명한 오토 폰 게리케Otto von Guericke(1602~1686)이다. '전기'와 '진공'은 전기전자공학의 발전에서 떼려야 뗄 수 없는 관계에 있다. 신기하게도 과학혁명의 시기를 보내던 게리케는 두 가지 분야를 모두 탐구하고 있었다. 이 시점에서 게리케를 전기의 요정으로 만든 시대적 배경, 그리고 그 시작이었던 진공에 대하여 살펴볼 필요가 있다.

고대 그리스의 플라톤은 아무것도 존재하지 않는 비어 있는 공간, 즉 진공에 대한 개념을 설파한 바 있다. 그러나 그의 제자였던 아리스토텔레스는 이를 추상적이고 현실 세계와 동떨어진 주장이라고 생각했다. 아리스토텔레스는 밀도가 높은 물질은 자연적으로 그 희박함을 채워가려는 성질 때문에 빈 공간은 결국에는 메워질 것으로 생각했고, 결론적으로 이 세상에는 진공이라는 것이 존재하지 않을 것이라 주장했다.[1] 방법적 회의를 주장했던 데카르트 역시 기계론적 세계관에서 인접 작용이 중요했던 만큼 작용의 매개 물질이 없는 진공상태라는 것을 터무니없는 것이라 여겼다. 17세기 갈릴레이는 아리스토텔레스의 역학 체계를 무너뜨리는 과정에서 사고 실험을 통해 진공의 개념을 다시금 꺼내 들었다.

물체가 떨어지는 속도는 질량에 비례하지 않으며, 매질에 따라 달라질 수 있다. 만약 매질이 없는 공간에서 물체를 떨어뜨린다면, 낙하속도는 같다.

플라톤의 주장을 뒤엎어 버린 아리스토텔레스와 달리 갈릴레이의 제자는 그의 주장을 굳게 믿고 진공을 찾기 위한 실험을 진행했는데, 그가 바로 에반젤리스타 토리첼리Evangelista Torricelli(1608~1647)이다.

갈릴레이의 제자들, 에반젤리스타 토리첼리(왼쪽)와 빈첸초 비비아니(오른쪽)

메디치 가문 출신 토스카나의 대공이었던 코시모 2세와 그의 아들 페르디난도 2세는 갈릴레이의 뒤를 이은 제자 토리첼리와 빈첸초 비비아니 Vincenzo Viviani(1622~1703)에게 후원을 아끼지 않았다. 일찍이 토스카나 대공이 갈릴레이에게 10미터 깊이 이상인 우물에서 물을 퍼 올릴 방법이 없겠냐는 질문을 한 적이 있었는데, 당시 고령이었던 갈릴레이는 이 문제를 해결하지 못하고 생을 마감하였다. 갈릴레이의 뒤를 이어 토스카나 궁정 1호 수학자가 된 토리첼리는 비비아니와 함께 스승이 해결하지 못한 미완의 프로젝트에 도전한다. 그들은 1미터 유리관에 수은을 가득 채우고 마개로 유리관의 입구를 막았다. 별도의 수조에 수은을 적절히 채운 뒤, 마개로 입구가 막힌 유리관을 수조에 거꾸로 담갔다. 이후 마개를 빼면 수은 기둥이 약 76센티미터 지점까지 내려오는 것을 확인했다. 유리관을 기울여 봐도 높이는 76센티미터로 일정했다. 약 24센티미터의 공간은 토리첼리가 처음으로 만든 진공이었고, 이는 최초로 대기압을 발견한 사건이었다.

토리첼리는 실험을 토대로 76센티미터의 수은 기둥이 누르는 힘과 유리관 외부의 공기가 누르는 힘이 서로 평형을 이룬다고 말했다. 그리고 이것을 진공 생성의 원인으로 보았다. 토리첼리는 실험을 확장하여 수은과 물의 밀도 차이가 14:1임을 밝혀냈는데, 이러한 단서를 통해 그동안 실명해 내지 못했던 10미터 이상인 우물에서 물을 직접 퍼 올리지 못하는 이유를 알게 되었

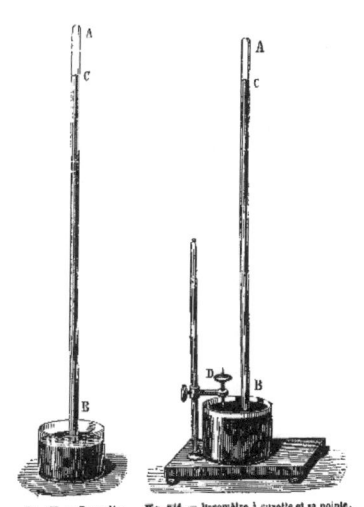

수은 기압계의 원리가 되는, 토리첼리의 수은관 실험

블레즈 파스칼

파스칼의 대기압 측정을 위한 고산 실험

다. 그것은 공기가 누르는 힘 때문이었다. 이를 역이용하여 공학적으로 만들어 낸 장치가 '펌프'의 시초였다.

곧이어 진공을 연구한 또 다른 학자가 나타났는데, 그는 블레즈 파스칼Blaise Pascal(1623~1662)이었다.

파스칼은 젊은 시절부터 수학과 과학에 천재성을 보였다. 그는 토리첼리의 책[2]을 접하고 스스로 진공에 관한 실험을 재현해 보았다. 1647년에 뛰어난 유리 제작사의 도움을 받아 약 12미터의 유리관을 제작하고 이를 배의 돛대에 걸어 실험을 한 것인데, 그 결과를 토대로《진공에 관한 견해》(1647)를 출판하기도 했다. 그러나 동시대의 데카르트와 그 추종자들은 진공에 대한 파스칼의 주장을 부정했다. 파스칼은 이에 맞서기 위해 실험을 정교하게 다듬어 갔으며, 논리적으로 반박해 가며 진공에 대한 결론을 더욱 명확하게 했다. 1648년에는 고도에 따른 기압의 영향을 분석하기 위해 산 정상에서 수은 기둥의 높이를 측정했다. 이때 파스칼은 건강이 좋지 않아서 그의 매형에게 실험을 부탁했다고 전해진다. 실험 결과, 지표면에서는 76센티미터였던 수은 기둥이 산의 정상으로 갈수록 높이가 낮아지는 것을 확인했는데, 이를 통해 유리관 밖 공기의 압력이 고도가 높을수록 낮아진다는 것을 알게 되었다. 이것이 바로 파스칼의 실험이다.

토리첼리, 비비아니의 연구와 파스칼의 연구 결과는 순식간에 대륙으로 퍼져나갔지만, 당시 유럽의 정세는 위태로웠다. 독일에서는 16세기의 종교개혁으로 인해 신성 로마 제국(지금의 독일, 체코, 오스트리아 등)과 분쟁을 예고하고 있었다. 과거 1555년의 아우크스부르크 화의[3]를 통해 신앙의 자유가 보장되어 어느 정도 불씨가 잦아드는 듯했으나 가톨릭과 개신교의 공존은 쉽지 않았다. 특히 신교도들이 절대다수이며 자유도시의 형태를 띤 보헤미아 왕국[4]은 가톨릭의 수호자로 불리는 루돌프 2세와의 협상을 통해 신앙의 자유를 얻어냈지만, 보헤미아와 같은 자유도시조차도 불안한 상태였다. 루돌프 2세의 뒤를 이은 마티아스와 페르디난드 2세는 개신교 탄압을 시작했으며, 이에 반발한 개신교 세력이 보헤미아 프라하에서 페르디난드 2세의 신하들을 창문으로 던져버리는 사건이 발생한다.

또한 개신교 세력은 자신들을 보호해 줄 권력을 만들어 내고자, 칼뱅파

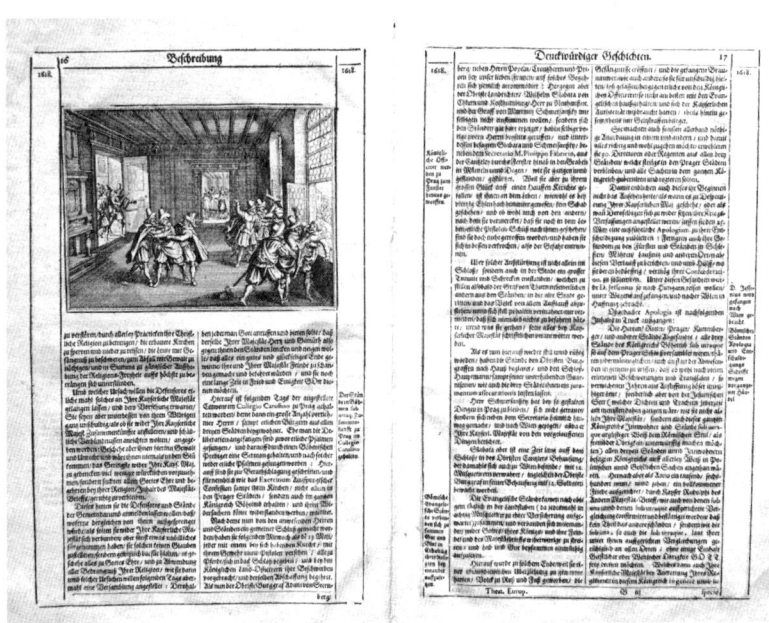

30년 종교전쟁의 도화선이었던 프라하 창밖 투척사건[5]

의 교육을 받은 팔츠 선제후 프리드리히 5세를 보헤미아의 왕으로 선출한다. 이렇게 시작된 종교 전쟁은 점차 종교적 의미가 퇴색되고 정치적으로 변화한다. 1630년에는 발트해 진출을 꿈꾸던 스웨덴의 구스타브 2세가 신교도 해방을 표방하며 종교전쟁에 참전한다. 이러한 움직임에 가장 큰 환영 의사를 밝힌 지역은 신성 로마 제국의 마그데부르크 지역이었는데, 이 지역에 스웨덴의 구스타브 군대가 도착하기도 전에 신성 로마 제국군이 쳐들어와 약탈과 방화, 강간 등을 벌여 마그데부르크는 온통 살육의 현장이 된다.[6] 상업의 발달로 부를 축적한 보헤미아의 아름다운 도시가 한순간에 폐허가 되어버렸다. 이후 잔해만 남은 보헤미아의 자유 도시는 1635년 프라하 평화 협정을 통해, 비교적 온건적이고 개신교 세력이었던 '작센 제후국'의 통치를 받게 된다.

  오토 폰 게리케는 마그데부르크 출신으로 30년 전쟁의 중심에서 참상을 경험하며 전투와 포로 생활을 겪은 사람이었다. 프라하 평화 협정 이후에는 작센 통치하에서 도시의 재건을 위해 일했다. 그는 도시의 공공 문제 해결을 위해 앞장섰으며, 그 노력으로 1646년 마그데부르크의 시장으로 선출된다. 이후 1648년에는 30년 전쟁의 마침표를 찍는 베스트팔렌 조약에도 참여한다(이후 봉건 사회가 무너지고 강력한 왕국 중심으로 변모하는데, 마그

마그데부르크 약탈
(1630~1631)

마그데부르크 반구 실험:
대기압의 세기를
직접적으로 보여준 사례

데부르크는 프로이센[7]의 전신인 브란덴부르크의 관할권으로 들어간다).

이러한 참극의 현장에서, 게리케는 독학으로 토리첼리와 파스칼의 실험을 익히며 '기압'과 '진공'에 대해 지식을 쌓아가기 시작한다. 그는 1650년에 나무와 금속 통으로 된 독창적인 공기 펌프를 개발하는데, 이를 시작으로 그의 혁신적인 연구가 줄을 잇게 된다.

게리케는 1657년 대기압의 힘을 극적으로 보여주기 위해 약 40센티미터 직경의 황동 반구 두 개를 조합하였고, 그 사이의 공기를 펌프로 빼낸 뒤 주변 기압에 의해 반구가 강하게 결합하는 것을 보였다. 말 수십 마리의 힘을 빌려서야 겨우 떼어지던 구가, 약간의 공기를 주입하자 손쉽게 떼어지는 것을 목도했다. 이는 대기의 압력을 깨닫게 되는 순간이었으며, 게리케는 갈릴레이와 마찬가지로 중력이라 하는 '원격작용'의 가능성을 인지하게 된다. 게리케의 실험은 기압에서 끝나지 않았다.

게리케는 대기를 누르는 힘의 근원을 고민하던 중 길버트의 《자석에 관하여》를 접하고, 힘의 원천을 전기력에서 떠올리게 된다. 전기와의 관련성을 고민하던 그는 결국 정전기를 지속적으로 발생시킬 수 있는 장치를 고안하기에 이른다. 게리케는 새로운 실험들을 통해 유황에서 정전기가

◀ 마그데부르크의 반구를 토대로 만들어진 정전기 발생기(왕립연구소)

▼ 1672년 오토 폰 게리케의 저서《새로운 실험》(왼쪽)과 책에 나오는 유황 구를 이용한 정전기 실험(오른쪽)

잘 발생한다는 것을 알게 되어, 으깬 황을 유리구에 부은 후 열을 가해 황구를 만들었다. 막대 위에 황구를 올리고 틀에 수평으로 고정하여 황구를 회전시켰다. 그때 황구를 손으로 문질렀더니, 그것이 주위의 깃털이나 리넨실 등을 끌어당기는 것을 확인하였다. 그는 이 황구를 지구라고 생각했고, 중력도 이러한 인력이라고 보았다. 게리케는 어둠 속에서도 같은 실험을 반복했는데, 한순간 불빛이 발생하는 것을 관찰하고는 마찰전기의 발생을 시각적으로 확인할 수 있음을 깨달았다. 1672년, 게리케는 이러한 사실들을 기록한 책《새로운 실험Experimenta Nova》[8]을 발표한다. 그는 길버트보다 한발 더 나아가, 4권 6장에서 대전된 구의 인력과 척력을 보고한다. 인력이야 이미 알려진 사실이었지만, 길버트는 전기적 척력을 부정한

바 있다. 게리케는 실험을 통해 이 오류를 정정한 것이다.

이러한 게리케의 연구 결과는 바다 건너 영국 왕립학회의 로버트 보일에게 전달된다. 보일은 제자인 로버트 훅과 함께 정전기 발생기와 진공펌프를 재현해 본다. 물론 초기 왕립학회의 일원들은 데카르트의 인접작용을 받아들이고 있었기 때문에 게리케의 중력과 전기적 힘에 대한 생각에 회의적이었다. 그러나 진공에 대한 실험 결과 그 중요성을 정확히 인지하는 계기가 되어, 이후 보일은 펌프의 성능 개선에 매진하게 된다.[9] 그렇게 꾸준한 실험을 통해 발견한 기체의 압력 법칙이 '보일의 법칙'이다.

기체가 일정한 온도에서 어떠한 양이 정해져 있을 때, 기체의 압력($P$)과 부피($V$)는 서로 반비례 관계에 있다.

$$P \times V = constant$$

한편, 독립적인 실험을 통해 보일의 법칙과 똑같은 결론에 도달한 사람도 있었다. 그는 프랑스의 에듬 마리오트Edme Mariotte(1620~1684)이다. 기체와 압력에 관한 관계는 1662년 보일이 먼저 발표했으며, 1676년에는 비슷한 이론을 독립적으로 마리오트가 발표했다. 마리오트 이론의 차별점은 보

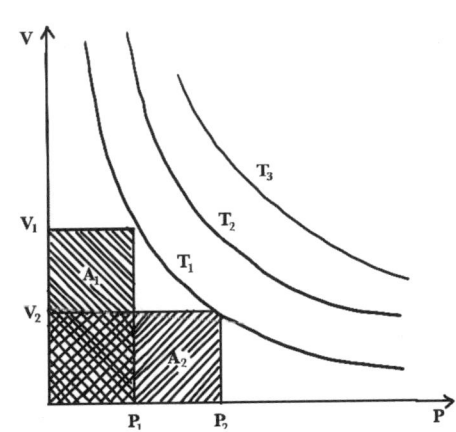

보일-마리오트의 법칙:
온도에 따른 압력과
부피의 관계

일의 법칙이 온도가 일정할 때만 성립하는 것을 보완한 점에 있다.

여기서 다시 짚어봐야 할 점은, 게리케의 연구가 여러 주변 국가에, 그리고 다양한 분야에 선한 영향력을 주었다는 점이다. 전쟁으로 황폐해진 마그데부르크에는 게리케가 있었고, 실험과학을 통해 마그데부르크는 재건되고 있었다. 참극이 벌어졌던 도시라는 주홍글씨를 벗어던지고 이곳은 '마그데부르크의 기적'으로 다시 불리기 시작했다.

## 영국의 전기 기술자, 기체 방전의 시초가 되다

마그데부르크의 소식은 빠르게 영국으로 전달되었고, 게리케의 정전기 발생 장치가 영국 왕립학회 회원들의 이목을 사로잡는다. 가장 큰 관심을 보인 이는 아이작 뉴턴의 실험 보조이던 프랜시스 혹스비Francis Hauksbee (1660~1713)였다. 그는 젊은 시절에 직물 가게에서 일했기 때문에 펌프와 공압 엔진에 흥미가 있었는데, 독일에서 들어온 '마그데부르크의 반구' 소식은 그의 관심사와 일치했다.[10] 대기압 및 펌프에 관한 소식과 더불어 게리케의 '정전기 발전기'를 알게 되자 혹스비는 이내 전기 분야에 뛰어든다. 곧이어 왕립학회의 전기 실험을 도맡으면서 왕립학회 주요 인사들이 요청하는 실험을 해내던 혹스비는 마침내 1703년 정식 회원이 된다.

그는 게리케의 황구 실험을 재현해 보면서 유리로 된 구도 역시 마찰로부터 정전기가 발생한다는 것을 알게 되었다. 엔지니어로서 탁월한 능력이 있었던 혹스비는 유리로 된 구와 정전기 실험을 반복하다가 어떠한 압력과 기체 조건에서 무시무시한 빛을 내는 전기현상을 발견하기도 했다.[11] 바로 '기체 방전'의 시초가 혹스비였던 것이다. 그는 자신의 실험 결과를 모아 1709년에 《다양한 주제에 관한 물리-기계 실험Physico- Mechanical Experiments on Various Subjects》을 발표한다.

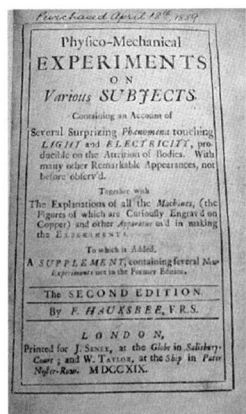 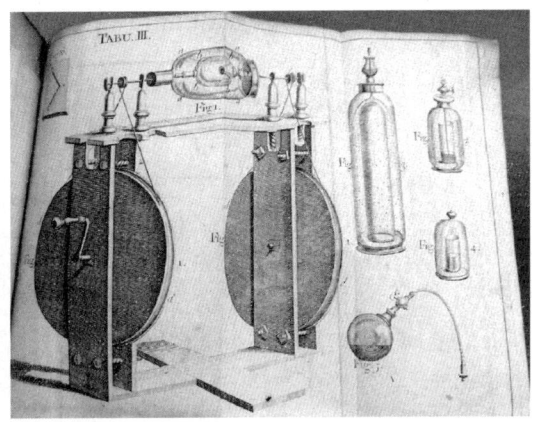

1719년 혹스비의《다양한 주제에 관한 물리-기계 실험》2판(왼쪽)과
정전기 발생기와 연결된 유리의 기체 방전 실험(오른쪽)

## 스티븐 그레이가 발견한 전기 전도성

유럽에서는 길버트의《자석에 관하여》가 보급되면서 전기와 자기 현상의 기본 체계가 알려지게 되었다. 길버트의 연구에는 검전기 장치를 이용한 정전기 실험들이 포함되어 있었는데, 이는 다음 세대의 사색가들의 흥미를 끌어올리기에 충분한 주제였고, 이어질 중요한 발견의 실마리를 제시하는 것이었다.

그것을 이어받은 사람은 영국의 스티븐 그레이Stephen Gray(1666~1736)로서, 유명하거나 부유한 귀족도 아니었고 연구하기 적합한 조건을 갖춘 교수도 아니었다. 염색공의 아들로 태어나 젊은 시절에는 경제적 어려움에 허덕이며 지극히 평범한 서민의 삶을 살았던 사람이었다. 그의 젊은 시절은 구체적으로 알려진 바 없으나, 그리니치 천문대의 감독관인 존 플램스티드와 친분이 있던 것으로 보아 천문대에서 플램스티드의 일을 도왔던 것으로 보인다.[12] 그러나 대부분의 시간에 그레이는 연구와는 동떨어져 있었으며, 1720년이 되어서야 차터하우스[13]에 들어가 안정적인 연금을 받으며 실험을 할 수 있게 되었다. 그때부터 예전에 조금씩 연구해 오던 정전기 실험을 본격적으로 시작한다. 그레이는 오토 폰 게리케의 황구 실험에 대해서 알고 있었으며, 이미 1708년 마찰전기에 대한 연구를 발표한 기록이 있다. 당시 그 중요성을 인지하지 못한 왕립학회는 그레이의 논문을 거절한다. 그럼에도 그레이는 포기하지 않고 실험을 지속했고, 1729년에 60대라는 고령의 나이로 중요한 실험 결과를 얻어낸다.

긴 유리 튜브의 끝에는 코르크 마개가 꽂혀 있다. 마개가 없는 쪽의 유리 튜브를 문지르면 코르크 마개의 끝에서도 종잇조각이나 가벼운 물체를 끌어당기는 인력이 발생하였다.

그레이는 여기서 멈추지 않고 코르크 마개에 작은 막대와 상아 공을 연결하여 물체를 연장하였고, 그 후에 유리 튜브를 문질러 마찰전기를 만들었다. 이번 실험에서도 상아 공이 가벼운 물체를 끌어당겼고, 인력이 발생함을 확인하게 된다. 이를 통해 그레이는 전기적인 현상은 멈춰 있는 것이 아니라 이동할 수 있다는 '전도성conductivity' 개념을 발견한다. 이 시

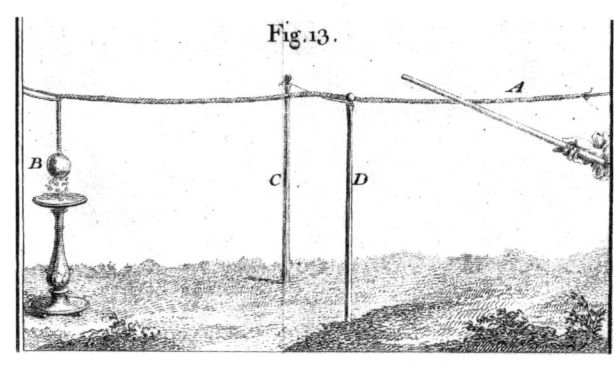

18세기 스티븐 그레이의 실험: 이동하는 전기에 의한 인력[14]

점에서, 그레이는 선대의 학자들이 그랬던 것처럼 기준을 정하여 물질을 분류하기 시작했다. 그 기준은 전기가 이동할 수 있는지 없는지에 대한 '전도 특성'이었다. 대표적으로 철은 전도성이 있는 물체였고, 비단은 그런 특성이 없었다. 이는 바로 현대적 관점에서 '전도체'와 '절연체'의 발견이라고 할 수 있다.

그레이는 전도체를 이용하여 전송된 전기가, 전송되기 전의 전기와 같은 것인지를 알고 싶어 했다. 물론 단편적인 실험을 통해, 이동한 전기 역시 전기적인 힘을 가질 것으로 예상했지만, 그레이는 자신의 가설을 확인하고 싶었다(원문에서는 이동하는 전기적인 힘을 '끌어당기는 가상의 무언가 attractive virtue'라고 불렀다). 발코니에서 진행된 그의 실험에서는 약 150센티미터가 넘는 길이의 철사를 사용해도 여전히 전기적인 힘이 운반되었다.[15] 그렇게 고안된 실험이 바로 '하늘을 나는 아이' 실험으로 알려진 전기 유도 실험이었다.[16]

이 실험은 전기가 흐르지 않는 재료인 비단으로 여자아이를 천장에 매단 뒤에, 게리케가 발명한 정전기 발전기를 아이의 발바닥에 가까이 배치하여 진행했다. 접촉하지 않은 상태에서 발전기를 돌리면, 인접한 아이의 발을 통해 손까지 전기가 이동하여 아이의 손끝에서 대전되었고, 이후 작

하늘을 나는 아이 실험:
직접적으로 정전기
발생원과 접촉하지 않은
아이의 손에도 인력이
작용한다

은 종이들이 손에 끌려 오는 것을 확인하였다. 이동한 전기 역시 인력을 보인 것이다. 즉, 그레이가 예상한 대로 전기는 전도체를 통해 완벽히 이동할 수 있는 '새로운 유체'이며, 이동한 전기도 유사한 성질을 갖는다는 것을 알게 된 것이다. 오늘날 이것을 '전기유도 현상'이라고 부르고 있다.

그레이는 전기의 요정으로서 중요한 시점에 위대한 발견을 했음에도, 그의 업적이 다소 알려지지 못했다. 당시 영국 왕립학회는 전기 현상에 대해서 그렇게 중요하게 생각하지 않았으며, 결과를 얻어낸 사람 역시 귀족도 아니고 부유하지도 않았으며 초기에는 왕립학회의 회원도 아니었기에, 그레이의 연구 결과들은 무시당하기 일쑤였다.[17]

그럼에도 그레이는 말년에 좋은 지인들을 두고 있었다. 1727년 뉴턴이 죽고 한스 슬론Hans Sloane(1660~1753)이 왕립학회 회장에 오르자 그레이에게도 기회가 왔다. 대영박물관의 설립자이자 초콜릿 밀크의 개발자로 알려진 슬론은 그레이의 오랜 후원자였다. 후원의 대가로 슬론은 그레이가 연구한 '전기의 전도와 절연'이라는 내용을 이양받아 왕립학회에서 대신 발표한다. 이러한 공로로 1731년에 한스 슬론은 첫 번째 코플리 메달[18]을

스티븐 그레이의 후원자였던 한스 슬론(왼쪽)과
런던 블룸스버리에 있는 초기 대영박물관(몬타규 하우스, 1715)(오른쪽)

수상하게 된다. 다행히 다음 해인 1732년에 그레이는 전기유도 현상을 보고한 공로로 왕립학회의 명예회원으로 등록된다.

## 그레이의 실험을 재현한 뒤페

영국 왕립학회에 보고된 전기 유체에 관한 새로운 소식은 서신 왕래를 통해 유럽에 전파되었다. 스티븐 그레이의 '하늘을 나는 아이' 실험은 그 특유의 퍼포먼스 덕분에 많은 유럽 과학자들의 관심을 받게 된다. 새로운 학문에 눈을 뜬 프랑스의 샤를 프랑수아 뒤페Charles François de Cisternay du Fay(1698~1739)와 장 앙투안 놀레Jean-Antoine Nollet(1700~1770)는 1732년에 은 이들은 프랑스로 돌아가 실험을 재현해 보면서 전기에 관한 독자적인 생각을 정리한다. 뒤페는 전기의 인력과 척력에 대한 궁금증을 갖고, 이

뒤페(왼쪽)와 그가 프랑스에서 재현한 그레이의 실험(오른쪽)

러한 힘은 진공과 압력 그리고 온도 변화에 따라 어떠한 현상을 일으키는지, 전기역학 구조에 대해서 파고들기 시작했다.

그러나 역시 시대적 한계와 오류가 발생했다. 1730~1740년에는 영국과 프랑스 사이에 자존심 싸움이 있었다. 뉴턴의 《프린키피아》에서 주장한 유체의 점성(저항)과 데카르트의 《프린키피아》에 따른 유체의 비점성(보텍스) 이론이 충돌하고 있었는데, 뒤페는 프랑스인이었기 때문에 보텍스 이론에 맞추어 전기현상을 설명하려고 했다. 그럼에도 후대에 충분히 영감을 줄 만한 결과들을 도출하기도 했으며, 유리전기(양전하)와 수지전기(음전하)로 분류하여 전기 유체를 기반으로 한 인력과 척력을 설명했다.[19]

안타깝게도 뒤페는 천연두에 걸려 이른 나이에 사망했고, 전기에 관한 연구는 장 앙투안 놀레에게 넘어가게 된다.

## 라이덴 병: 전기를 저장하는 발명품의 탄생

이와 같이 전기가 흐를 수 있다는 사실이 밝혀지면서, 관련된 전기 실험들이 활발히 이루어진다. 그리고 시대적인 요구에 맞추어 '전기의 저장'이라는 개념에 다가간 두 과학자가 나타난다. 네덜란드 라이덴 대학 교수인 피터르 판 뮈센부르크Pieter Van Musschenb-roek(1692~1761)는 1745년 물을 가득 채운 유리병에 전기를 저장할 수 있음을 밝혀낸다.[20] 정전기를 발생시키는 발전기는 게리케와 그레이를 통해 많은 개선이 이루어졌지만, 발생된 전기를 저장할 수 있는 장치가 없어서 곤란한 상황이었다. 뮈센부르크의 라이덴 병은 전기를 저장하는 수단으로서 당대에 손꼽히는 충격적인 발명품이었다. 라이덴 병은 유리병의 안과 밖에 금속판을 두르고 있으며, 병 위쪽의 뚜껑을 통해 금속 막대가 들어와 안쪽 금속판에 닿게 되어 있는 구조였다. 정전기의 충전은 금속 막대를 통해 이루어지며, 방전 시에

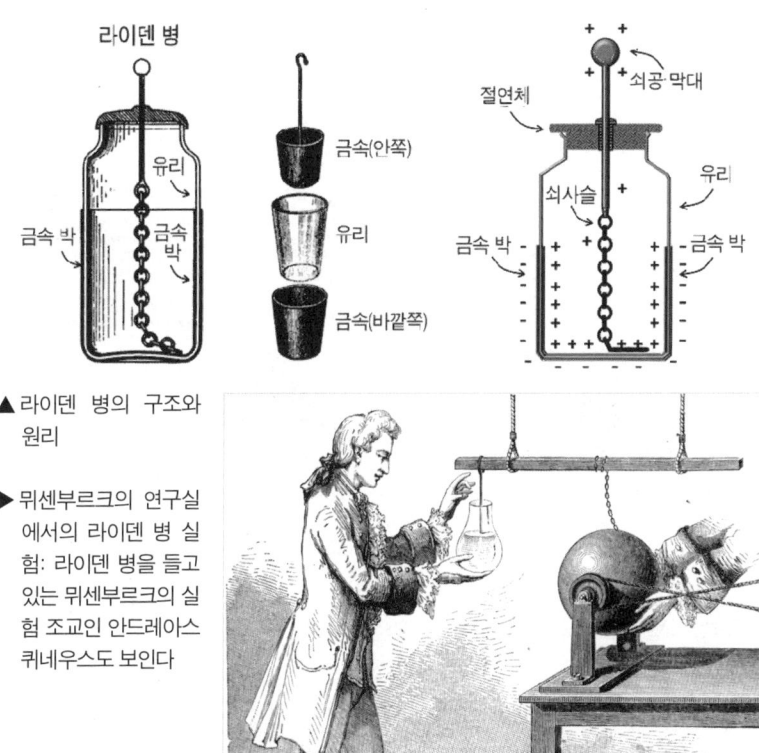

▲ 라이덴 병의 구조와 원리

▶ 뮈센부르크의 연구실에서의 라이덴 병 실험: 라이덴 병을 들고 있는 뮈센부르크의 실험 조교인 안드레아스 퀴네우스도 보인다

는 금속 막대를 다른 쪽 금속판과 단락함으로써 전기가 빠져나갔다.

이 과정에서 금속과 금속을 단락시킬 때 높은 전압에 의한 스파크가 발생되었는데, 뮈센부르크는 전기의 방전을 직접 몸으로 느껴본 사람이기도 했다. 1745년 뮈센부르크는 정전기를 발생시키는 유리구로부터 전기를 받아 물이 담긴 라이덴 병에 저장하였고, 병 위쪽에 금속 막대와 손을 대어 순간적으로 수만 볼트의 전기충격을 느꼈다.[21] 그는 그의 지인에게 보내는 편지를 통해 이런 말을 전하기도 했다.

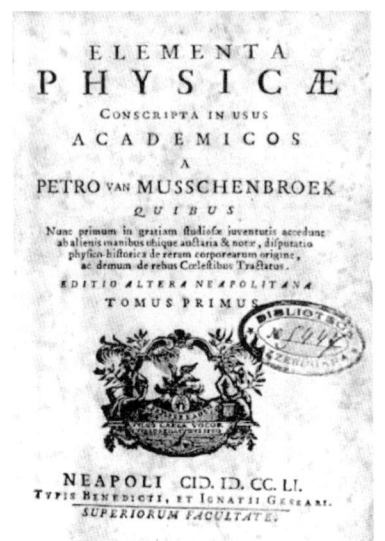

뮈센부르크의 《Elementa Physicæ Conscripta in usus Academicos》(왼쪽)[22]와
폰 클라이스트의 발명(오른쪽)[23]

이제까지 이와 같은 충격을 느껴본 적이 없다. 나는 팔과 어깨가 마비될 것만 같았다. 내 몸에서 전기라는 불꽃이 튀어 나가는 것 같았고, 다시 느끼고 싶지 않은 두려운 경험이었다.[24]

뮈센부르크의 발견은 삽시간에 유럽 전역으로 퍼졌고, 그의 지역을 띠서 커패시터의 기원이 되는 이 장치를 라이덴 병이라 부르게 되었다.

한편, 1745년 같은 해에 프로이센의 에발트 게오르크 폰 클라이스트 Georg von Kleist(1700~1748)도 역시 전기 저장장치를 발명한다. 그가 1720년에 네덜란드 라이덴 대학에서 법학을 전공하면서 여러 학문을 접했다는 기록이 있다. 특히 실험 물리학을 경험하면서 폰 클라이스트는 영국의 선진 과학도 경험했을 것으로 보인다. 그가 독일에 돌아왔을 때는 이미 전기를 응용한 화약 점화 기술이 만들어졌을 정도로 진보한 상태였다. 이러한

신식 학문으로부터 자극을 받은 그는 마침내 독자적인 연구를 통해 뮈센부르크와 동일한 발명을 하는데, 이것이 커패시터의 전신이 된다.

같은 시기에 프랑스에서는 뒤페의 뒤를 이어 전기 실험을 이어가던 놀레가 있었다. 그는 스티븐 그레이의 '하늘을 나는 아이' 실험과 같은 실험을 재현했고, 추가로 350개가 넘는 신식 장비를 이용하여 군중을 휘어잡는 실험을 선보였다. 그는 자연철학자로서의 모습보다

장 앙투안 놀레

는 사람들에게 신비한 쇼를 보여주는 실험 마술사처럼 보이기도 했다.

놀레는 1746년에 200명의 수도사를 연결하여 둘레가 약 1.6킬로미터인 원을 만들고, 강강술래를 하듯 모두가 손을 잡고 섰을 때 라이덴 병에 저장되어 있던 전기를 한 사람에게 방전시켰다. 그 결과 눈 깜짝할 사이에 손을 잡고 있던 모든 사람에게 전기가 통하여 뒤로 쓰러지게 되었다. 이 실험을 통해 '전기는 라이덴 병과 같은 그릇에 담을 수 있는 유체이며, 동시에 매우 빠른 속도로 흐르는 물질'이라는 사실을 알게 된다. 그리고 이 놀레의 실험 결과는 빠르게 유럽으로 퍼져나갔다.

### 번개를 끌어오는 사람들

18세기는 수많은 영국인이 미국으로 이주하던 시기였고, 미국 동부의 도시 보스턴은 이주민들을 기반으로 성장하고 있었다. 그렇게 보스턴에서

이주민 2세로 태어난 벤저민 프랭클린Benjamin Franklin(1706~1790)은 어린 시절부터 가족 사업이었던 인쇄업에 뛰어들었고, 그렇게 터득한 실무를 통해 책을 만들고 집필하는 능력을 기를 수 있었다. 1723년 그는 어린 나이에 홀로 필라델피아로 떠나, 그곳에서도 혈혈단신으로 인쇄업을 추진하며 큰 성공을 거두게 된다. 부를 축적한 프랭클린은 이후에 '준토junto'라 하는 소사이어티를 만들어 여러 분야의 지식을 습득하고 책을 공유하는 시스템을 구축했다. 그리고 이러한 소사이어티를 중심으로 프랑스에서 일어났던 계몽주의의 불씨를 미국으로 옮겨 오기 시작했다.

당시 미국 사람들에게 동경의 대상이었던 본토 영국에서는 1페니 대학이라고 부르는 '커피하우스'와 '우편 거래 서비스transactions'가 활발했는데, 프랭클린은 특유의 통찰력으로 영국의 자유와 계몽사상이 두 시스템으로부터 나온다는 것을 파악하게 된다. 그리고 그러한 시스템을 식민지 미국에도 적용하려고 부단히 노력하였다. 1743년에는 필라델피아에 미국철학학회APS, American philosophical society를 설립하는 데 기여하였고, 다양한 실험에도 관심을 두기 시작한다. 특히 보스턴에서 전기실험을 가르치던 아치볼드 스펜서 박사[25]를 만나면서 전기에 큰 흥미를 갖게 된다. 프랭클린은 인쇄업으로 번 돈을 모두 청산하고 전기 실험에 뛰어들었으며, 그의 친구이자 영국 왕립학회의 회원이었던 피터 콜린스의 도움을 받아 1751년 실험 기록을 출판하였다. 그는 출판한 문서에서 번개도 전기임을 주장하였고 이를 증명하는 실험을 제안했는데, 인쇄술과 우편 거래의 발달로 이 주장은 순식간에 유럽 전역에 퍼져나갔다.

프랑스의 토마 프랑수아 달리바르Thomas-François Dalibard(1709~1778)는 곧장 프랭클린의 아이디어로 실험을 진행했는데, 12미터 높이의 쇠막대를 사용하여 구름에서 전기 스파크를 추출하는 데 성공했다. 프랭클린은 높은 성당의 꼭대기에 피뢰침을 꽂아 번개의 전기를 저장하려 했지만, 프

1752년 벤저민 프랭클린의 전기 실험[26]

로젝트가 계속 지연되자 폭풍 속에서 연을 날리는 독립적인 실험을 통해 번개가 전기임을 밝혔다. 그는 1752년에 전기와 번개에 대한 연구를 자신의 필라델피아 신문에 기고함으로써 세상에 알렸고, 1753년에 그 공로가 인정되어 영국 왕립학회로부터 코플리 메달을 받았다.

미국 건국의 아버지라 불리며 100달러 화폐에 등장하기도 하는 프랭클린은 전기의 역사에서도 지울 수 없는 업적을 남겼다. 그는 스티븐 그레이의 전기 실험 결과를 접하면서 서서히 전기를 유체로 이해하기 시작했다. 그는 뒤페가 주장한 서로 다른 속성의 유리(질) 전기와 수지(질) 전기를 서로 다른 압력하에 있는 동일한 유체일 것이라 말했다. 따라서 서로 다른 압력(전위)을 설명하기 위해 두 가지의 상태를 제안했으며, 이해를 위해 양(+)과 음(-)이라는 개념을 도입하여 유리 전기를 양전하로, 수지 전기를 음전하로 분류하였다. 또한, 자세한 기록은 없지만 프랭클린은 당시 오일러와 베르누이의 정리도 이해하고 있던 것으로 보이며, 유체에 관

라이덴 병을 이용한 벤저민 프랭클린의 전기 배터리

한 오일러의 '연속 방정식'으로부터 '전하량 보존 법칙'을 제시했다.[27] 그는 이론적 사고에서 멈추지 않고 당시 유럽에서 신문물이었던 라이덴 병을 응용하여 전기 저장 장치의 전신인 최초의 배터리를 만들게 된다. 실제로 그 구조가 마치 포병부대와 같다고 생각하여 배터리[28]라고 명명한 사람이 바로 프랭클린이었다.

저장 장치를 개선한 프랭클린은 발전기를 통해 전기를 저장하는 실험을 수행했는데, 이 과정에서 발생하는 고전압 아크 방전이 마치 하늘과 구름에서 발생하는 번개와 유사하다는 것을 인지하게 된다. 이 소식을 전달받은 프랑스의 달리바르와 들로르Delor는 국왕 루이 15세에게 보고했고, 이를 실험으로 증명해 낸다. 이것을 계기로 프랭클린은 프랑스에서 가장 유명한 '특별한 미국인'이 된다.[29] 사실 번개가 전기와 같은 것이라는 생각은 프랭클린 이전부터 만연하게 추측되던 가설이었다. 다만 그 가설이 사실이 되게끔 실험을 제안하고 입증한 사례가 프랭클린이었다는 점이 그 이전과의 차이라 하겠다. 그런데 프랑스의 한 시골 마을에서 아마추어 과학자 자크 드 로마Jacques de Romas(1713~1776)가 프랭클린과 유사한 발견을 한다.

동시대적 흐름이었는지는 알 수 없으나, 로마는 성에 내리치는 번개가 마치 전기와 같음을 인지했으며 실험으로 그것을 증명하려 하였다. 그는 접지된 막대와 철사를 연결하고 반대쪽은 연에 철사를 휘감아 약 3미터 상공으로 날렸으며, 이때 불꽃과 함께 전기가 땅으로 흐르는 것을 목격한다. 그는 이러한 결과를 1752년에 동료들에게 알렸으나, 동시대 미국 과학자의 결과를 전해 듣지는 못하는 상태였다. 시간이 꽤 흘러 1764년에 프랑스 과학 아카데미에 보고하지만

1753년 6월 7일에 수행된 자크 드 로마의 연 날리기 실험

이미 '특별한 미국인'의 관련 실험이 알려져 있던 시절이었다. 그래도 과거 편지와 문서들을 소명함으로써 로마의 업적도 재평가받게 된다.

이렇듯 하늘에서 내리치는 섬광이 전기라는 사실이 밝혀지자, 많은 이들이 무모함을 무릅쓰고 하늘의 전깃불을 당겨 오려 했다. 이미 과거에 프랭클린은 이 실험이 얼마나 위험한지 깨닫고는 실험을 준비하는 과정에 많은 시간을 쏟아부었다. 프랑스의 로마도 안전한 절연 장치 없이 이런 실험을 하는 것은 매우 위험하다는 메시지를 남겼다. 놀레도 역시, 자신이 프로메테우스라도 된 양 하늘의 불을 끌어오려는 무모한 이들에게 그 대가를 치러야 할 것이라고 경고하였다. 그러나 1753년 상트페테르부르크 제국 아카데미의 빌헬름 리치만 Georg Wilhelm Richmann(1711~ 1753)이 폭풍 속에서 전기를 수신하다가 감전되어 사망하는 사고가 발생했다.[30]

보이지 않는 암막 속에서 진리를 꺼내 오는 일에는 대가가 있었다. 또 누군가는 이러한 비극을 이용하여 공포감을 조성하거나 자신의 사리사욕을

1753년 번개 실험 중 발생한 리치만의 감전사(왼쪽)와
피뢰침을 이용한 18세기의 액세서리와 패션(가운데, 오른쪽)

채워가기도 했다. 번개로부터 사람들을 보호한다는 명목으로 대지에 접지된 피뢰침 패션이 유행하기 시작했다. 비극도 코미디가 될 수 있었던 시기였다.

지금 우리에게는 익숙해져 당연하게 여기는 것들은 대부분, 누군가의 노력이나 비극 위에 쌓아 올린 결실이다. 피뢰침도 그러한 발명 중 하나로서, 번개로부터 인류를 보호하는 필수요소가 되었다.

# 04
# 계몽주의 시대의 전기 혁명

## 에피누스의 전기 그리고 평행판 커패시터

전기에 관한 새로운 발견들이 유럽 전역으로 퍼지면서 많은 이들이 영향을 받았고, 새로운 사람들이 이 매력적인 연구로 유입되었다. 번개가 전기라는 것과 라이덴 병이라는 그릇을 통해 새로운 유체를 담을 수 있다는 사실은 자연을 탐구하는 많은 이들의 호기심을 자극하기 충분했다. 이 시기에 전자기 연구를 한 단계 이상 도약시킨 곳은 독일의 베를린으로서, 이는 수학을 좋아하는 천문학자로부터 시작된다. 그는 독일과 러시아에서 활동하던 프란츠 울리히 에피누스Franz Ulrich Aepinus(1724~1802)였다. 자연철학을 수학적으로 기술한 뉴턴의 《프린키피아》에 영향을 받은 그는 주된 관심사가 하늘의 움직임이었다.

1755년에 에피누스는 베를린 천문대의 책임자가 되었으나, 생각보다 수학적 기술을 천체의 움직임에 적용하기 힘들었고 이 분야에 흥미를 느끼지 못하면서 이 시기에 이렇다 할 업적도 내지 못했다. 이때 에피누스와 친분 관계를 유지하던 친구이자 제자인 요한 칼 빌케Johan Carl Wilcke (1732~1796)는 에피누스에게 새로운 분야인 '전기'에 대해 알려주게 된다. 빌케는 벤저민 프랭클린의 저서인 《전기에 관한 편지Letters on Electricity》를 번역하면서 전기 연구에 흥미를 느끼게 되었는데, 특히 '전기석'에 관심이 많았다. 과거에 테오푸라스투스와 플리니우스가 광물에 대해서 기록한 바 있는데, 보석에 해당하는 투르말린Tourmaline(전기석)이 빌케의 연구 주제였다.

빌케의 소식을 전해 들은 에피누스는 이에 흥미를 느껴 곧장 실험에 매진하게 된다. 그리고 얼마 후, 투르말린에 압력이나 온도 변화를 가하자 전기적 분극Polarization 상태가 나타나는 것을 발견한다(실제로 특정 라이터에는 이러한 전기적 분극을 일으키는 석영이 들어 있으며, 압력으로 스파크를 발생시켜 가스에 불을 점화한다). 전기적 분극이란 양전하와 음전하가 물체 내에서 편을 가르고 대전되는 것인데, 이러한 물질적인 특성이 자석과 같이 배열된다는 것을 알아차린 것이다. 에피누스는 여기서 뉴턴이 그랬던 것처럼 분극의 성질을 설명하기 위해 수학적 접근을 시도하는데, 그 결과물이 1759년에 상트페테르부르크에서 발표한 《전기와 자기 이론에 대한 시도Tentamen Theoriae Electricitatis et Magnetismi》였다.[1] 독창적인 연구로 평가받고 있는 이 저서는 뉴턴의 이론을 과감히 전기에 적용하여 '전기의 원격작용'을 설명했으며, 이 과정에서 (정량적이지 않더라도) 역제곱에 관한 전기력의 비례 문제를 기록했다.[2] 이는 이후 설명될 '쿨롱의 법칙'을 예고하는 시대적인 흐름이었다.

에피누스는 전기적 분극현상을 토대로 정립된 자신의 이론을 따라가며, 라이덴 병의 유리 없이도 전기를 저장할 수 있을 것이란 생각에 다다른다. 라이덴 병의 구조에서도 알 수 있듯이 그 시대의 사람들은 전기 역

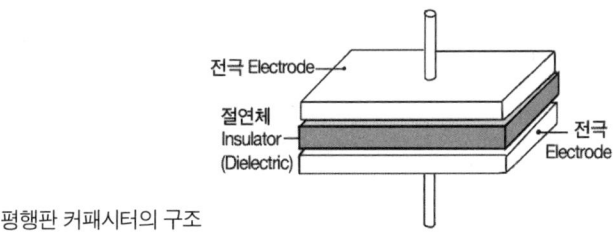

평행판 커패시터의 구조

시도 유체라고 생각했기 때문에, 병처럼 생기거나 물이 담겨 있어야 한다는 비과학적인 믿음이 있었다. 에피누스의 정립된 이론은 전기가 그렇게 저장되는 것이 아니라는 것을 보여준 예시였다. 그리고 이를 증명하고자 만들어 낸 새로운 저장 장치가 바로 '평행판 커패시터'였다.

에피누스는 전기 연구를 현대 과학의 형태로 접근하려는 시도를 보여주었으나, 이 과정에서 요한 칼 빌케의 영향을 무시할 수 없다. 실제로 에피누스가 베를린에서 상트페테르부르크로 옮겨 왔을 때, 빌케는 스웨덴으로 떠났으나 독립적으로 공기를 유전체로 하는 커패시터를 만들기도 했기 때문이다.

이와 비슷한 시기에 영국에서도 유사한 연구가 이루어지고 있었다. 수소를 발견한 사람이자 비틀림 저울을 통해 지구의 밀도를 계산한 헨리 캐번디시Henry Cavendish(1731~1810)가 그 주인공이었다. 그는 뉴턴이 가진 특유의 습성처럼 자신의 연구를 발표하는 것에 소극적이었던 괴짜 과학자였지만, 그가 남긴 연구 결과의 흔적만 보더라도 당시 영국 왕립학회에 기여한 바가 크며, 코플리 메달을 수상하는 영예를 누리기도 했다.[3]

캐번디시는 전기의 인력과 척력도 중력에 의해 작용하는 힘과 크게 다르지 않다고 생각했다. 결과적으로 그는 에피누스와 동일한 아이디어에 다다르게 되었고, 정전기학과 관련된 초기 이론의 발판을 마련한다. 뉴턴의 만유인력은 결과적으로 전기력과 동일한 형태를 보이기 때문에 캐번디시의 중력 상수 측정 일화를 살펴볼 필요가 있다. 캐번디시의 가장 유명한 실험은 바로 '비틀림 저울'을 이용한 지구 밀도 측정이었다.

$$F_{earth} = \frac{GM_E m_0}{R_E^2} = m_0 g,$$

$$GM_E = gR_e^2$$

중력 상수의 관계식

캐번디시가 살던 시대에는 갈릴레이를 통해 알려진 중력 가속도($g$) 정보가 있었고, 뉴턴의 만유인력이 알려져 있었다. 또한 기원전 2세기의 이집트 알렉산드리아의 학자에 의해 계산된 지구의 반지름($R_E$)의 정보가 알려져 있었다. 지구의 질량이 어떻게 되는지, 중력 상수($G$)는 어떻게 되는지는 알려진 바가 없었다. 그러나 점점 창의적인 실험 기구들이 만들어지면서 진실이 밝혀지기 시작했다.

당시 지진학자seismologist였던 존 미첼John Michell(1724~1793)은 비틀림 저울을 만들었는데, 캐번디시는 이를 개량하여 독자적인 실험에 사용하고자 했다. 막대의 양쪽에 질량이 $m$인 구체가 달려 있었으며, 막대의 중심부에 고정된 명주실은 하늘에 매달려 있었다. 이때 질량이 매우 큰 물체($M$)를, 거리($d$)를 두고 배치하면 중력에 의해 주기적으로 각운동을 하게 되는데, 미세한 스프링의 복원력($F_{spring}$)과 중력($F_G$)을 정량적으로 동일하다고 봄으로써 중력 상수($G$)를 정밀하게 측정할 수 있었다. 결국 비틀림 저울의 실험 결과를 통해 캐번디시는 지구의 밀도($\rho_E$)를 구할 수 있게 됐으며, 약 5.448g/cm³의 값을 도출해 냈다. 실제로 현대의 측정 결과와도 큰 오차를 보이지 않는다(실제 5.514g/cm³).

캐번디시의 실험은 비단 중력에만 국한된 것이 아니었다. 그는 전기력의 관계를 밝히기 위한 도전을 이어갔으나 연구를 발표하지 않은 채 남겨

두었다. 한편 비슷한 시기에 같은 접근을 시도 중이던 프랑스의 한 과학자가 새로운 사실을 밝혀낸다.[4]

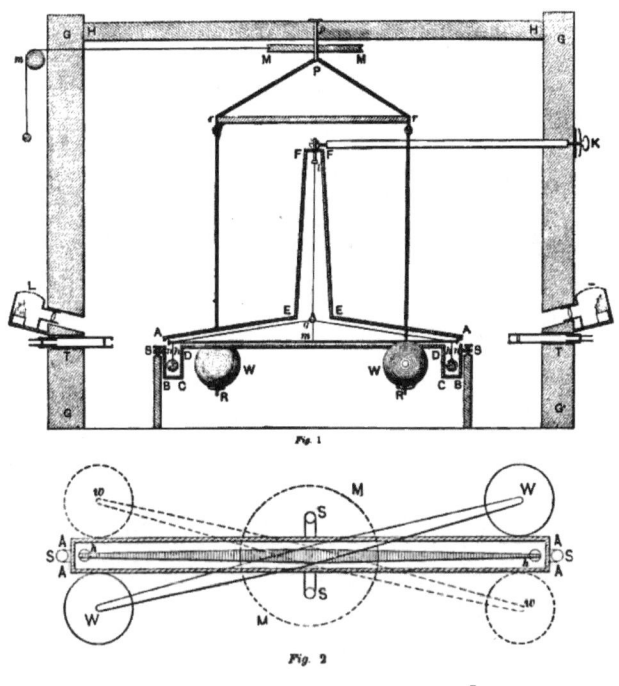

캐번디시의 중력 상수 실험 기구(1798)[5]

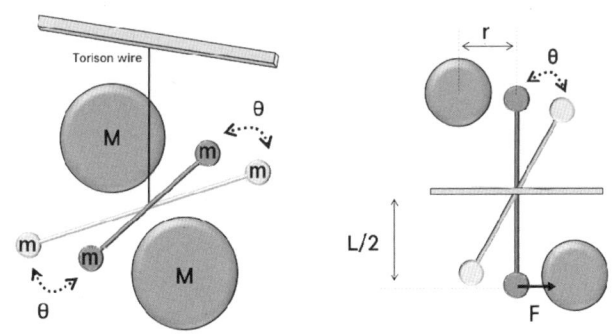

캐번디시의 비틀림 저울 실험을 측면(왼쪽)과 상단(오른쪽)에서 각각 바라본 도해

$$T = 2\pi\sqrt{\frac{I}{k}}, \quad I = \frac{mL^2}{2}$$

비틀림 진자의 공진 주기 $T$(왼쪽)와 관성 모멘트 $I$(오른쪽)

$$k = \frac{2\pi^2 mL^2}{2}$$

공진 주기와 관성 모멘트로 정리된 비틀림 상수 $k$

$$F_G = G\frac{Mm}{r^2} = F_{spring} = \frac{k\theta}{L}$$

두 질량의 만유인력 $F_G$와, 비틀림에 의한 복원력 $F_{spring}$의 평형 관계식

$$G = \frac{k\theta r^2}{LMm}$$

평형 관계로부터 얻은 중력 상수 $G$

$$\rho_E = \frac{3g}{4\pi R_E G}$$

앞서 정리된 '중력 상수 관계식'과 '중력 상수'로부터 도출된 지구의 밀도

## 쿨롱의 비틀림 저울과 전기력

샤를 드 쿨롱Charles-Augustin de Coulomb(1736~1806)은 청소년 시기에 프랑스의 유명한 수학자이자 천문학자인 샤를 르 모니에로부터 수학을 배웠다. 1780년 이전까지는 군에서 장교로 복역하며 토목공학 쪽 업무를 수행했던 쿨롱은 비교적 늦은 나이에 전기에 관한 실험에 몰두하게 된다. 1784년에는 금속 전선과 비틀림 그리고 탄성에 관한 자신의 실험 결과를 발표했으며,[6] 여기서 그는 전기적인 힘과 거리의 역수 관계의 실마리를 찾게 된다. 이어 쿨롱은 1785년에 전기와 자기에 관한 다음과 같은 내용의 몇 가지 보고서를 제출한다.[7]

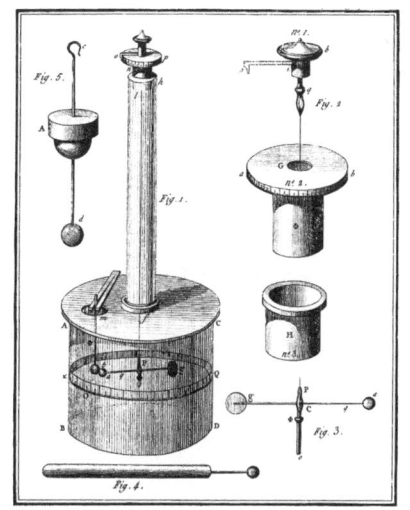

쿨롱의 비틀림 저울(1785)

① 같은 종류의 전기(양전하-양전하 혹은 음전하-음전하)로 대전된 물체가 서로에게 가하는 반발력은 거리의 제곱에 반비례한다.
② 서로 다른 종류의 전기(양전하-음전하)로 대전된 물체 간의 인력은 각각의 구가 갖는 전하량의 곱에 비례하고, 두 구 사이의 거리의 제곱에 반비례한다.
③ 대전된 전기력과 마찬가지로 자석의 자하 또한 같은 원리로서, 인력과 척력은 거리의 제곱에 반비례한다.

$$F_e = k\frac{q_1 q_2}{r^2}$$

수학적으로 표현된 쿨롱의 법칙(두 전하 사이의 전기력)

이러한 연구 결과는 후에 쿨롱의 법칙Coulomb's law이라 부르는 정전기학의 중요한 이론이 된다. 쿨롱은 1789년까지 전기 유체에 관한 연구와 자기력에 대한 실험 결과를 발표하지만, 전기력과 자기력 사이의 연결고리를

쿨롱의 《전기와 자기에 관한 첫 번째 논문
Premier mémoire sur l'électricité et le magnétisme》[8]

찾지 못했으며 오히려 둘은 서로 다른 유체라고 생각하게 된다. 더욱 구체적인 연구가 후에 더 진행되었을 가능성이 있지만, 당시 프랑스 사회에 혁명의 바람이 불어오면서 1789년 이후로는 그의 연구 명맥이 끊기고 만다.

쿨롱의 법칙이 전자기학 발전에 미친 영향을 여러 각도로 해석할 수 있지만, 가장 중요한 의미를 갖는 것은 '뉴턴 역학'을 품었다는 것이다. 하늘과 땅의 보편성을 논하던 만유인력이 이제는 전자기 이론과 마주하게 되는 순간이었다. 그의 업적을 기리고자 전하의 단위는 쿨롱[C]이 되었으며, 거리의 제곱에 반비례하는 힘을 '쿨롱 힘'이라고 부르고 있다.

여기서 영국의 뉴턴이 발견한 만유인력이 갑자기 어떻게 대륙으로 넘어와서 에피누스와 쿨롱에게 영향을 주었는지 생각해 볼 필요가 있다. 불연속적인 전개가 익숙해지는 것을 피하고 흐름을 암기하는 것에서 벗어나고자, 어떤 사람들을 통해 '자연철학의 수학적 원리'가 전기력을 품을 수 있었는지 알아볼 것이다.

## 프랑스의 계몽주의 시대를 연 아담과 이브

17세기 후반, 명예혁명을 거치면서 자유로운 분위기로 변모했던 영국과는 달리 바다 건너의 프랑스는 강력한 중앙집권 국가로서, "짐이 곧 국가다"라는 말로 유명한 태양왕 루이 14세의 시대였다. 호전적 성격의 왕은 1685년 낭트 칙령[9]을 철회함으로써 칼뱅파 개신교도인 위그노에 대한 탄압을 시작했고, 이러한 억압으로 주변 신교 국가들과의 갈등이 일어났다. 영국 의회가 1688년 명예혁명을 통해 제임스 2세를 추방하고 신교 국가인 네덜란드의 오라녜 공(윌리엄 3세, 오렌지 공이라고도 함)을 잉글랜드의 왕으로 추대하자 관계는 더욱 악화되었다. 정치적으로 긴장 관계에 있던 국가들은 과학계에서도 크게 다르지 않았다. 뉴턴을 중심으로 한 영국과 데카르트주의를 기반으로 한 프랑스, 그리고 라이프니츠의 학문을 중심으로 한 독일은 서로를 깎아내리며 학문적 교류를 단절하기에 이른다. 독자노선을 택한 국가들의 경쟁이 시작되자, 학문적으로 가장 발전을 이룬 것은 의외로 프랑스였다. 그리고 그 중심에는 계몽주의가 있었다.

17~18세기에는 '살롱 문화'[10]가 발달했는데, 이는 상류층 귀족들을 중심으로 차를 마시며 자유롭게 토론하고 어울리던 모임을 갖는 것이었다. 지금으로 치면 이는 메타(구舊 페이스북)나 X(구 트위터) 같은 소셜 네트워크 시스템이며, 자유롭게 자신의 의견을 피력하는 공간의 장이었다. 살롱에서는 당대의 유명한 시인, 예술가, 수학자 등이 초청되곤 했는데, 이때 가장 활발하게 활동한 20대의 청년이 프랑수아 마리 아루에로서 어린 루이 15세의 섭정인 오를레앙 공작을 우회적으로 비판하다가 투옥되었던 인물이다. 뜨거운 심장을 지닌 이 청년은 귀족이 아닌 자신에게 한없이 제한적이었던 프랑스 사회에 반감을 품었다. 그 감정을 담아 쓴 작품이 바로 《오이디푸스》라는 비극으로, 이 책은 살롱 문화와 만나 베스트셀러가 되었다. 이후 아루에는 평민의 이름을 버리고 그토록 원하던, 죽어서도 불릴 새로운 이름을 만든다. 그 이름이 바로 볼테르Voltaire(1694~1778)이다.

볼테르는 문학적 성공으로 명예를 얻었음에도, 그를 시기한 귀족에게

볼테르(왼쪽)와 가브리엘 르모니에의 〈1755년 마담 조프랭 부인의 살롱〉(오른쪽)

구타를 당하는 사건을 겪는다. 이에 분노한 볼테르는 그 귀족에게 결투를 신청하지만, 그마저도 평민의 주제넘은 행동으로 치부되어 투옥된다. 또한 불평등한 판결을 받아 반강제로 영국으로 추방당한다. 그러나 자유를 꿈꾸던 볼테르에게 영국으로의 추방은 인생의 전환점이 된다. 그곳에서 출신이 평범한 뉴턴이 하늘과 땅의 보편법칙을 발견한 업적으로 추앙받다가 왕과 같은 장례를 치르고 웨스트민스터에 안장되는 것을 목격한 볼테르는 큰 충격을 받았다.[11] 볼테르는 이내 뉴턴에 대해 면밀히 조사하고, 뉴턴주의를 흡수하게 된다.

몇 년 뒤, 볼테르는 뉴턴의 사상과 학문을 들고 프랑스로 돌아온다. 그리고 이전과는 전혀 다른 형태의 프랑스를 외쳤다. 볼테르는 프랑스의 계몽주의를 주도했고, 이 과정에서 한 여성과 함께 프랑스의 과학 체계를 재설정하기 시작한다. 그 여성은 에밀리 뒤 샤틀레 후작 부인Emilie du Chatelet (1706~1749)이었다. 그녀는 귀족 가문에서 태어나 부유한 샤틀레 후작과 결혼하였다. 귀족답게 수학과 과학 등을 체계적으로 배웠으며, 살롱 문화를 통해 베르누이 가문[12]과도 교류했던 여성이다. 에밀리와 볼테르는 불륜 관계였지만 당시 시대적 상황은 성에 대해 관대했기에 크게 문제가 되

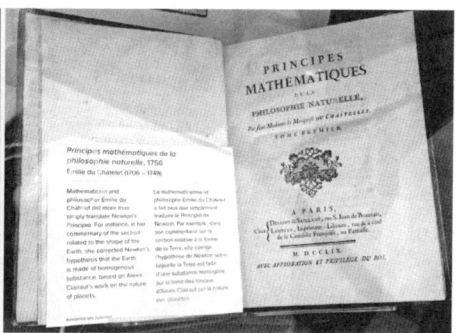

에밀리 뒤 샤틀레 부인(왼쪽)과 저서 《프린키피아》(1756)(오른쪽):
샤틀레 부인은 뉴턴 철학의 요소들을 많은 사람들이 이해할 수 있도록 수많은 주석을 달았으며, 볼테르가 그것들을 정리해 출판한 책이 《뉴턴 철학의 기본 요소들》이다. 《뉴턴 철학의 기본 요소들》이 비수학적으로 표현된 개념서였다면, 샤틀레 부인이 1745년부터 1749년(죽기 전)까지 집필했던 《프린키피아》는 수학적으로 완벽한 번역서였다. 이 책은 볼테르에 의해 1759년에 정식 출판되었으나, 영국 왕립학회에는 1756년에 샤틀레 부인이 발표한 판본이 소장되어 있다.

지 않았다. 볼테르는 10년이 넘는 시간 동안 샤틀레 후작의 영지에서 에밀리와 함께 학문적 교류를 이어갔고, 에밀리에게 뉴턴의 《프린키피아》를 전했다. 사실 볼테르는 수학을 전혀 모르던 사상가였기 때문에 《프린키피아》를 정확히 이해하지 못했으나, 에밀리는 어린 시절부터 수학 교육을 체계적으로 받았기 때문에 《프린키피아》를 단시간에 독파했다. 그녀는 긴 시간을 들여 《프린키피아》를 번역하고 수많은 주석을 달았다. 그렇게 출판된 책이 《뉴턴 철학의 기본 요소들 Elments de la philosophie de Newton》(1738)이다.[13] 그녀가 뉴턴의 자연철학에 대해서 얼마나 잘 이해하고 있었는지는 그녀가 적은 방대한 양의 해설서가 대변한다.

뉴턴 사상에 심취해 뉴턴을 맹목적으로 추종한 볼테르와 달리, 에밀리는 객관적인 시선으로 뉴턴 역학의 대척점에 있던 라이프니츠의 활력($mv^2$)을 검토했다. 그리고 뉴턴과 데카르트가 주장하던 운동량($mv$) 보존과의 차이점을 기술하기도 했다. 또한 그녀는 점토 위에 질량이 다른 공

볼테르와 에밀리 뒤 샤틀레 부인의 저서 《뉴턴 철학의 기본 요소들》에 실린 삽화:
지구본에 컴퍼스를 대고 있는 뉴턴으로부터 빛이 흘러나와 샤틀레 부인이 들고 있는 거울에 반사된다. 그리고 이내 빛은 볼테르에게 전달된다.

들을 떨어뜨려 가며, 움푹 들어간 자국의 크기로 활력을 정량화했다. 이러한 크기는 속도의 제곱에 비례한다는 사실을 증명해 내기도 했다.[14]

이로써 프랑스의 자연철학은 계몽주의 시대를 거치면서 뉴턴의 도그마에 빠진 영국과 라이프니츠의 이론을 맹신하는 독일 사이에서 가장 객관적인 고전역학으로 진입할 수 있었다. 이 과정에서 샤틀레 부인의 작업은 많은 학자들에게 큰 영향을 주게 된다.[15]

## 베르누이 가문과 오일러

18세기에 사람들은 선대 거인들의 영향을 받아, 수학이 자연을 표현하는 수단으로 매우 중요한 도구임을 깨닫게 된다. 그 전까지 수학은 철학의 작은 부분으로 여겨지며 그 위상이 현재와는 사뭇 달랐다. 그러나 수학이 중요한 도구로 자리 잡으면서 이전부터 수행되어 온 수학 이론들을 체계적으로 정리하게 된다.

스위스 바젤의 야코프 베르누이Jakob Bernoulli(1654~1705)는 유럽 전역을 여행하며 신식 학문을 배웠으며, 특히 뉴턴의 스승이었던 아이작 배로 Isaac Barrow(1630~1677)의 연구에 관심을 가졌다. 여기서 등장한 것이 '무한소 기하학'이었다. 야코프 베르누이는 1684년 라이프니츠의 미적분학이 발표되자 가장 적극적으로 미적분을 이해하려고 노력한 수학자였다. 그는 시대의 흐름을 잘 보여주는 인물이기도 한데, 당시 유럽을 강타한 도박 열풍에 많은 이들이 열광하던 시대적 흐름에 발맞추어 확률과 기댓값에 대한 연구를 수행한 것이다. 돈의 흐름이 활발한 도박장에서는 당연하게도 고리대금업이 부흥했고, 특별한 이자 체계에 대한 수학적 이론이 등장하기도 했다. 지금은 복리라고 부르는 원리도 바로 이 시기에 야코프 베르누이가 발견한 것이다. 무한히 반복되는 이자가 특정 상수에서 수렴하는 것을 그가 발견했고, 이것이 바로 자연 상수($e$)의 기원이었다.[16]

$$\lim_{n \to \infty} \left(1 + \frac{1}{n}\right)^n = 2.71828 \cdots$$

1683년 야코프 베르누이가 발견한 자연 상수의 표현식

바젤 대학의 수학 교수가 된 야코프 베르누이는 자신의 동생을 가르치게 되는데, 그가 요한 베르누이Johann Bernoulli(1667~1748)이다. 그는 프랑스에서 활동하면서 독일의 라이프니츠와도 서신을 주고받으며 왕래했다. 여기서 미적분에 관한 독자적인 연구도 수행하였다. 요한 베르누이는 마법과도 같은 '로피탈의 정리'를 창시한 수학자인데, 가난했기에 기욤 드 로피탈 후작에게 지원을 받는 대가로 자신의 연구 결과를 넘겼다는 슬픈 일화가 있다. 요한 베르누이도 미적분학에 대한 직접적인 창시자가 아님에도 미적분에 대한 식견이 남달랐으며, 그의 지식은 온전히 그의 아들과 뛰어난 제자에게 전수된다.

요한의 아들 다니엘 베르누이Daniel Bernoulli(1700~1782)는 삼촌인 야코

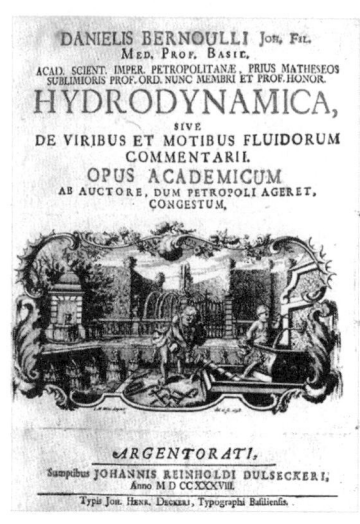

다니엘 베르누이의《유체동역학》(1738)

프로부터 보일과 훅의 선행 연구를 배워왔고, 수학적 기술을 통해 압력과 관련된 물리적 현상을 파헤쳐 나갔다. 유체에 적용한 그의 독창적인 역학체계가 1738년 출판된《유체동역학》이고, 여기서 등장하는 유명한 이론이 '베르누이의 원리'이다.

$$p + \rho \frac{V^2}{2} + \rho g h = k$$

베르누이의 원리
($p$는 압력, $V$는 속도, $\rho$는 유체의 밀도, $g$는 중력 가속도, $h$는 높이, $k$는 상수)

베르누이의 원리는 유체역학의 기본 원리로서, 유체의 속도가 증가하면 압력이 감소하고 반대로 속도가 감소하면 압력이 증가한다는 '자연의 교환 원리'를 보여준다. 비록 이러한 정리가 비점성·비압축성의 이상적인 유체 조건을 가정하고 있을지라도, 유체의 압력과 속도의 관계를 밝혀낸 중요한 이론이라 할 수 있다. 다니엘 베르누이의 시도를 시작으로 몇몇 학자들은 내부 마찰에 의한 손실 요소인 '점성 유체'와 기체에서 발생하는 '압축성' 그리고 '와류'에 대한 연구에 도전하기 시작한다. 다니엘 베르누이에서 시작되어 체계를 잡아가기 시작한 유체역학은 이후 쌓여가는 전기 실험들을 담아내는 적합한 개념이자 틀로서 자리 잡는다.

다니엘 베르누이에게는 일생의 동반자 같은 사람이 있었다. 일찍이 아버지인 요한 베르누이에게 수학적 탁월함을 인정받고 제자가 된 레온하르트 오일러Leonhard Euler(1707~1783)로서, 수학의 역사에서 큰 업적을 남긴 인물이다. 베르누이 가문은 아니지만 베르누이 가문의 자연철학을 흡수한 그는 러시아 상트페테르부르크와 독일 베를린에서 연구 활동을 이어갔으며, 다니엘과도 평생에 걸쳐 우호적인 관계를 유지했다. 데카르트로부터 시작된 변수를 이용하여 현대의 함수 표현인 $f(x)$를 정립하기도 했으며, 삼각함수의 표기법인 sin, cos 그리고 자연로그의 밑 $e$(=2.71828⋯.), 수열의 합 시그마, 허수의 표현, 원주율 $\pi$를 정리하고 대중화한 사람이기도 하다. 그가 정립한 기호와 체계만으로도 자연철학과 공학에서 그 무게와 위상이 남다르다. 뉴턴과 라이프니츠 다음 세대였던 오일러는 미적분학 발전에 크게 기여하였고, 브룩 테일러Brook Taylor(1685~1731)[17]의 급수전개를 이어받아 지수함수를 멱급수power series로 표현하기도 했다. 오일러는 수학에서 한 편의 시와 같은 공식을 남겼는데, 이를 오일러 공식이라 부른다.

$$e^{i\pi} + 1 = 0$$

오일러 공식: 인류사를 바꾼 공식으로, 다섯 개의 수로 표현되었다

이는 수학에서 가장 중요한 다섯 가지 수 $0, 1, i, \pi, e$로 표현된 아름다운 공식이라는 평가를 받는다.[18] 오일러는 다니엘 베르누이와 어린 시절부터 함께 공부했기 때문에 친분이 두터웠고, 다니엘과 유체역학 연구도 함께 수행하였다. 여기서 오일러는 베르누이의 원리와 유사한 연구 결과를 보여주는데, 이를 오일러 방정식이라 부른다. 오일러 방정식은 베르누이의 원리와 마찬가지로 비점성의 이상유체를 가정하여 그 운동(흐름 혹은 속도)을 편미분 형태로 표현한 방정식이다. 여기서 유체의 밀도는 일정한 비압축성을 갖는다. 이러한 유체의 운동 방정식은 다음과 같이 표현된다.

$$\frac{\partial \vec{u}}{\partial t} + (\vec{u} \cdot \nabla)\vec{u} = -\frac{1}{\rho}\nabla p + \vec{g}$$

비압축성 유체(물과 기름이 거의 여기에 해당)의 오일러 방정식

$$\frac{\partial \rho}{\partial t} + \nabla \cdot (\rho \vec{u}) = 0$$
연속 방정식(질량 보존의 법칙)

여기서 $\vec{u}$는 유체의 속도 벡터, $t$는 시간, $\rho$는 유체의 밀도, $p$는 압력, $\vec{g}$는 중력 가속도 벡터이다. 만일 밀도가 변할 수 있는 압축성 유체를 고려할 때는 다음과 같은 오일러 방정식을 만족해야 한다. 연속 방정식은 '질량 보존의 법칙'을 의미하는 방정식으로서 시간에 대한 밀도의 변화량과 공간상을 이동하는 밀도의 변화량은 같음을 의미하며, 새로이 생성되거나 소멸하지 않는다는 자연 현상을 보여준다.

$$\frac{\partial (\rho \vec{u})}{\partial t} + \nabla \cdot (\rho \vec{u} \otimes \vec{u}) = -\nabla p + \rho \vec{g}$$
운동량 방정식(운동량 보존의 법칙):
보존형 오일러 방정식으로, 좌변의 시간과 공간의 운동량 변화를
우변의 압력 차이와 중력에 의한 외력으로 표현한 식

(여기서 $\otimes$는 텐서곱[19]을 의미한다.)

$$\frac{\partial E}{\partial t} + \nabla \cdot \{(E+p)\vec{u}\} = \rho(\vec{u} \cdot \vec{g})$$
에너지 방정식(에너지 보존의 법칙):
운동량 방정식에 유체의 속도 벡터를 내적함으로써 얻어지는 방정식

여기서 $E$는 단위 부피당 총에너지로서, 유체 내의 에너지는 외부 힘과 유체 내부 에너지의 변화로 이루어짐을 보여준다. 오일러가 표현하고자 했던 중요한 자연법칙은 '물질은 새로이 생성되거나 소멸하지 않는다'는 사실이다. 실제로 연속방정식은 벤저민 프랭클린의 전하량 보존 법칙에도 영향을 주었다.

다니엘 베르누이와 오일러의 이러한 접근 방식은 뉴턴과 데카르트가 말하고자 했던 자연철학의 의미를 담고 있다. 원격작용보다는 인접작용에 무게가 실린 수학적 해석이지만, 현실 세계에서는 확실히 모순점을 보

이고 있었다. 그럼에도 이는 자연을 수학으로 표현하고자 했던 훌륭한 시도였으며, 특히 베를린 시절의 오일러는 에피누스와 윌커에게도 큰 영향을 주었다. 이러한 일련의 과정들을 통해 결국 '쿨롱의 법칙'에까지 도달할 수 있었던 것이다.

## 유체의 저항과 달랑베르의 역설

계몽주의 시대의 프랑스에서는 볼테르의 영향을 받은 인물들이 나오기 시작한다. 장바티스트 달랑베르Jean-Baptiste Le Rond d'Alembert(1717~1783)는 계몽주의를 대표하는 저서인 《백과전서》의 수학 분야를 저술하고 볼테르에게 그 능력을 인정받은 인물이다. 당시 그는 계몽주의를 통해 뉴턴 역학을 접했으며, 뉴턴 사상을 역학과 유체역학에 적용했다. 그는 1차원의 파동방정식의 해법과 유체의 '점성 저항 이론'을 제시했다. 1746년에 베를린 아카데미의 회원으로 선출된 달랑베르는 유체 저항 이론을 설명했으며, 이로 인해 다니엘 베르누이, 오일러와 충돌하게 된다. 달랑베르는 그들의 모순점을 보이기 위해 유체의 비압축성과 비점성(저항이 없는)을 가정했다. 그리고 유체 내부에서 일정한 속도로 움직이는 물체를 상정했다. 그 결과 '유체는 운동을 하지만, 작용하는 힘은 없다'는 모순적인 결과를 얻게 되었다. 실제의 경험과는 일치하지 않는 결론에 도달한 것이다. 이를 '달랑베르의 역설'이라고 한다.

달랑베르의 역설은 오일러 방정식을 비판하는 연구 결과가 되었다. 오일러와 달랑베르는 독일에서의 활동 시기가 같아서 이 밖에도 종종 충돌했다. 실제로 언변에 능통했던 달랑베르는 항상 오일러를 압도했다. 계몽주의 시대를 이끌어 가던 달변가다운 모습이었다. 오일러는 화려한 말재주보다는 간결하고 명료한 수학적 표현에 익숙했기 때문에, 사람들로부

달랑베르(왼쪽)와 오일러(오른쪽)

터 말이 서툰 인물로 오해받곤 했다. 특히 오랜 연구 끝에 한쪽 눈에 시력 장애가 생겨, 일부 사람들에게 편견과 악의적인 시선을 받기도 했다. 실제로 그를 고대 그리스 로마 신화에 등장하는 외눈박이 거인 '키클롭스'에 비유한 일화도 전해진다.[20] 그래서 당시엔 달랑베르의 평가가 우세했다. 시간이 지나 현재 남아 있는 수학적 기록의 정교함을 볼 때는 오일러의 위상이 압도적이다. 이 때문에 오일러는 알아도 달랑베르를 아는 경우는 흔치 않다. 물론 달랑베르도 1차원의 파동방정식을 제시할 정도로 수학적 재능을 타고났으나, 그보다 뛰어났던 오일러는 3차원 파동방정식을 제시함으로써 식의 일반화를 이끌어 냈다.

## 배터리의 시작과 전기 혁명

계몽주의는 여러 이론적 혁명의 기반이 되었지만, 발명과 관련된 전기 혁명은 이탈리아 볼로냐 지방의 의사였던 루이지 알로이시오 갈바니Luigi

Aloisio Galvani(1737~1798)로부터 시작된다. 그는 해부와 전기 생리학에 관심이 있었으며, 정전기 발전기와 라이덴 병의 개발을 통해 전기 저장이 가능해지자 의료 행위에도 전기자극을 적극 활용하였다. 특히 근육에 전기자극을 주면서 수축과 경련이 일어나는 것을 보고, 갈바니는 생체 신호가 전기로 전달되는 것은 아닐까 하는 의문을 품게 된다.

어느 날 구리 접시 위에 해부용 개구리 다리를 놓고 실험하고 있었을 때, 칼을 들이대자 개구리 다리의 근육이 움직이는 것을 확인하게 된다. 외부 전기장치 없이도 이러한 현상이 나타나는 것을 본 그는 1791년 《전기가 근육 운동에 주는 효과에 대한 고찰》[21]이라는 논문을 발표하는데, 현대의 관점으로 보면 갈바니는 '동물 전기'라는 잘못된 해석을 제시한 셈이다. 갈바니는 동물의 근육이 전기를 만들어 낼 수 있는 생명의 기를 가지고 있다고 판단한 것이지만, 이는 명백히 오류를 범한 접근이었다. 사실 개구리 다리가 놓인 구리 접시와 수술용 칼, 그리고 두 물체 사이의 놓인 개구리 다리가 맞닿아 순간적으로 화학 반응이 일어나 전기가 발생된 것이었고, 개구리 다리는 그저 전기가 흐르는지 아닌지를 (근육의 수축을 통해) 판단하는 검출기galvanometer에 지나지 않았다.

이러한 갈바니의 연구 결과를 매우 꼼꼼히 검토하고 재현해 보며 일정

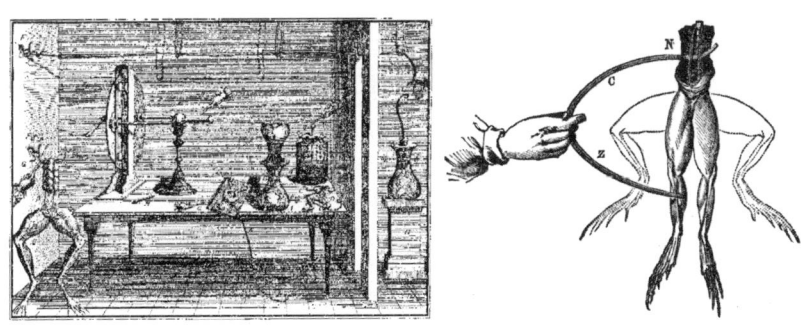

갈바니의 실험 도구(왼쪽)와 생체 전기 반응 실험(오른쪽)

부분 공감과 비판을 이어간 사람이 있었는데, 그는 이탈리아 북부 파비아 대학의 알레산드로 볼타Anastasio Volta(1745~1827)였다. 1791년 갈바니의 연구 결과를 전해 들은 볼타는 초기에는 갈바니의 연구를 그대로 받아들였는데, 시험을 여러 차례 반복해 본 결과 개구리 다리가 수축이 일어날 때도 있고 그렇지 않을 때도 있다는 것을 발견했다. 그는 재현 가능성에 중점을 두고 실험하던 중, 발생의 원인이 실험용 (구리) 접시에 있다는 것을 알게 된다. 다시 말해 전기 발생의 원인이 개구리 다리를 올려놓은 도체였고, 메스라는 도체와 인접하여 그 사이에서 화학 반응이 일어난 것이다. 즉, 발생한 전기는 생체 전기와 아무런 관련이 없었다. 이에 대한 내용을 갈바니에게 전달했지만, 그다지 논쟁을 원하지 않았던 갈바니는 볼타의 주장을 무시한다. 당시 생체 전기에 대한 소식은 이미 널리 퍼져 있었고, 유명 문학 작품이었던 《프랑켄슈타인》(1818)에도 영향을 줄 정도로 화제성을 갖고 있었다.

그러나 사실처럼 굳어지던 오류는 정정되어야 했고, 볼타는 수많은 실험 자료를 근거로 바로잡아야 했다. 다시 실험에 매진한 볼타는 개구리 다리를 대체하고자 소금물(이온[22]화된 전해질[23])에 적신 종이를 사용하였고, 구성의 차이를 시도해 가며 같은 원리에 도달할 수 있는 방법을 찾아내고자 했다. 그리고 마침내 생체 전기 이론이 틀렸음 밝혀냈다. 볼타는 이 외에도 두 전극 사이의 전위차(전압)와 전하량(Q)이 비례한다는 '볼타 정전 용량 법칙'을 찾아냈으며, 그의 업적을 기려 전압의 단위로서 [V]를 사용하고 있다.

1799년 그가 발명한 '볼타 전지(배터리)'는 1800년 영국 왕립학회에 보고되었으며, 이를 살펴보던 앤서니 칼라일Anthony Carlisle(1768~1840)은 볼타 전지에서 어떤 현상, 즉 전류가 발생하고 있다는 사실을 포착했다. 그는 전기가 흐를 때, 당시에는 화합물의 개념조차 명확하지 않았던 물에서

알렉산드로 볼타(왼쪽)와 그의 배터리(오른쪽)

수소와 산소가 분리되어 나오는 것을 확인했다. 이 발견은 전기화학이라는 새로운 학문을 여는 계기가 되었다.[24]

# 2부
# 힘에서 장으로, 전자기학의 탄생

05 • 낭만주의 시대의 과학자들
06 • 혁명과 프랑스의 요정들
07 • 에너지 보존, 그 기원에 대하여
08 • 화려하지 못했던 맥스웰 방정식의 등장

# 05
# 낭만주의 시대의 과학자들

## 칸트의 관념론과 코페르니쿠스적 전환

10대 시절 뉴턴의《프린키피아》를 읽고 영감을 받은 독일의 한 청년이 있었다. 시대 상황으로 볼 때 이 청년은 기독교적 경건주의의 영향을 받으며 자랐음에도, 수학·물리와 천체운동에 관한 학문에 빠져들었다.[1] 당시 과학의 발전 과정에서 여전히 논리와 이성을 중심으로 한 합리론과 감성(감각기관)을 중시한 경험론 사이에는 논쟁이 있었다. 당대 경험론자인 데이비드 흄David Hume(1711~1776)의《인간 본성에 관한 논고》가 이 청년에게 큰 충격을 주었다. 플라톤에서부터 시작한 이데아, 그리고 저 동굴 밖 어딘가의 진리는 과학에 빠져든 사람이라면 누구나 발견하고 싶어 하는 대상이었으나, 경험주의의 탈을 쓴 (비록 소극적일지라도) 회의주의자 흄이 이 청년에게 도전 의식을 불러일으키기에 충분했다. 그렇게 성장한 그 청년은 관념론에 불을 지피게 될《순수이성 비판》을 집필했으며, 그

임마누엘 칸트

가 바로 임마누엘 칸트Immanuel Kant (1724~1804)이다.

칸트는 《순수이성 비판Kritik der reinen Vernunft》을 써내면서 흄의 지적을 곱씹어 보았다. 흄에 따르면 수학적 기술은 본래 연역적이라, 그 의미 안에 한정된 내용이 이미 있기 때문에 선험적(경험 이전의 것)이며 공허하다고 주장하였다. '바둑이는 무늬가 있다'라는 말에는 이미 바둑이라는 말 안에 점이 박힌 무늬라는 뜻이 들어 있기 때문에 이러한 명제들은 아무런 의미가 없는 행위라는 것이다. 연역적인 것과는 반대로, 경험에 기반한 귀납법은 새로운 사실을 발견할 수 있지만, 언제든 새로운 사실이 등장하면 참도 거짓이 될 수 있기 때문에 본질적인 한계가 있다고 말한다. 귀납법의 오류를 떠올릴 수 있는 가장 좋은 예시가 '러셀의 칠면조 역설'[2]일 것이다. 흄은 수학적 논리에 기반한 합리론과 경험론 모두에게 과제를 안기게 된다. 칸트는 이러한 흄의 주장을 겸허히 받아들이는 한편 생각의 전환을 꾀한다. 특히 수학이 과연 의미를 담고 있지 않은 개념이며 공허한 것일까에 대한 의문에서 시작한다.

수학과 물리에 능통했던 칸트는, 수학과 직관을 통해서 내리는 추측(가설)이 비록 선험적일 순 있으나 분명 의미를 가지고 있다고 생각했다. 기존에는 대상이 먼저 있고 그 후에 감각을 통해 인지하는 것이 순서였다면, 칸트는 대상을 인식하는 주체가 먼저 있고 그 주체가 인식하는 물 자체는 그 뒤의 개념이라는 관념론을 탄생시킨 것이다. 이러한 순서의 전환으로 인해 칸트의 철학적 방법을 '코페르니쿠스적 전환'이라고 부른다.

관념론의 한 예시로서 무한의 개념을 들어보자. 미적분의 길목에서는 항상 무한을 어떻게 다뤄야 하는지에 대해 깊게 생각해야 한다. 실제로 역사가 그러했다. 다가가 본 적 없는 무한이지만 이를 다루고자 '무한 수열'이 등장했고, 여기서 성공한 사람들이 미적분의 창시자들이다. 기하학에서 원도 마찬가지이다. 정십이각형, 정이십각형 등과 같이 각을 무한이 늘려갔을 때 비로소 원이 탄생한다. 실제로 이상적인 원에 다가가기란 쉽지 않은 일이다. 그럼에도 사람들은 원이라는 개념을 만들어 냈다. 이러한 개념을 찾거나 만들어 내는 것은 감각 이전에, 이성을 통해서 커튼 너머 어딘가의 진리를 추측하는 초월적 행위라고 볼 수 있다. 그것이 참이거나 거짓인 문제를 떠나 우리의 생각 속에서 구체화할 수 있다면 그것이 '물 자체(이상, 본질적인 대상)'로서 존재할 수 있으며, 그것을 판단하는 것은 경험이 아닌 이성에 의해 가능하다는 '선험적 종합판단'의 원리를 제시하였다.

### 자연을 어떻게 바라볼 것인가

칸트의 《판단력 비판Kritik der Urteilskraft》에는 '자연을 어떻게 바라볼 것인가'에 대한 생각이 드러나 있다. 18세기의 과학자들은 칸트의 영향을 받지 않은 사람이 없을 정도이기 때문에, 《판단력 비판》에 대해서 짚고 넘어갈 필요가 있다. 칸트가 말하는 판단력이란 아름다움에 관한 미적 영역과 인과관계에 따른 목적론적으로 나눌 수 있다. 판단력은 감성과 이성 사이에 오가는 매개체로서, 예술의 영역과 과학의 영역을 자유로이 이동하며 인식할 수 있게 해주는 '동력원'이라고 할 수 있다. 칸트는 판단력이라는 것이 특수성을 지닌 개별적인 것과 전체적인 것을 서로 조화시킬 수 있기 때문에 중요한 관념으로 바라보았다. 예를 들어, 예술 작품에 대한

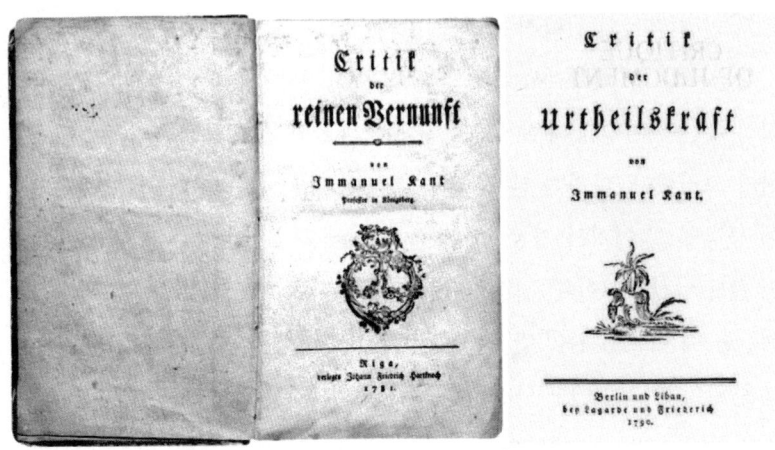

임마누엘 칸트의 《순수이성 비판》(왼쪽)과 《판단력 비판》(오른쪽)

아름다움은 지극히 주관적인 것이지만, '소통'이라는 과정을 통해 공감을 일으킬 수 있고 아름다움이라는 것을 보편화할 수 있다. 이러한 과정에서 소통에 해당하는 것이 바로 판단력이라 할 수 있다. 목적론적 판단력은 예술이 아닌 자연의 현상을 다루는 능력이다. 아리스토텔레스는 과거 자연 현상을 다루기 위해 네 가지로 분류했지만, 16세기에 데카르트는 인과관계에 해당하는 목적론만을 적출하여 기계론적인 세계관을 만들었다. 칸트는 이러한 지점을 비판한다. 그는 인과관계를 통해 자연 속 하나의 개별 사실을 밝혀낼 수 있지만, 이러한 특수성들이 서로 연결되지 못하는 것은 의미를 갖지 않는다고 생각했다. 칸트는 《판단력 비판》 후반부에서 '자연의 목적성'과 관련하여, 단순한 기계론적 인과론에서 벗어나 세상을 유기체로 바라보아야 한다고 설명한다. 또한 큰 틀에서 '자연계 전체는 이유와 의미가 있다'는 전제에서 시작할 것을 강력하게 주장한다.

실제로 칸트와 같은 이러한 생각의 틀 위에서 과학은 앞으로 나아가고 있다. 개별적인 사실들이 연결되고 확장되어 가면서 일반화라는 과정을 거치게 되는데, 칸트가 말하는 판단력은 (개별적인 사실 간의) 숨겨진 의미를 찾는 능력을 말하며, 더 나아가 특수한 사실 간의 '연결고리'를 확장하여 '유기체적인 자연'을 발견하도록 해주는 도구적 성격을 띤다. 칸트 이후에 등장하는 과학자들은 '자연을 어떻게 바라볼 것인가'라는 공통된 질문에 대해 칸트가 제시한 '틀(개념)'을 떠올리게 된다.

## 낭만주의는 사실 저항이었다

뉴턴이라는 거대한 인물이 등장한 후 영국은 뉴턴의 도그마에 빠져 있었다. 특히 광학 연구에서 그 영향은 더욱 지배적이었는데, 빛의 스펙트럼이 그 대표적인 예이다. 뉴턴은 프리즘 실험을 통해 가시광선을 발견한 이후로 일곱 가지 색을 주장했다. 연속적인 수많은 빛을 일곱 가지 무지갯빛으로 정의한 데에는 실험 관찰도 있었지만 뉴턴의 종교적인 영향이 있었으며, 조화로움에 대한 강박증도 있었다.[3] 결과적으로 복합적인 이유가 섞여 만들어진 가설은 사실로 받아들여져서 변하지 않는 진리가 되었다.[4] 이를 반박하기 위해서는 정해진 사실 하나만을 부정해야 하는 것이 아니라 뉴턴이라는 거인을 무너뜨려야 했기 때문에 섣불리 도전하는 이가 없었다. 이러한 상황은 프랑스도 마찬가지였다. 뉴턴을 흠모한 볼테르가 계몽주의를 주도하면서, 프랑스 아카데미 역시 뉴턴의 영향을 크게 받게 되었다. 그 결과 계몽주의가 낳은 프랑스 아카데미에서도 빛에 관한 뉴턴의 이론을 따르는 경향이 뚜렷했다.

그러나 독일 프로이센에서는 상황이 조금은 달랐다. 독일의 몇몇 사람들은, 영국과 프랑스가 이성과 산업혁명을 맞이하긴 했지만 이기주의가 만연해지고 개인의 감성이 철저히 억압받고 있다는 어두운 면을 직시하게 된다. 곳곳에서 혁명이 일어나면서 부르주아 계층이 무대의 중심으로

괴테의 소설 속 베르테르와 로테[5]

떠올랐는데, 자본주의의 잔혹함과 모순을 목도하고 계몽주의에 대한 저항이 일어나고 있었다. 루트비히 판 베토벤은 초기에 프랑스의 계몽사상과 혁명을 지지했으나, 공화주의 수호자로 널리 알려진 나폴레옹이 1804년에 황제로 즉위하자 충격을 받는다. 이후 베토벤은 계몽주의에 회의를 느끼면서, 나폴레옹에게 헌정했던 교향곡 3번 〈영웅〉을 찢어버린다.

이러한 회의주의는 당시 낭만주의 문학을 대표하는 요한 울프강 폰 괴테Johann Wolfgang von Goethe(1749~1832)의 《젊은 베르테르의 슬픔》에서도 간접적으로 확인할 수 있다. 이 소설은 낭만주의를 대표하는 소설이지만, 그 내용이 로맨스에서 끝나지 않는다. 주인공인 베르테르와 여주인공 로테는 감성적인 부분이 우위에 있던 인물이었고, 로테의 약혼자였던 알베르트는 기성세대의 교육을 받고 자란 이성주의자였다. 그 당시는 뉴턴주의와 계몽주의로 인해 이성이 전체를 지배하던 시절이었으며, 감성적인 이야기는 비과학적이거나 형이상학적인 것으로 치부되었다. 소설에서는

지금은 괴테 박물관으로 쓰이고 있는 괴테의 생가(왼쪽)와
박물관에서 전시하고 있는 책《젊은 베르테르의 슬픔》(오른쪽)

베르테르의 죽음을 통해 당시 이성이 감성을 찍어 누르던 그 시절을 풍자했던 것이다. 괴테의 이 소설은 계몽주의에 대한 저항의 시작점으로서, 베스트셀러가 되어 퍼져나갔다.

    괴테는《젊은 베르테르의 슬픔》이나《파우스트》로 인해 문학가로 잘 알려져 있으나, 수십 년의 세월 동안 자연과학에 매진한 사람이었다. 이러한 내용은 그의 대표적인 과학 저서《색채론》[6]을 통해 확인해 볼 수 있다. 앞서 설명한 바와 같이, 낭만주의가 계몽주의에 대한 저항이었다면,《색채론》은 뉴턴《광학》에 대한 저항이었다. 특히 뉴턴의 색채 이론에 등장한 일곱 가지 빛에는 다소 비약이 있으며, 신학적이거나 예술적인 의미가 담겨 있다. 성경에서 시작된 한 주는 7일이었고, 피타고라스의 음계도 일곱 개였다. 그러나 독일이나 프랑스에서는 무지갯빛을 다섯 개나 여섯 개로 구분하기도 했다. 이것을 재조명한 것이 괴테였으며, 그의《색채론》

은 절대적인 것이 아니라 지극히 상대적인 것이고 우리 인간이 감각적으로 느끼는 모든 것은 왜곡될 수 있다는 (뉴턴 이전의) 사상을 다시 한번 환기시킨다.

당시 괴테의 《젊은 베르테르의 슬픔》은 아이러니하게도 나폴레옹이 이집트 원정에서도 읽을 정도로 큰 인기를 얻었으며, 유럽에서는 수많은 사람들이 베르테르의 청색 코트를 따라 입는 진기한 풍경을 보여주기도 했다. 그러나 부작용도 있었다. 작품 속 베르테르의 죽음을 모방한 사건들이 빈번하게 발생했다. 이후에 이러한 사회 현상을 '베르테르 효과'라고 불렀다. 이로 인해 서양 문화권에서는 청색blue이 우울의 상징처럼 굳어져 버렸다. 이러한 현상을 통해 알 수 있듯이, 우리는 색을 색 그 자체로 인식하지 않으며, 우리의 감각 기관은 보는 것 외에도 다른 요인에 의해서 다르게 받아들일 수 있다. 물론 현대의 관점에서 괴테의 《색채론》에는 수많은 오류가 있지만, 주변 색에 의해서 인식이 상대적으로 될 수 있다는 점을 제시한 점에 의의가 있으며, 대상은 절대적이라는 계몽주의 사상에 새로운 바람을 불어넣었다.[7]

## 가시광선 스펙트럼 너머에

당시 프로이센의 슐레지엔 지방에서 등장한 요한 빌헬름 리터Johann Wilhelm Ritter(1776~1810)는 전기화학에 관심을 가졌던 약사였다가, 이후에는 과학 실험에 몰두하기에 이른다. 1800년에 그에게 한 가지 흥미로운 소식이 전달된다. 음악가이자 천문학자인 윌리엄 허셜Frederick William Herschel(1738~1822)[8]이 열선, 즉 적외선Infra-red을 찾았다는 것이었다.

허셜은 프리즘을 이용하여 햇빛을 파장별로 나눈 뒤 색깔에 따라 온도를 측정하고 있었는데, 빨간색에 다가갈수록 온도가 더욱 증가하는 것을

적외선의 발견자인 허셜(왼쪽)과 자외선의 발견자인 리터(오른쪽)

알게 되었다. 심지어는 빨간색 영역, 그 밖의 어두운 지점에서도 온도가 더 높게 측정되는 것을 발견하고는 그 지점에 무언가 보이지 않는 선이 존재한다는 것을 알아차린다. 가시광선의 시작인 붉은 스펙트럼보다 파장이 긴 새로운 빛의 발견이었다. 우리가 '보는 것'이라고 여기던 시대를 지나, 빛의 스펙트럼인 가시광선 외에도 더 많은 것이 존재할 것이라는 가능성을 허셜이 제시한 것이다.

그리고 과학자 빌헬름 리터는 이러한 점에 매료된다. 특히 그는 당시 칸트의 자연철학에 큰 영향을 받아, 모든 물질은 서로 힘을 통해 매개하고 환원될 수 있다는 유기적이고 목적론적인 세계관을 받아들이고 있었다. 리터는 허셜의 발견도 이러한 틀에서 벗어나지 않을 것이라 생각했고, 스펙트럼의 끝인 보랏빛의 파장을 탐구하기 시작한다. 그리고 마침내, 염화은을 스펙트럼에서 나오는 보랏빛의 끝 어딘가(정확히는 검은빛)에 비췄더니 굉장히 빠른 속도로 검게 변형되는 것을 확인했고, 보랏빛

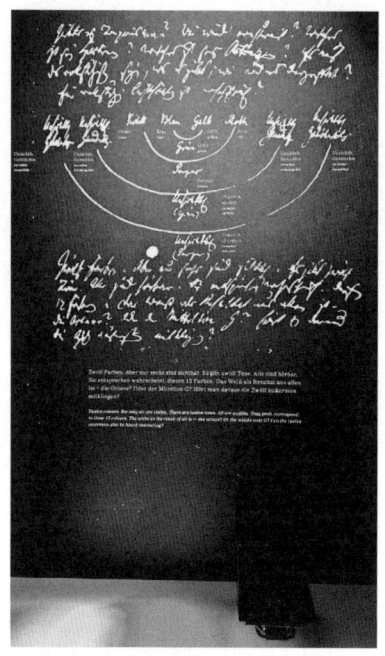

프랑크푸르트에 위치한 괴테 하우스: 빛과 색에 관한 빌헬름 리터와의 교류의 흔적을 볼 수 있다

너머의 어두운 면에서 화학선을 발견하게 되었다. 이것이 바로 1801년에 발견된 자외선Ultra-violet이다. 허셜과 리터는 자외선과 적외선의 발견을 통해 우리가 알지 못하던 연결고리를 찾아냈으며, 빛과 색에 관한 새로운 사실들을 통해 뉴턴이 절대적이라 여겼던 빛에 대한 생각들을 모조리 바꿔 놓는다. 실제로 《색채론》을 집필하던 괴테도 리터와 교류하면서, 리터의 (과학적인) 새로운 발견에 영향을 받은 것으로 보인다.

리터는 빛에 관한 연구 외에도, 갈바니와 볼타처럼 배터리 연구에도 흥미를 느꼈다. 이후에는 50개의 구리 디스크로 된 전기화학 배터리를 만들어 자연에 존재하는 힘과 극성에 관한 연구를 시작했다. 길버트의 자석에 관한 연구에서 밝혀진 바와 같이 인력과 척력의 힘을 따라갔으며, 쿨롱의 연구인 '대전된 전기'에서의 극을 관찰하였다. 그는 칸트의 사상을 토대로 전기와 자기의 관련성을 굳게 믿었지만, 어떠한 연관성도 실험 관찰을 통해 알아내지 못했다. 그리고 그의 생각에 동의한 청년이 리터를 찾아오면서, 새로운 국면이 열린다.

## 외르스테드의 발견: 전기와 자기의 상호 작용

칸트가 등장하자 과학은 유기적으로 세상을 바라보기 시작했고, 변화의 시작이라 부르는 코페르니쿠스적 전환이 등장했다. 칸트는 여기서 한 단계를 뛰어넘어 '자연의 목적'을 고민하라고 주문한다. 그리고 유기적으로 하나 된 자연을 바라는 학자들이 등장했다. 칸트는 철학을 통해 과학의 새로운 장을 연 것이다. 이제 그 토대 위에서, 서로 얽혀 있는 물리적인 것들의 관계를 밝혀낸 외르스테드의 우연한 실험 이야기를 보자.

한스 크리스티안 외르스테드Hans Christian Ørsted(1776~1851)는 젊은 시절에 철학과 물리학을 공부했고, 1800년 볼타의 배터리 연구에 감명을 받아 전기의 본질 연구에 몰두했다. 그러던 중 연구 목적의 국외 여행 지원금을 받게 되어 잠시 여행을 떠나서는, 곧장 요한 빌헬름 리터를 찾아갔다. 리터는 자신을 찾아온 젊은 과학자에게 전기와 자기 사이에 있을지 모를 연관성에 대해 설명해 주었다. 그리고 이러한 생각의 기저에 깔린 칸트 사상을 설명했고, '모든 자연법칙의 상호 관련성'을 설파했다. 이러한 리터와의 만남은 외르스테드에게 큰 영향을 주었다. 그는 1806년 덴마크 코펜하겐 대학의 교수가 되고, 앞서 얻은 자양분을 토대로 연구에 매진하게 된다.

시간이 흐른 후, 1820년 전기에 관한 저녁 강의에서 외르스테드는 볼타 전지를 이용해 도선에 전류를 흘리는 실험을 하고 있었다. 이때 우연히 나침반이 옆에 놓여 있었는데, 바늘이 도선에 수직 방향으로 이동하는 것을 목격했다. 그리고 전류가 인가되지 않으면, 나침반의 바늘은 원래 가리키던 방향으로 돌아갔다. 이는 전기의 역사에서 위대한 실험이자, 수많은 전기의 요정의 탄생을 예고한 순간이었다.

외르스테드의 실험은 그토록 그가 열망하던 자연의 유기체적인 움직임

한스 외르스테드(왼쪽)와 그의 1820년 실험(오른쪽)

을 증명하는 단적인 예시였으며, 전기와 자기가 결코 독립적인 것이 아니라는 증거였다. 그럼에도 외르스테드에게 이 실험은 그에게 실패감을 안겨주었다. 그는 이미 1818년부터 전기가 자기 현상을 일으킨다는 사실에 다가가고 있었다. 다만 빛처럼 발산하듯이 퍼져나가는 형태를 상상했다. 뉴턴의 중력과 쿨롱의 법칙이 그러하듯이 외르스테드는 원격작용에 기반한 직선 운동을 예상했으나, 그의 우연한 실험 결과가 스스로에게 충격이었을 것이다. 1820년 외르스테드의 실험은 유럽 전역에 전달됐고, 충격적인 실험의 결과를 전해 들은 영국 왕립학회는 외르스테드에게 코플리 메달을 수여했다. 프랑스 아카데미 역시 그에게 상금을 전달했다. 전기와 자기에 관한 외르스테드의 연구는 여기서 멈추었지만, 그의 어깨 위에 올라선 수많은 '전기의 요정'이 등장하기 시작했다.

### 앙페르의 자기력과 비오-사바르의 법칙

로맨틱romantic, 낭만이라는 뜻은 문자 그대로의 어원처럼 로마 시대에 대한 동경이 담겨 있다. 흔히 18세기 말부터 19세기 중반을 일컫는 낭만주의 시대에는 수많은 전기의 요정들이 탄생한다. 하지만 아이러니하게도 이 시기는 과학에 대한 반발로 태동했다. 뉴턴의 등장 이후 수많은 요정이 등장했고, 뉴턴주의를 주도하던 계몽주의자들이 혁명에 불을 지피면서 절대왕정의 막이 내리게 되었다. 이후 잔혹하게도, 자유로운 사상이 불러온 이념은 끊임없는 전쟁을 일으켰고, 아름다운 자연을 이해하게 해줄 것으로 믿었던 과학은 세상을 안개로 뒤덮었다. 낭만주의는 시대의 아름다움을 대변하는 말이 아니라 계몽주의와 산업혁명의 회의로부터 불어온 환기였을 뿐이다. 그럼에도 계몽주의의 딱딱했던 분위기에 낭만주의는 감성적으로 터치를 하기 시작했다. 보다 부드럽고 유연하게 대중에게 다가갔고, 권위주의적이었던 뉴턴은 플루타르코스 영웅전의 주인공처럼 스며들었다. 19세기 낭만주의에는 뉴턴과 같은 영웅이 되기 위해 수많은 요정이 도전했고, 또 다른 영웅들이 탄생하기 시작했다.

이 시기에 코펜하겐의 실험은 수많은 사람들의 도전 의식을 불러일으켰다. 가장 빠르게 새로운 사실을 받아들였던 것은 프랑스의 에콜 폴리테크니크의 학자들이었다. 1820년 9월 프랑수아 아라고François Arago(1786~1853)는 프랑스 아카데미에서 코펜하겐의 위대한 연구에 대해 연설을 했다. 그는 전기와 자기의 상관관계에 대한 논문에 충격을 받았으며, 즉시 아카데미 회원들과 공유하여 연구에 대한 주도권을 확보하고자 한 것이었다. 아라고의 보고를 듣고 후회와 열망을 드러낸 사람이 있었는데, 그가 바로 전류 단위의 명예를 얻은 앙드레마리 앙페르André-Marie Ampère(1775~1836)였다. 당시 프랑스 아카데미는 뉴턴 모델의 인력과 척력을 통해 쿨롱이 큰 업적을 이루자, '전기와 자기는 서로 연관성이 없다'는 쿨롱의 주장을 맹신하고 있었다. 그리고 앙페르는 그 점을 지적했다. 어쩌면 프랑스 아카데미는 오래전에 데카르트가 주장한 '신비주의 배척'을 따랐던 것일 수 있으나, 이러한 생각의 부작용으로 인해 전자기 연구의 포문을 외르스테드에게 빼앗기게 되었다. 앙페르의 당시 상황과 심정을 동료였던 루이 드 로네이에게 보내는 편지에서 확인해 볼 수 있다.

> 지난 20년 동안 아무도 볼타 전지가 자석에 미치는 영향을 시험해 보지 않았다는 사실이 어째서 믿을 수 없는 일인지, 당신은 물어볼 권리가 있다고 봅니다. 나로서는 그 이유를 쉽게 찾을 수 있다고 생각하는데, 그것은 자기 작용에 대한 쿨롱 가설의 본질에 이미 존재하던 것으로, 다만 모두 그 가설이 사실인 양 믿었던 것입니다. 그리고 그 가설은 전기와 자기 사이의 어떤 작용 가능성도 배제하고 있습니다.[9]

그럼에도 앙페르의 후회는 잠시였으며, 이후 엄청난 속도로 작업에 임했다. 데카르트와 뉴턴이 강조했던 수학의 중요성은 프랑스 아카데미 소속의 학자들에게는 무척이나 잘 지켜진 소양이었다. 이 덕분에 전기와 자기의 상호 관계를 받아들이자마자 순식간에 화려한 수학적 모델이 탄생했다. 외르스테드가 설명을 주저한 반면 앙페르는 과감하게 뉴턴의 인력과 척력의 개념을 적용하였고, 현재에 '앙페르의 회로 법칙'이라 부르는 방정식을 마련하였다. 먼저 앙페르는 볼타 전지에 의해 전압이 걸린다는 것과 그 후 도선에 전류가 흐른다는 개념을 정리하였다. 전류가 흐르면 자기적인 현상, 즉 자석과 같은 인력과 척력이 발생한다고 주장하였다. 이렇게 탄생한 것이 지금 우리가 알고 있는 '전류가 흐르는 두 도선 사이의 자기력'에 대한 개념이다.

앙페르 모델은 외르스테드의 연구가 발표된 지 단 2개월 만에 이뤄진 성과였다. 더욱 신기한 것은 앙페르와 거의 동일한 개념이 같은 시기에 등장한 점으로서, 이는 같은 프랑스 아카데미 소속이던 장 바티스트 비오Jean-Baptiste Biot(1774~1862)가 주장한 것이다. 그는 아라고와 함께 자오

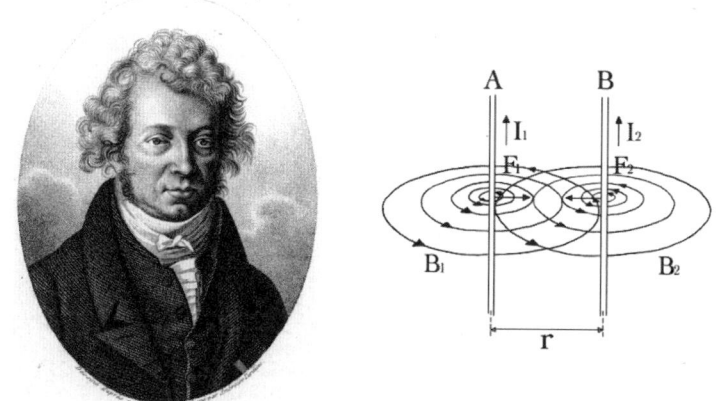

앙드레마리 앙페르(왼쪽)와 그가 연구한 두 도선 사이의 자기력(오른쪽)

선을 측정하는 임무를 맡은 적이 있으며, 프랑스로 돌아와서는 전기 및 자기, 열, 광학 등을 연구했다. 1820년 아카데미에서 외르스테드의 연구를 접한 이후 어린 동료였던 펠릭스 사바르Félix Savart(1792~1841)와 함께 전기와 자기에 관한 상호 작용 연구에 몰두하였다. 그 결실이 바로 지금의 '비오-사바르의 법칙'이다. 비오와 사바르는 앙페르와는 달리 '직선 도선에 흐르는 전류에 의해 발생되는 자기적 힘의 세기'에 집중하였다. 실험적으로 얻어낸 정교한 데이터를 토대로 수학적 모델을 제시했으며, (무한 도선의 아주 작은 전류를 산정하여) 전류에 의해 발생하는 자기적인 힘의 세기를 분석했다. 그리고 그것이 정확하게 '역제곱 법칙'으로 설명됨을 확인했다. 다시 한번 뉴턴의 수학적 원리가 등장한 순간이었다.

$$d\vec{B}(r) = \frac{\mu_0}{4\pi} \frac{Id\vec{L} \times \hat{r}}{r^2}$$

비오-사바르의 법칙: 전류가 흐르는 미소 길이 $dL$ 주위의 미소 자기장 $dB$를 표현한 식으로, 도선 주위의 자기장의 세기는 거리의 제곱에 반비례한다. 또한 앙페르의 법칙으로 변환 가능하다.

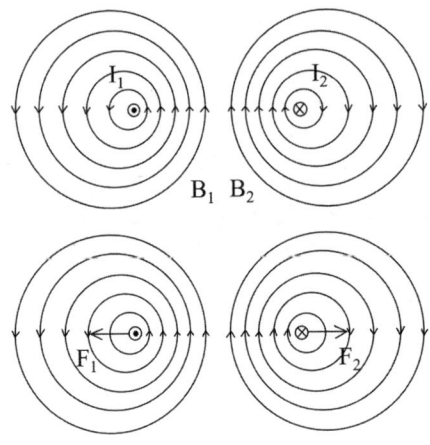

두 도선 사이에 발생하는 자기장과 작용 힘(인력과 척력)

비오-사바르의 법칙과 앙페르의 법칙은 결국 하나로 귀결되기 때문에, 비교적 단순하고 영향력 있는 앙페르의 법칙이 자기 현상에 의한 힘을 대표하고 있다.[10]

앙페르는 전기와 상호 작용하는 자기적인 힘을 공식화한 이후에 오귀스탱 프레넬Augustin Jean Fresnel(1788~1827)과 함께 자석에 대한 분자구조를 연구하기 시작했고, 이에 대한 가설을 내놓는다. 그는 전기적인 힘 내에서 유전체가 서로 다른 극으로 나눠지듯이 자석과 같은 자성체도 아주 작은 분자나 원자 단위의 작은 전류 고리가 생성되어 전체적으로는 하나의 폐회로를 만들어 낸다고 생각했다. 이러한 정의를 통해 자석을 자화된 물체의 집합이라고 추측할 수 있었다. 당시로서는 아직 전자electron와 양성자proton가 발견되기 전임에도 천재적인 직관력을 통해 모델을 만들어 냈던 것이다. 이렇듯 외르스테드의 실험은 프랑스 학자들의 수학적 고찰을 통해 빠르게 원리와 이론을 형성했는데, 바다 건너 영국에서는 새로운 도전을 예고하고 있었다.

## 영국 왕립연구소가 남긴 족적

외르스테드의 실험에 의해 전기가 자석과 같은 현상을 만들어 내자, 앙페르는 빠르게 이론적 성공을 이뤄냈다. 마치 리터가 허셜의 연구로부터 영감을 얻었듯이, 앙페르는 바로 이 시기에 외르스테드의 실험을 통해 자기 현상도 전기를 발생시키지 않을까 하는 역발상에 도전한다. 그리고 그 중심에는 전기의 역사에서 큰 족적을 남긴 영국 왕립연구소Royal institution가 있었다.

왕립연구소의 설명 과정에서 잠시 감자에 대한 일화를 살펴볼 필요가 있다. 당시 유럽 대륙은 철저히 기독교 문화에 기반했으며, 성경에 나오지 않는 식물에는 큰 거부감을 느꼈다. 16세기 콜럼버스의 신대륙 개척과 함께 감자가 유럽에 보급되자, 울퉁불퉁하고 쉽게 변색하는 이 특이한 식물에 대해서 맹목적인 혐오가 일어났고 알 수 없는 병을 유발한다는 괴소문까지 돌았다. 이로 인해 감자는 주로 가축의 사료로 사용되곤 했다. 프리드리히 2세가 이끄는 프로이센은 장기간에 걸친 오스트리아와의 왕위 계승 전쟁으로 인해 국토가 황폐해졌고 대흉년까지 겹치면서 식량난에 시달리게 되자, 프리드리히 2세는 비교적 재배가 빠르고 보급이 쉬운 감자를 장려했다. 굳어져 버린 감자에 대한 부정적 인식을 돌이키기란 쉽지 않았으나, 프리드리히 2세는 대중의 심리를 역이용하여 감자를 마치 왕이나 귀족들만 먹는 고급 음식처럼 포장하여 대중의 호기심을 자극했다. 왕가나 귀족이 관리하는 감자밭에는 경비를 세워 아무나 재배하거나 먹을 수 없게 했고, 작물에 대한 대대적 검열을 시도했다. 결국 호기심을 느낀 몇몇 백성들이 야밤에 작물을 훔쳐 몰래 재배하는 일까지 벌어졌다. 이후에는 귀족뿐만 아니라 일반 백성들도 먹게 해달라는 간곡한 요청에 프리드리히 2세는 못 이기는 척 감자를 일반 대중에게도 보급해 준다. 지금의

감자 대왕이라 불린 프리드리히 2세

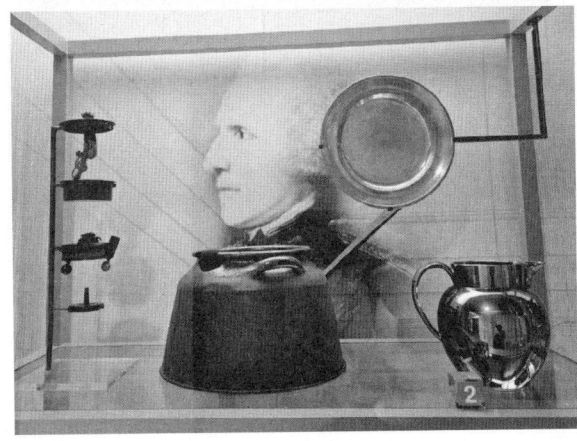

영국 왕립연구소에 보관 중인 럼퍼드 백작의 감자 수프 냄비

바이럴viral이라 하는 마케팅 효과가 18세기부터 시작된 것이다.

독일의 바이에른 선제후국에도 감자의 보급에 앞장선 인물이 있었다. 원래는 영국의 식민지였던 미국의 뉴햄프셔주 럼퍼드 출신이었으며, 미국의 독립전쟁 당시에 영국의 왕당파를 지지하여 혁명에 반대했던 인물인 벤저민 톰프슨Benjamin Thompson(1753~1814)이다. 혁명이 성공하자 설자리를 잃은 톰프슨은 영국으로 망명하였고, 1785년에는 독일의 바이에른으로 이주하였다. 그곳에서 군에 복무하면서 그는 군대의 조직개편과 가난한 민중을 구제하는 것에 관심을 두었으며, 이 과정에서 감자를 재배하고 수프 레시피를 개발하여 국가 전체의 지지를 얻었다. 이 외에도 수많은 공로를 인정받아 제국의 백작 지위에 오르는데, 자신의 고향 이름을 따 '럼퍼드Rumford' 백작이 됐다. 럼퍼드 백작은 여러 분야에 재능을 보인 사람이었지만 특히 화약이나 대포 그리고 열에 관한 지식을 두루 갖췄다. 그의 진리 탐구는 다분히 계몽적이었으며, 노동자와 가난한 이들을 따뜻하게 해 주는 충분히 위대한 일이었다.

그는 1799년에는 조지프 뱅크스, 헨리 캐번디시와 함께 영국 왕립연구소를 설립했으며, 과학자들이 찾아낸 진리를 대중에게 재미난 쇼의 형

과학 문화의 대중화: 영국 왕립연구소에서 강연된 웃음가스 실험(위쪽)과 현재까지 보관 중인 웃음가스 주머니(아래쪽)

태로 보여줌으로써 과학이 대중문화의 하나로 자리하는 데 기여했다. 앞으로 등장할 전기의 요정들의 무대도 왕립연구소였으며, 진리 탐구에 기여한 이들을 기리기 위해 럼퍼드 메달이 만들어졌다. 이전 학자들에게 수여되던 코플리 메달에 버금가는 영광스러운 상의 시작이었다.

## 과학의 쇼를 주도한 험프리 데이비

럼퍼드 백작에 의해 왕립연구소에 발탁되어, 과학 문화의 대중화를 위해 힘쓴 한 사람이 있었다. 그는 강연과 연구에 탁월했던 험프리 데이비

1837년의 왕립연구소(위쪽)와 2024년 현재의 왕립연구소 내부(아래쪽)

Humphry Davy(1778~1829)였다. 수려한 외모 덕분에 그는 강연을 보러 온 귀족 부인들의 사랑을 한 몸에 받았고, 스타가 되어 왕립연구소의 인지도를 빠르게 앞당겼다. 사실 응용과학을 선보였던 초기의 강연은 귀족 부인들이 스캔들을 얻는 정보의 장이었다. 그러나 쇼맨십을 탑재한 유능하고도 잘생긴 남자 덕분에, 강연의 인기는 나날이 치솟았다. 왕립연구소의 적극적인 지원을 받은 데이비는 지하에 신식 실험 도구였던 볼타 전지를 구축했고, 전기화학의 한 획을 긋는 도구인 대용량 배터리를 만들었다. 그는 칼슘, 포타슘, 마그네슘, 소듐 등 수많은 화합물을 (전기분해 실험을 통해) 얻어냈고, 그 업적으로 수많은 과학자와 교류할 수 있었으며, 명성을 쌓아갔다.

데이비는 왕립연구소에 설치된 볼타 전지를 적극적으로 활용했으며, 1801년에는 아크 방전 실험에 관한 논문을 발표하였다. 아크 방전이란 강한 전압으로 발생하는 일종의 절연 파괴인데, 데이비는 두 전극 사이를 접촉한 상태에서 전류를 흘린 뒤에 전극을 떨어뜨림으로써 아크 현상을 보여주었다. 이를 응용하여 얇은 백금 선을 전극 사이에 연결하여, 최초의 백열등을 발명하였다. 이뿐만 아니라 데이비는 탄광에서 발생하는 램프등의 화재를 막고자 불꽃이 외부로 나가는 것을 막는 램프를 만들었으며, 이 공로를 인정받아 1816년에 럼퍼드 메달을 받았다.

전기의 역사에서 험프리 데이비의 최고 업적은 사실 이러한 메달 수상이 아니다. 삼염화질소에 대한 실험 도중 폭발 사고가 발생해 데이비가 한쪽 눈을 다치면서, 훗날 전자기학의 역사를 뒤바꾼 위대한 요정으로 성장하는 인물을 연구 조수로 채용했던 점이다.

### 위대한 도약, 패러데이의 유산

왕립연구소에서 보관 중인 험프리 데이비의 배터리(위쪽)와 안전 램프(아래쪽)

전자기학의 위대한 도약은 런던 교외 지역의 한 대장장이의 아들에게서 시작된다. 그는 손재주는 좋았으나 제대로 된 기초교육을 받지 못했다. 워낙에 호기심이 많고 손재주가 좋았던 소년은 13세부터 견습생으로 일하게 된 서점의 책을 닥치는 대로 읽었고, 새 책이 들어오면 자신만의 노트에 정리하면서 삶의 공허함을 채워갔다. 시간이 흘러 청년이 되었을 때쯤에는 누구의 도움도 받지 않고 책을 네 권이나 제본하게 됐다. 이를 본 서점 주인은 자신에게 훌륭한 직원이 있음을 고객에게 자랑하는데, 이를 전해 들은 왕립연구소의 회원 윌리엄 댄스는 이 청년을 기특하게 여겨 당시 인기 있던 험프리 데이비의 강연 티켓을 건네준다.[11] 청년은 데이비의 훌륭한 강연과 실험 해석에 감명

험프리 데이비(왼쪽)와 마이클 패러데이(오른쪽)

을 받았고, 그가 보고 들은 모든 것을 글과 그림으로 깔끔하게 정리해 냈다. 그러면서 자신의 인생을 과학과 진리 탐구에 투신하겠다고 다짐했는데, 그 청년이 마이클 패러데이Michael Faraday(1791~1867)이다.

1812년 데이비는 삼염화질소 실험 중 사고로 다치면서 불가피하게 조수가 필요한 상황이었다. 추천을 통해 패러데이가 발탁되었고, 아주 짧은 시간이었지만 실험 조수로서 패러데이는 행복한 시간을 보냈다. 계약된 기간이 지나고 데이비가 회복되어 갈 때쯤 패러데이는 다시 서점의 기능공으로 돌아가야 했으나, 그리고 싶지 않았다. 왕립연구소의 원장이었던 조지프 뱅크스에게 편지를 보내 간곡히 채용을 부탁했다. 그러나 뱅크스로부터 답장할 가치도 없다는 말을 들었다.[12] 패러데이는 그럼에도 포기하지 않고, 도움의 손길을 데이비에게로 옮겼다. 그는 정성스레 제본한 데이비의 강연 노트를 편지와 함께 동봉하여 보냈다. 그의 정성에 감탄한 데이비는 패러데이를 위해 왕립연구소의 자리를 알아봐 주었으며, 그의 연구 조수로 일할 수 있는 기회를 제공했다.

이후 패러데이는 그 일을 하면서 불합리하거나 인격적으로 대우받지 못하는 일들도 많이 겪었지만, 진리 탐구의 길에서 험프리 데이비와의 동행은 그가 위대한 과학자가 되는 데 절대적인 자양분이 됐음을 부정할 수 없다. 1813년 데이비는 프랑스의 황제 나폴레옹으로부터 전기와 관련된 업적을 인정받아 상을 받게 되었는데, 이를 직접 수령할 겸 유럽 전역을 도는 여행을 계획한다. 패러데이는 시종이나 다름 없이 데이비 부부의 온갖 허드렛일을 도맡으면서 동행할 수 있었는데, 여행에서 프랑스 에콜 폴리테크니크의 수많은 학자를 만났으며, 특히 앙드레마리 앙페르와 인연을 맺을 수 있었다. 이탈리아 여행에서는 토스카나 지방을 방문하여 갈릴레이의 유산을 직접 경험했으며, 나폴리에서는 폼페이 유적과 관련된 베수비오산을 오르기도 했고, 배터리 개발을 통해 당시 세계적인 학자의 반열에 오른 알렉산드로 볼타와도 대면했다. 아직 20대의 패러데이에게 이 여정은 삶의 방향성을 확실하게 잡아주는 전환점이었으며, 책 속이 아닌 실재하는 넓은 세상으로의 도약이었다.

1820년 외르스테드의 실험 결과는 프랑스와는 달리 몇 개월이 지나서야 영국에 전달된다. 코펜하겐에서의 위대한 실험을 영국에 알린 데이비는 이미 전기에 관한 연구를 수행하던 윌리엄 울러스턴William Hyde Wollaston (1766~1828)과 함께 실험을 재현해 보고 있었다. 두 사람은 조금은 파격적인 가설을 제시하지만, "도선은 전류가 흐름과 동시에 자화된다"와 "전류가 흐르는 도선은 회전한다"라는 틀린 명제만이 줄을 잇게 되었다. 당시 패러데이는 결혼과 신혼생활로 인해 전기와 자기에 대한 실험에는 큰 관심을 두지 못했으나, 그의 친구였던 리처드 필립스에 의해 1821년 떠오르던 학문인 전자기학에 발을 내딛게 된다.

패러데이는 외르스테드의 실험과 가설을 꼼꼼히 검토했으며, 데이비의 도움을 받아 실험을 재현해 보고 있었다. 도선을 수직으로 세운 뒤에 주

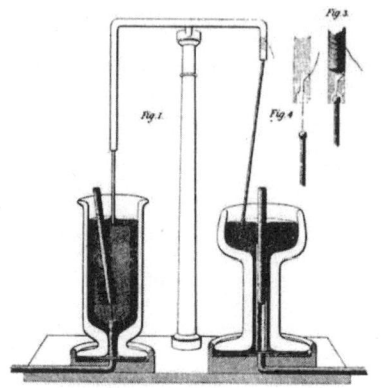

패러데이가 1821년에 수행한
두 개의 수은잔 실험[13]

위에 철가루를 뿌렸고, 전류를 흘려 알 수 없는 무언가에 의해 철가루가 원을 그리는 것을 확인했다. 또한 그 주위에 나침반을 배치함으로써 바늘의 끝이 가리키는 방향도 원이라는 것을 확인하게 된다. 이에 전기와 자기의 상호 작용 방식은 원과 관련되어 있음을 확신한 패러데이는 이를 토대로 가설을 정의했다. 그러나 동일한 실험 결과를 두고도 다른 의견이 분분했다. 데이비는 '전기가 통하는 도선은 스스로 자화된다'는 비약적인 가설을 내놓았으며, 데이비와 의견을 주고받던 울러스턴은 자석으로 도선을 '회전'시킬 수 있겠다는 생각에 빠진다. 이후 패러데이는 독자적인 노선을 택했고, 전자기 실험을 독립적으로 진행하게 된다.

1821년 패러데이는 어린 처남 조지와 함께 특이한 실험을 진행한다. 수은이 담긴 유리잔 두 개 중 오른쪽 잔에는 자석을 중심부에 고정하고, 왼쪽은 자석을 고정하지 않은 채로 두었다. 오른쪽 잔의 수은은 도선의 양극(+)과 연결했고, 왼쪽 잔의 수은은 음극(-)과 연결했다. 이때 오른쪽 잔의 고정되지 않은 전선은 고정된 자석 주위를 반시계 방향으로 회전하는 것을 볼 수 있었고, 왼쪽 잔에서는 고정된 전선 주위를 자석이 시계 방향으로 회전하는 것을 확인했다. 이러한 실험을 통해 패러데이는 전기와 자기 사이의 상호 작용은 기존 뉴턴주의에서 주장하던 인력과 척력이 아닌 '회전 운동'에 의한 것임을 확신하게 된다. 이러한 실험 속에는 공학적 의미도 담겨 있었는데, 그것이 바로 '모터의 동작원리'이다. 패러데이 역시도 위대한 발견임을 직감했던 것인지, 이날의 실험 결과에 굉장히 만족스러워했다. 그 기쁨은 처남 조지의 회고록을 통해 알 수 있다.[14]

빠르게 신식 학문에 파고든 패러데이는, 8년 전 유럽 여행에서 만났던 앙페르의 전자기 연구를 따라잡고 있었다. 그리고 그 과정에서 패러데이는 그와 사뭇 다른 해석을 토대로 앙페르의 다소 과감한 가설들에 우려를 표하고, 리처드 필립스가 편집하는 《철학연보Annals of philosophy》에 이러한 내용을 투고하였다. 지금은 지극히 당연하게 받아들여지는 '전류'라는 개념에 대해서 패러데이는 보다 엄밀한 단어 선택과 일관성을 요구했다. 이 당시 프랑스 학자들은 선대 학자였던 뒤페이의 영향으로 양전류와 음전류라는 서로 다른 유체를 혼란스럽게 사용했는데, 이것이 문제를 야기했다. 이뿐만 아니라 철저한 경험주의자였던 패러데이는 실험적으로 확인할 수 없는 전류의 개념은 물론 뉴턴주의자들이 즐겨 사용하는 원격작용의 원리에 대해서도 쉽게 받아들이지 않고 보다 보편적인 설명을 원했다.

《철학연보》에 기고한 그의 의견은 비록 익명('M'이라는 이니셜)으로 실렸으나, 특유의 겸손한 문투로 쓰여 앙페르는 적대감이 생기지 않았다. 또한 패러데이는 수학적으로 훈련받지 못한 스스로의 한계 역시 시인하면서 외르스테드와 앙페르의 연구를 이해하려고 부단히 노력했고, 그 흔적을 내비쳤다. 그렇기에 앙페르 역시도 패러데이의 지적을 이론과 실험을 일치시키려는 노력으로 바라보았다. 패러데이가 수행한 많은 실험에서는 자기력이 '원'의 형태로 관측되었기 때문에, 앙페르가 제시한 '전류

(당시로서는 실험적으로 검증되지 않은)라는 가설'과 그로부터 발생하는 '직선의 인력과 척력'은 받아들이기 어려운 주장이었다. 따라서 패러데이는 회전운동을 통해 설명하는 것이 어떤지를 역으로 제안하기도 했다.

익명의 기고문에 이와 같이 허를 찌르는 질문들이 실린 덕분에 앙페르의 가설이 섣부르거나 추측에 기반했던 점이 드러났고, 이에 따라 앙페르는 1822년부터 설명할 수 없는 가설들을 정정하기 시작했다. 또한 보다 엄밀한 수학적 접근으로 탈바꿈했으며, 날카로운 질문들을 반박하기도 했다. 패러데이가 주장한 회전운동이 미소 전류가 흐르는 두 도선 사이의 원격작용(인력과 척력)으로 설명될 수 있으며, 모두 같은 물리적 현상임을 주장한 것이다. 막 30대를 바라보는 익명의 패러데이는 겸손하지만 날카로운 질문으로 당대의 거장 앙페르에게 직격탄을 날려, 앙페르가《실험에 의한 전기동역학 현상의 수학적 이론Théorie des phénomènes électro- dynamiques, uniquement déduite de l'expérience》(1826)을 출간하는 데 크게 기여했다.

패러데이 또한 앙페르의 연구 결과를 통해 새로운 접근을 배웠고, 기존 관념을 갈아엎는 경험을 얻었다. 솔레노이드의 기원이 되는 나선 형태의 도선에서 전류가 흐르면 회전하는 자기력이 발생함을 확인했고, 앙페르가 주장한 N극과 S극의 형성, 그리고 전류라는 유체의 흐름에 의해 N극과 S극이 결정될 수 있음을 실험적으로 보여주었다.

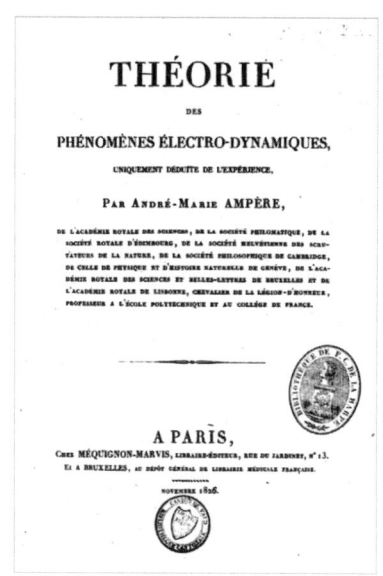

앙페르의 저서《실험에 의한 전기동역학 현상의 수학적 이론》

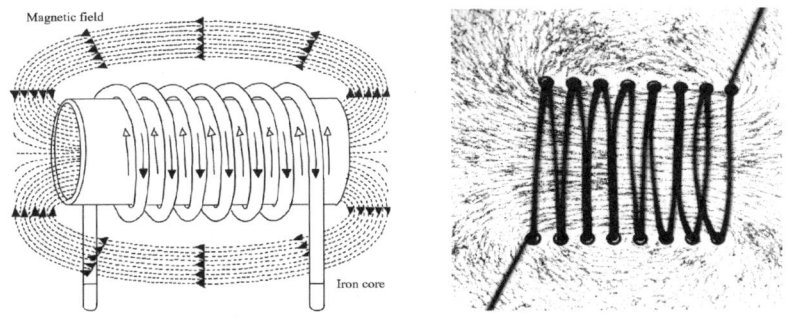

솔레노이드 타입 전자석의 자기장(왼쪽)과 철가루로 표현된 자기력선의 모습(오른쪽)

> 내용 없는 사고는 공허하며, 개념 없는 직관은 맹목적이다.
> ― 임마누엘 칸트

패러데이와 앙페르의 관계는 칸트가 《순수이성 비판》에서 주장한 말로 설명할 수 있다. 즉, 자칫 맹목적일 수 있는 패러데이의 실험은 앙페르에 의해 방향을 찾게 되었고, 앙페르의 이론은 자칫 공허할 수 있는 개념에서 패러데이에 의해 그 의미를 찾게 되었다. 진리를 탐구하고자 하는 그 둘은 정·반·합의 과정을 통해 전자기학을 구축해 갔다. 시간이 꽤 흘러 앙페르가 죽음에 이르렀을 때, 그 자리는 케임브리지의 젊은 과학자 맥스웰을 통해 다시 균형이 맞춰진다.

1821년 《철학연보》에 익명으로 기고한 후, 패러데이는 《계간 과학저널》에도 자신의 '전자기 회전'에 관한 논문을 기고한다. 그러나 여기서 패러데이는 자신의 스승이었던 데이비와 전자기 회전에 대해 연구하던 울러스턴에 대한 감사 인사를 빼먹게 된다. 현대에도 마찬가지지만, 앞선 연구에 대한 조사와 인용은 매우 중요한 문제이다. 하물며 사전연구자가 같은 건물에서 일하던 선배들이었다면 더욱 그럴 것이다. 이 일로 표절 문제에 직면한 패러데이는 곤혹스러운 상황에 처한다. 다행히 매사 겸손했던 그는 이때도 선배 울러스턴에게 정중히 사과하여 용서를 받았다. 물론 패러데이가 사과를 받을 수 있었던 것에는 자연스러운 이유가 있다. 왕립학회에서 벌어진 재현 실험에서 울러스턴은 자석으로 도선을 회전시키는 (당연히 불가능한) 실험에 성공하지 못했으나, 패러데이는 처남과의 실험을 더 크게 확장한 뒤에 성공적으로 시연했던 것이다. 이와 더불어 패러데이는 명예를 회복했다. 다만 이 표절 문제를 제기한 스승이자 선배인 데이비와는, 이 사건 이후로 예전과 같은 관계를 유지할 수 없었다.

1824년 왕립학회의 정식 회원이 된 패러데이는 여러 분야에 걸쳐 의미 있는 일들을 하고 있었다. 그러던 중 1825년 프랑스 아카데미로부터 아라고가 '회전 자기 현상'을 목격했다는 신기한 소식을 듣는다. 움직이는 구리 조각 옆에서 때때로 자석 바늘이 (같이) 회전했던 것인데, 이에 대해서 명확한 해석을 내놓지 못하고 있었다. 패러데이는 보고된 특이한 현상에 도전하여 이유를 밝혀낸다. 이 현상을 현재에는 '맴돌이 전류Eddy current'라고 부르고 있다. 그 응용으로는 가정마다 필수적으로 사용되는 전력량계가 있고, 놀이공원의 자이로드롭에서 사용되는 전자식 브레이크 시스템이 있다.

패러데이의 위대한 발견은 1831년 《전기에 대한 실험적 연구》를 통해 발표된다. 이 책은 단 하나의 방정식도 없이 글로만 쓰인 점이 특징이다. 마치 앙페르가 그랬던 것처럼 어렴풋한 추측과 가설에서 시작된 연구였

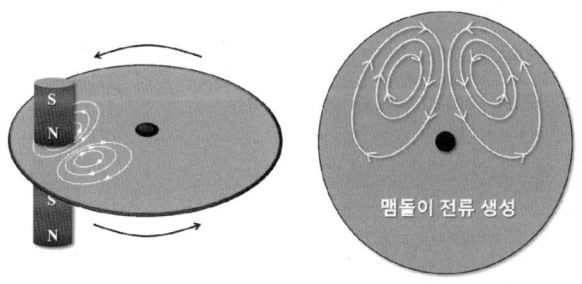

아라고의 원판(왼쪽)과
맴돌이 전류(오른쪽)

다. 위대한 길버트와 쿨롱은 전기와 자기는 서로 관련이 없다고 주장했지만, 이는 외르스테드의 실험으로 보란 듯이 무너져 버렸다. 패러데이는 외르스테드의 사고에서 칸트가 제시한 자연계의 통합이론이 있었다는 것을 알고 있었다.[15] 여기서 패러데이는 추측하기 시작했다. '전기가 자기적인 현상을 발생시킬 수 있다면, 자기가 전기적인 현상을 유도할 수도 있지 않을까?' 이 생각이 바로 '전자기 유도'라 하는 패러데이의 위대한 업적으로 이어지는 시작점이었다.

패러데이의 전자기 유도 실험은 지금의 변압기 구조와 매우 유사한 형태로 구성되었다. 1차 측에는 배터리와 스위치가, 2차 측에는 검류계가 연결되어 있었다. 준비는 다 되었고, 패러데이는 기대에 부풀어 실험에 몰입했다. 패러데이가 친구인 리처드 필립스에게 전한 이때의 실험 상황이 그를 얼마나 들뜨게 했는지를 짐작하게 해준다.

> 나는 지금 전자기학 연구로 눈코 뜰 새 없이 바쁘네. 큰 놈이 하나 걸려든 것 같은데 아직 잘 모르겠어. 내가 전력을 다해 싸운 다음에야 사실 물고기가 아니라 수초였다는 사실을 알게 될 수도 있지.

패러데이는 기대를 안고 스위치를 단락했지만 기대하던 반응은 (검류계에서) 나타나지 않았다. 전기가 만든 자기적인 현상은 철심을 통해 다른

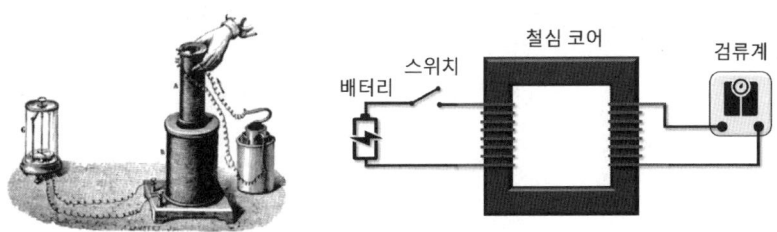

현대의 변압기 구조와 유사한 패러데이의 전자기 유도 실험 환경

쪽 코일에 흘러 전기를 발생시킬 것으로 생각했지만 보기 좋게 실패했다. 그런데 실망에 차 스위치의 단락과 개방을 반복하다가 특이한 현상을 목격했다. 스위치를 단락시키고 개방시키는 그 찰나의 순간에 검류계의 화살표가 움직이는 것을 본 것이다. 순간 패러데이의 머릿속에는 6년 전 아라고의 실험이 떠올랐다. 자기적인 흐름이 끊기거나 연결되거나 하는 그 순간에 전기적인 현상이 발생함을 알게 된 것이다. 패러데이는 실험을 변경하여 검류계가 연결된 도선에 자석을 가까이 했다가 떨어뜨리기를 반복하면서, 앞선 실험과 마찬가지로 검류계의 바늘이 움직이는 것을 확인하였다. 그는 게리케나 볼타가 그랬던 것처럼 지속적인 전기를 만들어 내고자 했다. 마침내 그는 자신의 전자기 유도 실험과 과거 아라고의 실험을 응용하여 최초의 발전기를 만들게 된다.

1821년에 그는 모터의 원리를 발견했고, 10년이 지나서 발전기의 원리를 인류에게 제시해 냈다. 산업 시스템 전반에 걸쳐서 모터가 사용되지 않은 경우를 찾아보기 어렵다. 전기차뿐만 아니라 정밀 기계, 가전기기, 컴프레서, 의료기기 등 모터는 거의 모든 곳에서 사용되고 있다. 그 가치 있는 발명품들은 패러데이가 있었기에 가능했던 것이다. 현대의 발전기의 원리 역시 두말할 것 없이 패러데이 유도 법칙을 그대로 따르고 있다.

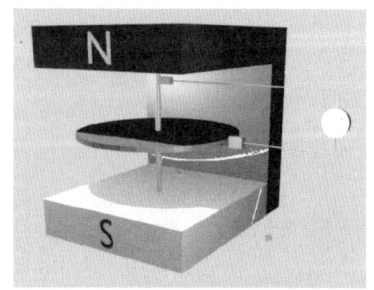

패러데이의 발전기(아라고의 원판을 개량)의 원리

이전에 언급되었던 그리고 이후로 언급될 전기의 요정들에게, 패러데이의 유산은 독창적이며 위대하다. 패러데이는 특유의 겸손함으로 과학을 대중문화로 자리 잡게 했다. 그는 지속적으로 요청받은 왕립학회 회장 자리를 정중히 거절했으며, 기사 작위도 역시 마다하였다. 죽음을 앞둔 시점에는 빅토리아 여왕의 권유로 아이작 뉴턴의 뒤를 이어 웨스트민스터 사원에 묻힐 수 있었으나, 그는 이 역시도 정중히 거절하였다. 그리고 그의 유언대로 하이게이트 묘지에 평범히 잠들었다.

끝까지 평범한 패러데이로Plain Mr Faraday to the end.[16]

― 마이클 패러데이

패러데이는 어린 시절 서점의 단골이던 댄스 씨의 이타심으로 험프리 데이비의 화려한 강연을 볼 수 있었고, 그 덕분에 그토록 원하던 진리 탐구의 운명을 맞이할 수 있었다. 패러데이의 바람은 그가 얻은 행운을 환원하는 것이었다. 대표적으로 왕립연구소의 크리스마스 강연이 그 예라 할 수 있으며, 무려 열아홉 차례의 강연을 진행하였다.[17] 그중 가장 유명

패러데이의 성품을 보여주는 예시들: 패러데이가 왕립학회 회장직 권유를 거절하는 모습(왼쪽)과 하이게이트의 패러데이 묘지(오른쪽)

패러데이의 '양초
한 자루의 과학'
크리스마스 강연

현재의 강연장
모습

한 '양초 한 자루에 담긴 화학 이야기'는 아직까지 회자되고 있으며, 불꽃과 다이아몬드처럼 그리고 자연과 인류처럼 서로를 빛내주는 상호적인 관계가 되기를 바라는 그의 희망적 메시지가 담겨 있다. 낭만이 없던 낭만주의 시대에 유일무이한 낭만주의 학자였던 패러데이. 그가 남긴 오늘날의 의미를 되새겨 보면 어떨지, 조심스럽게 생각을 꺼내본다.[18]

# 06
# 혁명과 프랑스의 요정들

## 프랑스 대혁명의 배경

18세기 유럽 대륙에서는 격변이 일어나고 있었다. 특히 가장 위태로운 상황에 놓인 국가는 신성 로마 제국이었다.

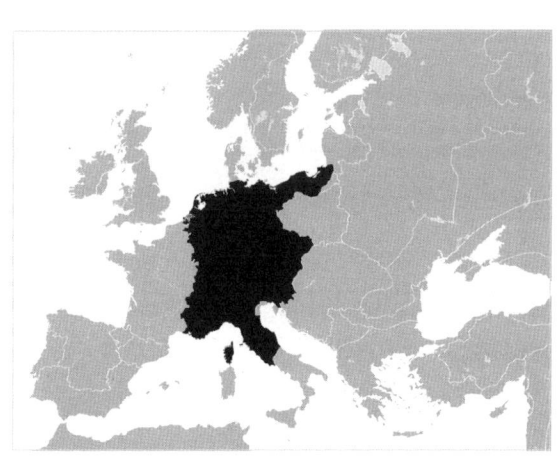

신성 로마 제국:
현재의 독일, 이탈리아,
오스트리아 등을 포함하
던 역사적 국가였다

계몽주의의 중심에 있던 볼테르

제국의 통치 세력은 튀코 브라헤와 케플러가 살던 시절과 마찬가지로 여전히 합스부르크 왕가였으나, 18세기 중반이 되면 왕가의 대를 이을 남자의 핏줄이 끊긴다. 1740년 황제 카를 6세가 죽고 결국 여자가 대를 잇게 되어, 그의 딸 마리아 테레지아가 왕위 계승 1순위에 놓인다. 그러나 프로이센, 바이에른 공국, 프랑스, 작센 공국 등 혈연관계로 엮인 주변 국가들이 반발하면서 오스트리아 왕위 계승 전쟁(1740~1748)이 발발한다. 마리아 테레지아의 계승에 반대한 국가들은 고대 프랑크 왕국의 '살리카법'에 근거하여 여자는 대를 이을 수 없다고 주장했으나, 사실 그 반대는 주변 국가들이 강력한 왕권과 중상주의를 기반으로 성장하면서 갖게 된 야욕에 기인한 것이었다. 이미 커질 만큼 커진 프로이센과 프랑스는 오스트리아-합스부르크 왕가가 이끄는 신성 로마 제국으로부터 선을 긋기 시작했다. 당시 신성 로마 제국은 계몽주의라는 시대적 흐름에 직면해 있었는데, 추락하던 제국의 위상을 빗대어 계몽가 볼테르는 다음과 같이 비평했다.

> 아직도 스스로 신성 로마 제국이라 칭하는 이 국가는 딱히 신성하지도 않고, 로마도 아니며, 제국도 아니다.

오스트리아-합스부르크 왕가의 마리아 테레지아(왼쪽)와 프로이센의 프리드리히 2세(오른쪽)

　같은 시기 계몽군주를 자처한 프로이센의 프리드리히 2세는 본격적으로 야욕을 드러내기 시작했는데, 표면적으로는 왕위 계승의 문제를 내세웠지만 실제로는 약해진 제국의 살점을 뜯어 먹기 위한 욕심에 기인한 것이었다. 이러한 이해관계 속에서 오스트리아-합스부르크 왕가와 프로이센 사이에서 슐레지엔 전쟁이 발발하였다.

　프로이센이라는 당대의 신생 국가로서는 슐레지엔 지방이 성장을 위해 꼭 필요한 땅이었으며, 제국으로서도 슐레지엔으로부터 조달받는 세수가 전체 중 20퍼센트에 달할 만큼 중요했기에 피할 수 없는 전쟁이었다. 이러한 전쟁은 비단 두 국가만의 문제가 아니었다. 프랑스의 루이 15세는 프로이센 측에 참가하였고, 하노버 왕가로 탈바꿈한 영국의 조지 2세는 합스부르크 왕가의 신성 로마 제국군으로 참전한다. 긴 전쟁으로 주변 국가들에도 큰 여파가 미쳤다. 사실상 전쟁에서 패배한 것이나 다름없는 제국군은 부채와 재정난에 허덕이게 된다. 제국군의 편에 섰던 영국은 이러

06 • 혁명과 프랑스의 요정들　167

인지세법의 등장(1745)

한 문제를 해결하고자 과세 제도를 새로이 제정했고, 안일한 과세 정책의 여파는 영국의 '식민지'를 덮쳤다. 그렇게 1745년 미국에서는 신문과 팸플릿, 허가증, 특허, 출판물 등에 과도한 세금을 부과하는 인지세법이 생겨난다.

이러한 악법으로 식민지 사회의 지식인들은 본토 영국이 그들을 어떻게 생각하는지 명확하게 인지하면서, 벤저민 프랭클린과 같은 미국의 계몽주의자들이 독립 의지를 다지게 된다. 프랭클린이 활동하던 필라델피아를 중심으로 과세에 반발하는 시위가 일어나는데, 여기서 등장한 것이 바로 "대표 없는 곳에 과세도 없다"라는 표어였다. 실제로 본토 영국에는 식민지 13개 주를 대표하는 국회의원이 없었기 때문에 의무만 있고 권리는 없는 모순점을 꼬집은 것이다. 결국 1746년 인지세법은 폐지된다. 그럼에도 다른 과세법들은 여전히 남아 있었으며, 교묘한 방법으로 다시 만들어졌다. 특히 생필품에 대한 과세가 문제였는데, 그 당시 식민지 사회의 가장 큰 저항을 낳은 것은 홍차에 대한 과세였다.

그렇게 발생한 사건이 1773년의 보스턴 차 사건이었고, 이것을 문제 삼아 영국군이 식민지로 쳐들어와 미국 사회의 민병대와 충돌을 일으켰다. 이것이 미국 독립 전쟁의 발단이었다. 1778년에는 프랭클린을 중심으로 한 미국과 프랑스의 동맹이 맺어지고, 1783년 파리 조약을 통해 미국은 독립을 인정받았다. 계몽주의와 사회계약설 그리고 자유주의 사상을 기반으로 이룩한 미국의 독립은 많은 국가에 지대한 영향을 주게 된다.

▲ 보스턴 차 사건 (1773)

▶ 존 트럼블이 그린 미국 독립 선언

　유럽 대륙의 전쟁이나 미국의 독립과 같은 일련의 사건들은 승전국인 프랑스에도 좋지만은 않은 상황이었다. 프랑스는 과거 루이 14세 때부터 누적된 재정 악화로 인한 위기가 수면 위로 드러나기 시작했는데, 이후 루이 15세와 16세 때에도 큰 전쟁을 치르면서 재정난이 더 심각해진다. 프랑스는 구조적으로 제1계급인 성직자, 제2계급인 귀족과 제3계급인 평민으로 이루어져 있는데, 성직자와 귀족이 전체 토지의 40퍼센트를 차지했으며, 납세의 의무로부터는 면제되어 있었다. 또한 정치 참여는 오롯이

프랑스의
앙시앵 레짐Ancien Régime:
낡은 구체제를 풍자하는 그림

귀족의 몫이었기에, 이러한 불합리한 구조에서 벌어진 미국 독립 전쟁으로 프랑스는 과도한 재정 지출을 맞았다. 루이 16세는 이를 해결하고자 귀족과 성직자에게도 세금을 걷으려 했지만 법을 제정하는 권한이 귀족에게 있었기 때문에 실제로는 과세의 짐을 제3신분의 사람들이 지고 있었다.

특히 18세기에 빠르게 성장 중이던 평민 부르주아 계급이 계몽주의 사상을 만나면서 불평등한 사회 체제에 대한 불만을 제기하기 시작했다. '의무는 권리와 함께 존재한다'는 계몽주의적 사고에 기반하여 제3신분도 다시금 정치에 참여할 수 있는 삼부회[1]가 소집되었고 동등한 의결권이 요구되었다. 이것이 귀족들의 저항에 부딪치자, 1789년 테니스 코트 서약을 통해 혁명의 시작과 헌법 제정에 착수했다. 이후 왕당파의 무력 진압이 시작되자 혁명의 불씨는 더욱 거세져 바스티유 감옥 습격 사건의 빌미를 제공하게 되었다.

무장한 민병대와 선동된 군중 그리고 분노한 농민이 증가하고 있었음

테니스 코트의 서약
(1789년 6월)

바스티유 감옥 습격 사건
(1789년 7월)

에도, 왕의 거부권 행사가 거듭되면서 이 시대는 굉장히 어지러웠다. 파리 시민들은 베르사유 궁전으로 행진하여 왕에게 인권선언 및 봉건제 폐지를 주장하였고, 시위대의 난입에 놀란 루이 16세는 혁명을 수용하고 입헌군주제를 받아들이게 된다. 하지만 이러한 상황을 지켜보던 주변 국가들은 국왕 없이도 국가가 운영될 수 있다는 불온한 사상에 분노하여 프랑스를 향해 대대적인 경고에 나선다. 한편 루이 16세와 마리 앙투아네트 왕비가 1791년 망명 시도를 벌이다가 발각된 바렌 사건이 벌어지자, 분노한 혁명 세력들은 국왕 부부를 감금하기에 이른다.

유럽 대부분의 왕가는 혈연으로 연결됐기 때문에 오스트리아와 프로이

바렌 사건: 파리로 돌아온 루이 16세 국왕 일가(1791)

단두대에서 처형된 루이 16세

센 등 주변 왕정국가들은 이러한 혁명 세력의 행동을 위협으로 간주하여 급기야 전쟁을 선포한다. 가장 발 빠르게 움직인 프로이센은 연전연승하며 프랑스 파리를 향했지만, 외세의 위협을 물리치고자 모인 프랑스 의용군들이 발미 전투[2]에서 이를 격파한다. 이러한 승리의 주역은 상 퀼로트[3]라고 부르는 하층 계급이었기 때문에 급진적인 개혁은 더욱 힘을 받는다. 이로 인해 부르봉 왕가와의 타협을 원했던 온건적인 지롱드파가 대대적으로 숙청되고 로베스피에르, 장 폴 마라, 조르주 자크 당통이 이끄는 자코뱅파가 득세한다.[4]

부르봉 왕가를 처형하고
공포정치를 주도한 로베스피에르

　1792년 프랑스 제1공화국이 수립되었으며, 급진주의적인 혁명 세력이 장악한 국민공회는 '공화국에는 이제 왕은 필요 없다'는 주장과 함께 루이 16세의 처형을 주도하였다. 그렇게 1793년 1월에는 루이 16세가, 10월에는 왕비 앙투아네트가 단두대에서 처형되었다. 급진주의적이며 진보적인 성향의 정치인들은 자신의 의견을 관철하기 위해 스스로 내건 자유, 평등, 박애의 슬로건을 짓밟아 버리고 공포정치로 일관했다. 이 과정에서 수많은 사람들이 형장의 이슬이 되었다. 공포정치를 주도하며 많은 이들을 형장의 이슬로 보냈던 로베스피에르 역시 쿠데타에 의해 단두대에서 처형되었다. 혼란과 광기의 시대였다.
　이윽고 부르봉 왕가의 왕정복고 움직임이 일어나자 진압의 필요성을 느낀 혁명 정부는 장교 한 명을 변방에서 불러들였는데, 이렇게 정치 무대에 들어온 군 출신 정치가가 보나파르트 나폴레옹Napoléon(1769~1821)이었다.
　여전히 프랑스는 내부적으로 안정되지 못했다. 또한 루이 16세의 처형

나폴레옹
브뤼메르 18일
쿠데타(1799)

으로 분노한 주변 국가들이 침략을 이어갔지만, 이러한 혼란은 나폴레옹이라는 하나의 구심점 아래서 극복되고 있었다. 프랑스는 점점 안정을 찾아갔지만, 휘황찬란한 명분을 내세웠던 혁명은 또 다른 왕정을 만들어 내는 모순을 낳았다. 이처럼 19세기는 혁명과 모순의 시기였다.

## 고귀하고도 허망한 과학자 라부아지에

18세기까지도 사람들 사이에서는 선험적인 가설들이 존재했다. 가령, 식물은 땅에서 자라야 하는데 물만으로도 자라는 식물들을 보고 '물은 흙이 될 수 있다'는 믿음을 가졌다. 이러한 믿음을 가진 이들 중에는 선대의 훌륭한 과학자였던 로버트 보일 등 많은 과학자가 포함되어 있었다. 이러한 내용에 의심을 품고 실험을 통해 '물은 흙이 될 수 없다'는 것을 입증한 사람이 앙투안 라부아지에Antoine-Laurent de Lavoisier(1743~1794)였다.

앙투안 라부아지에와
아내 자크루이 다비드(1788)

그는 물을 100일 동안 증류하는 과정에서 어떠한 고체가 생기는 것을 발견하고는 물이 정말 흙과 같은 고체로 변할 수 있다는 생각에 빠지게 되었다가, 물을 담았던 용기의 무게가 감소한 것을 확인하고는 증류 시에 발생한 고체의 출처가 물을 담았던 용기임을 밝혔다. 그는 이러한 실험을 토대로 '질량 보존의 법칙'이라는 과학사의 대전제를 만들어 가기 시작했으며, 물질은 생성되거나 파괴되지 않고 단지 형태가 바뀔 뿐이라는 관찰 결과를 제시한다. 이러한 결과를 토대로 라부아지에는 영국의 캐번디시(수소의 발견자), 프리스틀리(산소의 발견자), 조지프 블랙(이산화탄소의 발견자)과 논쟁하며, 새로운 연소 반응을 제시하면서 기존의 플로지스톤설을 공격하였다. 라부아지에는 주로 산소와 관련된 여러 가지 반응을 연구히면서 산/연기/염으로 이어지는 화학 혁명을 이끌었다. 그는 연구의 과정에서 붙여지는 이름들이 제각각이라는 문제점을 확인하고, 이를 해결하기 위해 여러 프랑스 학자들과 연대하여 그리스어와 라틴어를 기반으로 '통일된 명명법'을 만들었다. 또한 미터법의 근간이 되는 표준을 제정하고자 했으며 과학의 통일성과 보편성에 크게 기여했다.

귀족이던 라부아지에는 프랑스 대혁명이 발발하자 흥분한 시민들을 진정시키고자 노력했으며, 일정 부분 혁명 세력들과도 온건적인 관계를 유지하면서 구체제의 안 좋은 제도는 수정해 가기도 했다. 그가 꿈꾸던 새로운 제도(과학의 도량형 통일안) 역시 추진 과정에 있었기 때문에 새로 태어날 시대에 대한 기대감으로 들떠 있었다. 그러나 시대의 흐름은 안타깝게도 그를 허망한 과학자로 만들었다. 혁명이 일어났음에도 시민들의 피폐한 삶은 나아지지 않았고, 특히 로베스피에르가 이끄는 자코뱅 세력이 국민공회를 주도하자 수많은 귀족들이 숙청되었으며, 루이 16세도 단두대에서 목이 잘렸다. 한때 부르봉 왕가의 구체제하에서 세금 징수원으로 일했던 라부아지에는 시민들의 고혈을 뽑아 먹은 악마로 치부되어 단두대의 희생양이 되어버린다.

> 이 머리를 베어버리기에는 일순간으로 충분하지만, 프랑스에서 같은 두뇌를 만들려면 100년도 넘게 걸릴 것이다. ― 조제프루이 라그랑주

### 라그랑지안, 세상이 돌아가는 작용원리

말년에 라부아지에와 함께 파리의 과학계를 이끌던 이방인이 있었다. 조제프루이 라그랑주Joseph-Louis Lagrange(1736~1813), 그는 젊은 시절을 이탈리아 토리노에서 보냈고 중반기는 베를린에서, 말년은 프랑스에서 보낸 수학자이자 물리학자이다.

그는 토리노에서 활동할 당시 뉴턴과 핼리의 영향을 받아 수학과 천문학을 연구하였다. 어린 나이부터 뉴턴의 이항정리와 연속적인 미분 사이

의 유사성을 알고 있었고, 라이프니츠와 요한 베르누이의 미적분 관련 연구를 파고들었다. 이로 인해 당대 위대한 학자였던 오일러와도 서신을 주고받았으며, 당대 최고의 수학자들과도 교류를 이어나갔다. 1766년에는 오일러가 베를린에서 러시아로 자리를 옮기자, 라그랑주가 그 후임으로 베를린에 가게 된다(이때도 달랑베르, 오일러의 추천이 있었으며, 당시

조제프루이 라그랑주

유럽에서 가장 위대한 왕 프리드리히 2세의 간곡한 요청이 있었다). 여기서 그는 고전역학의 정점이자 최적화 문제를 다루는 '라그랑주 역학'을 만든다. 대표적으로 오일러-라그랑주 방정식은 변분법을 통해 작용action의 극값 조건을 수학적으로 정식화한 것으로, 최소 작용 원리를 바탕으로 뉴턴의 운동 방정식과 동등한 결과를 도출할 수 있었다. 이로 인해 라그랑주 역학은 자연스럽게 뉴턴 역학을 포함하는 이론이 되었다.[5]

1786년 프리드리히 대왕이 죽자 라그랑주는 루이 16세의 요청을 받아들여 말년을 프랑스에서 보낸다. 이 과정에서 프랑스 대혁명이 발발하고 혁명세력에 의해 추방될 위기에 처했으나, 라그랑주는 당시 친분관계를 유지하던 라부아지에의 도움으로 사면될 수 있었다. 그러나 얼마 안 가 라부아지에까지 죽임을 당하자, 안타까움과 슬픔을 느꼈지만 그는 당시에 아무 말도 할 수 없었다. 실제로 라부아지에 부인이 탄원서를 요청했을 때, 신변의 위협을 느낀 라그랑주는 거절한 바 있다. 그가 라부아지에를 위해 남긴 유명한 말은 사실 혁명 세력이 몰락한 이후에 한 말이었다. 이후 나폴레옹이 권력을 잡으면서 과학자들에게 전폭적인 지원이 이루어져 국립 과

학원Académie des Sciences과 에콜 폴리테크니크École Polytechnique가 재건 및 설립되자 라그랑주는 여기에 큰 기여를 한다.

라그랑주의 기념비적인 저서 《해석역학》(1788)[6]은 여전히 그 의미가 남다르다. 이는 고전역학을 기하학적 직관에서 해방시키고, 수학적 해석만으로 정리해 낸 최초의 시도이다. 라그랑주는 이 책에서 과거 달랑베르가 정역학의 문제를 해결하기 위해 제시한 가상일의 원리[7]를 출발점으로 삼았고, 변분법을 통해 오일러-라그랑주 방정식을 유도함으로써 운동하는 계의 동역학을 하나의 통합된 수식 체계로 재구성했다. 특히 일반화 좌표의 도입으로 복잡한 기계적 시스템도 간결하게 몇 개의 자유도로 표현할 수 있게 되었으며, 이때부터 $x, y, z$라는 고정된 좌표계에서 벗어날 수 있었다. 이것은 이후 라그랑주 역학이 해밀턴 역학으로 이어지는 수학적 토대를 마련하기도 했다. 《해석역학》은 책 전반에 걸쳐 도해 없이 수식만으로 물리 세계를 기술했으며, 자연현상을 수학적으로 통일하려는 시도의 정점을 보여주었다. 이렇게 탄생한 라그랑주 역학은 계몽주의와 낭만주의를 연결하는 프랑스의 과학자들에게 지대한 영향을 주었으며, 그들이 직접 나서서 편집과 출간을 도왔을 정도였다. 오늘날에도 이 책은 여전히 해석역학과 변분법의 고전으로 자리매김해 있다.

라그랑주의 작업은 (당시에는 몰랐지만) 다가올 전자기 동역학의 형성에도 기여하게 된다. 달랑베르나 오일러가 했던 것처럼 물질계의 각 부분 운동을 따라가는 것이 아니라 시스템의 자유도와 충분한 수의 변수들로 구성하여 운동하는 시스템을 구성해 냈다. 그리고 이때부터 에너지에 상응하는 개념들이 적극적으로 등장하기 시작했으며, 운동에너지와 위치에너지를 변수로 하여 세상이 돌아가는 원리를 담아내려는 시도가 이루어진다. 이 과정에서 등장한 것이 목적론적인 변화이며, 최소 작용 원리도 이와 결을 같이한다.

대표적으로 오일러-라그랑주 방정식의 간단한 예시로 활용되는 것이 '두 점을 지나는 가장 짧은 곡선은 무엇인가?'라는 질문이다. 이는 자연계 물리법칙을 관통하는 핵심 원리인 '최소 작용'에 관한 것으로서, 두 점 사이의 최단 거리가 직선이 됨을 의미한다. 이러한 원리는 빛과 전자기파의 경로 역시 최단 시간을 목적으로 하며, 최소 단위의 길을 따라 이동한다는 '페르마의 원리'와도 일맥상통한다. 두 점 사이의 최단 거리가 직선임을 직관적으로 판단하는 것은 그리 어려운 일이 아니지만, 이를 증명하는 것은 역사적으로 쉽지 않았다. 이러한 해법을 제시한 것이 라그랑주의 역학이며, 가려진 이면을 보여준 한 차원 이상의 도약이었다. 라그랑주는 고전역학의 끝 지점이라 할 수 있는 해밀토니안 역학의 발판이 되었고, 위치와 운동량을 통해 전체 에너지를 기술하는 장을 마련했다. 이후에는 푸아송에게 지대한 영향을 주어 양자역학으로 이어지는 푸아송 괄호 poisson's bracket의 산파 역할을 하기도 했다.

### 대수학자 라플라스, 그의 방정식의 의미

라그랑주와 같은 시기를 살았으며, 공학을 배우는 사람들이라면 절대 그 이름을 모를 수 없는 인물이 있다. 바로 피에르 시몽 드 라플라스Pierre-Simon Laplace(1749~1827)이다. 라플라스 변환이 없었다면 복잡한 미분방정식을 풀기 위해 지금까지도 시간 좌표상에서 허우적대고 있겠지만, 라플라스의 유용한 마법 덕분에 공학 시스템을 해석할 때 복잡한 시간축상의 해석을 주파수 도메인으로 바꾸어 대수적으로 해결할 수 있게 되었다. 공학자들이 누리는 이 모든 혜택은 라플라스에게서 시작된 기적이었다.

$$F(s) = L\{f(t)\} = \int_0^\infty f(t) \cdot e^{-st} dt$$

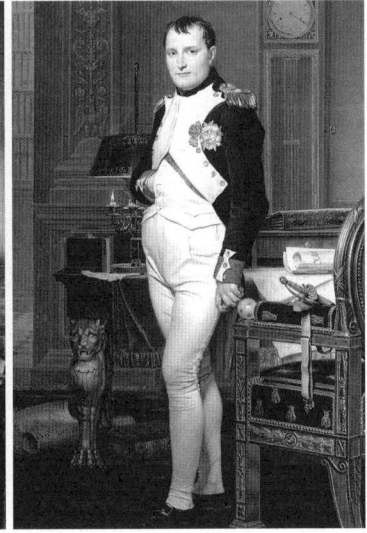

피에르 시몽 라플라스(왼쪽)와 보나파르트 나폴레옹(오른쪽)

어린 시절 라플라스는 당돌하게 달랑베르를 찾아가 수학적 실력을 인정받았고, 1771년 추천장을 받아 프랑스 육군사관학교인 에콜 밀리터리에 입학했다. 달랑베르의 업적이라면 《백과전서》를 통해 계몽주의를 이끈 것이라 말할 수 있지만, 사실 그 못지않게 라플라스를 프랑스의 중심 무대 위로 올려 보낸 것도 달랑베르의 업적이라 할 수 있을 듯싶다.

라플라스는 라그랑주와 마찬가지로 나폴레옹과도 특별한 인연이 있다. 16세의 나폴레옹은 육군사관학교에서 포병장교로 조기졸업 과정에 있었는데, 그때 수학 교수가 라플라스였다. '수학의 발전은 국력에 비례한다'는 말을 남겼을 정도로 나폴레옹은 수학과 과학을 중요시했으며, 1799년 쿠데타 이후 라플라스를 내무부 장관으로 임명할 정도로 육군사관학교 시절 라플라스를 남다르게 생각했다. 물론 행정적 지혜와 과학적 재능이 서로 다른 것이라는 것을 파악한 나폴레옹은 라플라스를 장관에서 직위

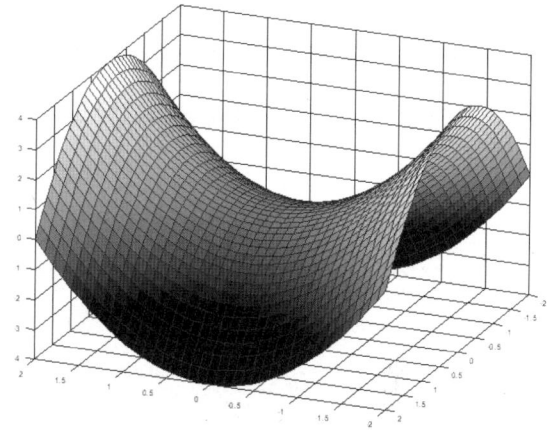

3차원 공간상의 안장점 Saddle point: 극대, 극소가 없음

해제하지만, 학술적으로는 지속적으로 교류하였다. 그후 1813년이 되어서는 라이프치히 전투의 패배로 나폴레옹의 보나파르트 왕가가 흔들리자, 라플라스는 이 시점을 기준으로 나폴레옹과 완벽하게 결별한다.

과학자를 열렬히 후원했던 나폴레옹을 라플라스가 손절한 것에 대해 신의가 없다고 보는 사람도 있겠지만, 과학에는 신의라는 변수는 없다. 특히 이 시기에는 더욱 그랬을 것이다. 겨우 몇십 년 전 '공화국에 과학자는 필요 없다'며 라부아지에의 목을 친 이들이 있었기 때문이다. 나폴레옹이 무너진 뒤 제2의 로베스피에르가 나타나 라플라스를 제2의 라부아지에로 만들어도 이상하지 않은 시기였다. 이러한 정치적 줄다리기 속에서 라플라스의 방정식이 더욱 빛날 수 있었다. 삶의 모든 일이 그렇듯 선택의 갈림길에서 모든 것을 쟁취하기란 쉽지 않은데, 라플라스 방정식은 이러한 삶의 미덕마저 보여준다 하겠다.

$$\left(\alpha = \frac{\partial^2 V}{\partial x^2}\right) < 0$$

$x$축에서 극대점을 찾아가는 방법

06 • 혁명과 프랑스의 요정들

미분이라는 앞을 내다보는 능력을 사용하면 '극대가 되는 지점인 $\alpha$'를 찾을 수 있다. 그러나 바라보는 관점[8]을 옮겨서도 극대를 찾으려고 하면 찾아지지 않는다. 만일 이러한 다른 차원의 변화들이 조화를 이루어 증가와 감소의 변화량이 평형을 이룬다면 그것이 바로 라플라스 방정식이 의미하는 바이며, 그 예로 안장점을 들 수 있다. 또한 주변 환경 조건을 의미하는 경계 조건이 모두 주어진다면 현 상황이 필연적으로 결정될 수밖에 없다는 자연의 법칙을 설명한 것이 라플라스 방정식이다. 그리고 이 과정 속에서 전자기학을 포함하여 역학에서 흔히 사용되는 '스칼라 퍼텐셜 Scalar potential'이 만들어진다.

$$\nabla^2 V = 0,$$

$$Laplacian$$

$$2 - dimension$$

$$\frac{\partial^2 V}{\partial x^2} + \frac{\partial^2 V}{\partial y^2} = 0$$

$$3 - dimension$$

$$\frac{\partial^2 V}{\partial x^2} + \frac{\partial^2 V}{\partial y^2} + \frac{\partial^2 V}{\partial z^2} = 0$$

일반적인 라플라스 방정식의 표현과 2차원 및 3차원에서의 표현식

실제로 이러한 이론은 우리 주변의 열전도 방정식과 파동 방정식에서도 중요하게 다루어지며, 전자기학의 발전에도 지대한 영향을 주게 된다.

$$\alpha \nabla^2 V = \frac{\partial V}{\partial t}$$

라플라스 방정식으로부터 파생된 푸리에의 열전도 방정식

$$c^2 \nabla^2 V = \frac{\partial^2 V}{\partial t^2}$$

라플라스 방정식으로부터 파생된 파동 방정식

$$(\nabla^2 + k^2) V = 0$$

라플라스 방정식으로부터 파생된 헬름홀츠 방정식($k$는 상수이다)

## 에콜 폴리테크니크 출신의 두 거장

에콜 폴리테크니크는 프랑스에서 역사와 전통을 자랑하는 권위 있는 이과 대학이다. 1794년 설립되어 지금까지 군 장교는 물론 수학과 과학을 중점으로 정규과정을 밟은 사람들이 양성되었으며, 정계와 학계로 수많은 엘리트를 진출시켰다. 특히 나폴레옹이 쿠데타를 통해 집권하면서 이 학교가 전성기를 맞는데, 마치 알렉산더 대왕과 그 휘하의 엘리트 장군들이 아리스토텔레스의 자양분을 먹고 자란 것처럼 에콜 폴리테크니크의 학사들도 국가를 위해 헌신할 인재들을 키워나갔다. 장 바티스트 조제프 푸리에(Jean-Baptiste Joseph Fourier(1768~1830) 역시 에콜 폴리테크니크의 설립

1794년 설립된 에콜 폴리테크니크

자 중 한 사람으로서 공학에 기여한 바가 큰 인물이다. 그는 라그랑주나 라플라스와도 교류했으며, 동년배인 나폴레옹과 비슷한 혁명 사상을 공유하고 있었다. 특히 푸리에는 나폴레옹의 쿠데타 이전부터 이집트 원정을 함께할 정도로 돈독한 관계였으며, 얼마 안 가 쿠데타 정부가 들어서자 푸리에는 교수가 되어 수많은 연구를 수행했다.

푸리에는 과거 영국의 뉴턴이 연구했던 열전달 이론을 확장했으며, 이후 독자적인 연구에 매진했는데, 이 과정에서 세상에 등장한 이론이 '푸리에 해석'이었다. 19세기 초, 푸리에는 고체의 한쪽 부분을 뜨거운 물에 담가서 데운 뒤에, 식어가는 과정을 관찰했다. 푸리에는 열 교환이 접촉한 면의 온도 차와 접촉 시간에 비례한다는 뉴턴의 이론을 따랐으며, 열은 고체의 전체 면으로 퍼져나간다는 것을 추론했다. 그리고 경계조건을 구할 수 있는 정적인 상태가 되었을 때를 '삼각함수의 합'으로' 표현했다. 이는 위대하고도 창의적인 접근이었으며, 수학적으로 직교성을 기반으로 열전달을 잘 표현한 방법이었다. 하지만 라그랑주와 라플라스는 푸리에의 논리 전개에 의문을 가짐으로써, 출판이 보류되는 아픔을 겪기도 했다. 결국 푸리에는 1822년이 되어서야 자비로 《열의 해석적 이론The Analytical Theory of Heat》을 출판하게 된다.

논란이 된 엄밀성 문제는 이후 오귀스탱-루이 코시Augustin-Louis Cauchy(1789~1857)와 요한 페터 구스타프 디리클레Johann Peter Gustav Dirichlet(1805~1859)에 의해 해결되지만, 공학적인 측면에서 푸리에의 분석은 매우 유용했다.[9] 마치 어떤 음식의 재료를 하나하나 추출하기 위해 (보편적이라 판단되는) '기준 틀'을 만들어 a, b, c, … 등으로 분해하고 레시피대로 합성하는 과정에 비견할 수 있다. 기준이 되는 틀이 왜 삼각함수인지에 대한 논란은 있으나, 자연현상을 표현하기에는 더할 나위 없었다.

어떤 대상에 대한 푸리에의 '분해하고 조합하는 능력'은 푸리에 해석 이

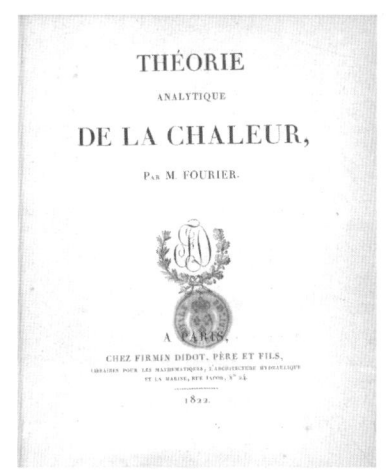

▲ 조제프 푸리에(왼쪽)와 그의 저서《열의 해석적 이론》(1822)(오른쪽)

▶ 푸리에 급수의 도식적 이해: 어떤 특정 파형을 정수배 정현파들의 합으로써 표현 가능한 방법

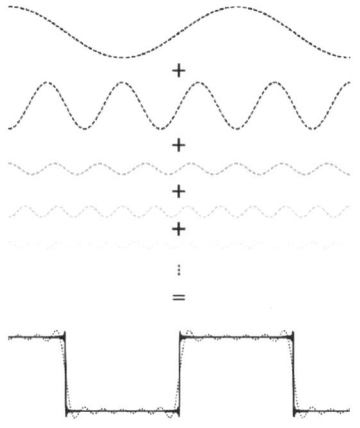

외에도 다른 일화에서 살펴볼 수 있다. 이집트 학자이자 로제타 스톤[10]의 상형문자 번역에 참여한 장 프랑수아 샹폴리옹(1790~1832)은 어린 시절 푸리에에게 발탁되어 전문적인 해독학을 배우게 된다. 그렇게 성장한 샹폴리옹은 이집트 문자를 해독하고 그 공로를 인정받아 이집트로부터 오벨리스크 하나를 선물받는다. 그렇게 힘겹게 프랑스로 옮겨 온 오벨리스크는 혁명과 상처의 상징이었던 광장에 설치되어 평화와 하나 됨을 나타

06 • 혁명과 프랑스의 요정들   185

1836년 콩코드 광장에 오벨리스크가 지어지는 모습

내는 '콩코드' 광장으로 탈바꿈한다.

  1798년 10대의 어린 나이에 에콜 폴리테크니크에 입학한 한 사람이 있었다. 푸리에와 마찬가지로 천재성이 있으며, 당시 이 학교 교수였던 라그랑주와 라플라스의 애정을 한 몸에 받은 그 소년은 시메옹 드니 푸아송 Siméon Denis Poisson(1781~1840)이었다. 푸아송은 학위과정 중에 대수기하학의 정리에 관한 논문을 써서 모두를 놀라게 했으며, 이러한 우수성을 인정받아 졸업 심사에서 최종시험이 면제되기도 하였다.

  푸아송은 20대부터 에콜 폴리테크니크의 조교수로 일했고, 1811년과 1812년 사이에는 자신의 연구 결과인 '대전된 두 개의 구 표면에서 전하가 분포하는 방식'을 발표하여 대상을 받으면서 물리학 분야의 정교수가 된다. 푸아송의 전자기 연구에서 주목해 볼 것은 앞서 언급한 것처럼 1812년 발표된 '대전된 두 개의 구 표면에서 전하가 분포하는 방식'이다.[11] 푸아송이 이러한 연구를 하던 시기는 프랑스 아카데미가 '전기 이중 유체설'을 받아들이고 있었고, 잘못된 개념도 많이 퍼져 있던 때였다. 이러한 오류는 과거 유리전기(+)와 수지전기(−)를 주장한 뒤페의 영향이었지만, 푸아송은 여기서 아주 성숙한 정전기학의 탄생을 이끌어 냈다.

그는 몇 가지의 전제로부터 전하의 분포 방식을 설명했는데, 두 전기의 양이 균등하게 분포되는 자연 상태(중성)와 한쪽의 밀도가 증가하여 교란되는 대전 상태로 구분 지었다. 이때 물체의 정전기적 자연 상태를 유지하기 위해서는 내부에 유체(전기장)가 흐르지 않아야 한다고 생각했기 때문에, 당연한 결과로서 전하는 물질의 표면에 분포할 수밖에 없다는 올바른 결론에 다다른다. 이 과정에서 푸아송은 라플라스의 퍼텐셜 개념을 적극 활용했으며, 그의 조언을 받아가며 구체가 아닌 타원체에 대한 연구로 확장했다. 그리고 왜 뾰족한 도체에서 전하밀도가 높아질 수밖에 없는지도 이론적으로 도출해 냈다. 이러한 성공에 기반하여 1824년 푸아송은 자성을 띤 물체 내부의 문제로 연구를 넓혔고, 여기서 스칼라 자기 퍼텐셜과 자기 모멘트의 개념을, 그리고 자석 근처의 바늘(철)이 어떻게 자화될 수 있는지를 설명해 냈다.

푸아송의 방정식은 전자기 이론의 탄생에 앞서 등장한 정전기학의 표본이라 할 수 있다. 이는 또한 라그랑주와 라플라스의 영향을 이어받아 퍼텐셜을 적극 활용한 것이 흥미로운 점이다. 다만 미분방정식의 특성상 어떤 경계면에서 함수나 도함수가 주어져야 한다는 한계가 있었다. 다행스럽게도 1828년 조지 그린George Green(1793~1841)이 경계조건을 포함하는 적분 형태의 완전한 해를 구하게 된다.[12]

$$\nabla^2 V \neq 0, \qquad \nabla^2 V = -\frac{\rho_v}{\varepsilon_0}$$
푸아송 방정식

푸아송은 주로 새로운 연구보다는 이미 남들이 하고 있던 연구 중에서 해결되지 않은 부분을 파고들곤 했는데, 이러한 그의 연구 방식 때문에 그가 열전도 분야에 발을 내디뎌 결과를 발표했을 때 그의 선배 격인 푸리에와 미묘한 감정싸움이 발생하기도 하였다.[13]

푸아송을 다른 사람의 작업에 적용하기에는 재능이 너무 많습니다. 이미 알려진 것을 발견하기 위해 그것을 사용하는 것은, 그것을 낭비하는 것입니다. ― 푸리에

푸아송은 푸리에와 신경전을 벌이기도 했지만, 특유의 겸손함을 지녔기에 열전도를 연구할 때는 푸리에의 사전 연구를 항상 언급하며 예의를 지켰다. 또한 1830년에는 푸리에의 죽음으로 인한 유체와 열분자 운동에 대한 연구 공백을 메꿨으며, 1831년에는 유체역학사에 중요한 의미를 갖는 나비에-스토크스 방정식의 원형을 도출하기도 하였다.[14]

# 07
# 에너지 보존, 그 기원에 대하여

## 산업혁명과 루나 소사이어티

흔히 '이상한 괴짜'를 일컬어 루나틱lunatics이라 한다. 영화 〈해리포터〉 시리즈에 나오는 이상하고 괴짜 같은 소녀의 이름이 '루나 러브굿'인 것도 이러한 문화적 배경이 반영된 것이라 할 수 있다. 18세기 영국에서는 프랑스의 계몽주의자들이 활동하던 살롱처럼 '특수한 모임'이 형성되었는데, 그것이 바로 '루나 소사이어티'였다. 영국의 괴짜 같은 계몽주의자들이 깊은 밤까지 자유로운 토론을 한 뒤, 집에 돌아가는 길에 밝은 보름달을 등불 삼은 데서 유래된 이름이다. 의사, 사업가, 과학자 등으로 구성된 평범한 사교 집단이었지만, 이 모임에 참가한 회원들은 후에 굵직한 종적을 남긴 사람들이라 할 수 있다. 케임브리지와 에든버러에서 공부한 에라스무스 다윈Erasmus Darwin[1](1731~1802), 무기 제조업자 새뮤얼 골턴Samuel John Galton Jr.(1753~1832), 도자기 산업화의 아버지인 조사이아 웨지우드

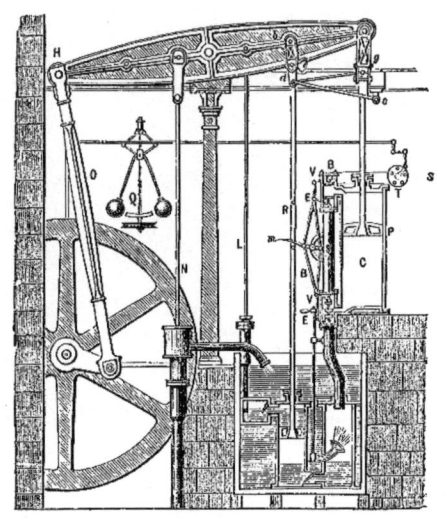

1774년 볼턴과 와트의 증기기관

Josiah Wedgwood(1730~1795), 부유한 제조업자 매튜 볼턴Matthew Boulton(1728~1809), 산업화를 이끈 증기기관의 제임스 와트James Watt(1736~1819), 산소를 발견한 조지프 프리스틀리Joseph Priestley(1733~1804)[2]가 대표적이다. 루나 소사이어티와 교류한 인물로 벤저민 프랭클린, 비틀림 저울의 고안자 존 미셸, 석회석에 붙잡혀 있던 기체인 이산화탄소의 발견자 조지프 블랙Joseph Black[3](1728~1799), 그리고 헨리 캐번디시 등도 있다.

이들이 만든 소사이어티는 학술적 성향의 왕립학회와는 결을 달리했다. 기록에 따르면 그들이 보여주는 모습은 공학적 사고의 표본이었으며, 실제로도 이론보다는 응용 기술에 관심이 많았다. 제조업자에, 고온에서 도자기를 다루는 사람에, 압력과 기체에 관심이 많은 사람들답게, 그들이 불러온 바람은 '산업혁명'이라는 태풍이 되었다.[4] 제임스 와트는 1763년에 뉴커먼 기관을 수리하면서 기존 증기기관의 효율을 높이고자 '별도의 응축기 장착' 기술을 개발하고자 했다. 이 과정에서 피스톤의 상하 운동 모두를 이용할 수 있는 고효율 장치가 고안되었다. 결국 이러한 결과물들

1791년 버밍엄
(프리스틀리) 폭동

은 철도의 아버지라고 불리는 조지 스티븐슨George Stephenson(1781~1848)에게로 이어져 증기기관차가 제작되고, 산업혁명의 토대가 만들어졌다. 영국의 괴짜 과학자들에 의해 열에너지가 운동에너지로 전환되기 시작한 것이다.

그러나 안타깝게도 루나 소사이어티는 프랑스 혁명의 여파로 그 명맥을 잃게 된다. 계몽주의 사상에 기반했던 모임이었기에 프리스틀리는 프랑스 혁명을 공개적으로 지지했는데, 혁명의 여파로 위기감을 느낀 영국 사회와 선동된 민중들은 폭동을 일으켜 프리스틀리를 쫓아내기에 이른다. 이 과정에서 볼턴과 와트 역시 위협을 받았다. 다행히 회사의 직원들을 무장시킴으로써 막아낼 수는 있었지만, 이러한 여파로 1791년부터 루나 소사이어티가 와해되기에 이른다.

1844년 독일의 철학자이자 경제학자인 프리드리히 엥겔스Friedrich Engels (1820~1895)가 언급한 '산업혁명'[5]이라는 말은 인류사에서 빼놓지 않고 등장하는 시대의 전환점이며, 그 시대를 잘 묘사하는 표현이다. 영국에서 시작된 산업혁명은 기술의 혁신은 물론, 기계화를 통해 새로운 제조 공정이 등장하면서 사회·문화·정치·경제 등의 큰 변화가 이루어진다. 그 시작점에서는 제임스 와트를 포함하는 루나 소사이어티의 활동이 있었으며, 그 이전부터 영국의 수차례에 걸친 시민혁명을 통해 부르주아 계층들이 성장할 수 있는 토양이 갖추어져 있었다. 하지만 유럽의 많은 국가들이 영국과 같이 산업혁명이 일어날 수 있는 환경은 아니었다.

## 에너지 보존 법칙의 연구자들

산업혁명이 일어나던 1760년부터 1820년, 프랑스는 혁명으로 인해 왕정과 공화정이 뒤바뀌던 혼란한 시기였다. 하지만 나폴레옹의 등장 이후, 에콜 폴리테크니크에서는 과학 엘리트들이 양성되면서 새로운 국면을 맞는다. 에콜 폴리테크니크의 학자들은 이론과 응용 기술에 관심을 갖고 증기기관의 개발을 주도하였다. 특히, 영국과의 전쟁에서 나폴레옹이 패배하자, 근본적인 원인으로서 증기기관의 개발에 뒤처졌기 때문이라고 생각한 사디 카르노Sadi Carnot(1796~1832)는 1824년에 저서 《불의 동력과 그 동력을 발생시키는 기계에 대한 고찰》을 발표하였다. 당시로서는 주목도 받지 못했고 팔리지도 않았던 책이지만, 이상적인 열기관을 도입하여 효율은 작동유체(증기, 물, 휘발유 등)와 유체들의 작동 원리에 상관없이 오로지 '온도'라는 물리량에만 의존한다는 것을 주장하였다. 또한 카르노는 상태라는 현상을 중요하게 생각했는데, 열은 뜨거운 것에서 차가운 것으로 이동하며 그때에만 힘을 얻을 수 있다는 개념을 설파하였다. 이것이 바로 열역학 제2법칙의 토대였다(자연의 대부분은 비가역적이며, 에너지가 열로 흩어지거나 무질서가 증가하여 되돌릴 수 없음을 말한다).

비교적 주목을 받지 못한 카르노의 연구는 에밀 클라페롱Émile Clapeyron (1799~1864)이 바통을 넘겨받게 된다. 1832년 카르노가 젊은 나이에 콜레

사디 카르노(왼쪽)와 그의 저서 《불의 동력과 그 동력을 발생시키는 기계에 대한 고찰》(1824)(오른쪽)

라에 걸려 죽자, 연구 기록을 포함한 그의 모든 소지품이 불태워질 위기에 처한다. 카르노의 연구 내용을 공유하고 있던 클라페롱은 이를 막아 그 명맥을 이어갈 수 있게 했다. 그는 1834년 《열의 동력에 관하여》를 통해 카르노의 일반화된 열기관을 설득력 있게 알렸다. 열역학의 발전이 전자기학과 연결되는 중요한 지점은 바로 소비되는 '열과 에너지 보존 법칙'이라고 할 수 있다.

1842년에는 기계론적 해석에 관심을 두던 의사, 율리우스 로베르트 폰 마이어(Julius Robert von Mayer(1814~1878)가 처음으로 에너지 보존에 관한 내용을 언급하였다.[6] 마이어는 더운 열대지방에서는 체온 유지를 위한 에너지 소비가 추운 지방에서보다 적다는 것을 알게 되었고, 의사로서 일련의 경험을 토대로 고립된 시스템에서는 기계적인 에너지가 일정하게 유지된다는 것을 발표하였다.

하지만 지금의 열역학 제1법칙으로 만든 사람은 헤르만 루트비히 폰 헬

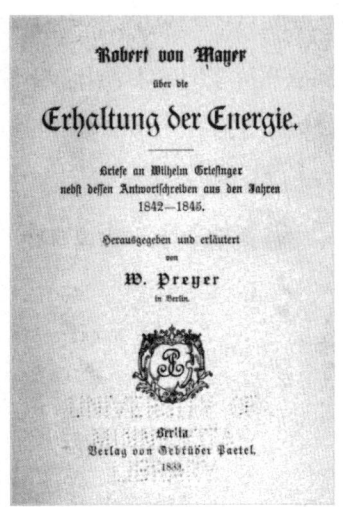

마이어(왼쪽)과 그의 저서 《무생물 자연 힘에 관한 고찰》(오른쪽)

름홀츠Hermann von Helmholtz(1821~1894)였다. 헬름홀츠는 마이어와 유사하게 의학을 전공한 박사였으며, 근육 대사를 연구하면서 에너지 보존 법칙을 떠올렸다. 1847년에 그는 기념비적인 저서 《힘의 보존에 관하여Über die Erhaltung der Kraft》를 발표한다. 마이어와 마찬가지로 아직은 에너지라는 관점이 정립되기 이전이어서 독일어로 '힘'을 나타내는 단어인 'Kraft'를 통해 보존 법칙을 설명했다. 이후 1850년에는 루돌프 율리우스 이마누엘 클라우지우스Emanuel Clausius(1822~1888)가 열의 역학적 의미를 설명했으며, 이에 열역학의 기본이 되는 절대온도, 엔트로피, 엔탈피 개념이 탄생할 수 있었다. 클라우지우스는 엔트로피의 기호로 이 모든 연구의 동기를 제공해 준 사디 카르노의 이름에서 딴 S를 채택함으로써 그에 대해 감사함을 표현했다.

산업혁명의 시기를 보내면서, 일을 가능하게 하는 '힘'보다 더 근본적인 것에 대해 사람들이 고민하기 시작했다. 그것이 바로 '에너지'였다. 에너

에너지 보존 법칙에 기여한 헬름홀츠(왼쪽)와 클라우지우스(오른쪽)

지를 가장 직관적으로 볼 수 있었던 것은 '열'이었으며, 열에 의한 동력 장치로서 에너지의 소비를 보여준 것이 증기기관이었다. 그리고 연구가 확장됨에 따라, 몇몇 깨어 있는 사람들은 더 넓은 의미의 에너지를 탐구하고자 했다.

## 렌츠의 법칙

과거에 패러데이는 수학적 재능은 없었지만 뛰어난 직관력으로 실험을 수행했다. 그로서는 붙잡고 매달릴 수 있는 지식이 오로지 실험 관찰이었기 때문에 간절함으로 이론과 실험이 일치되기를 바랐다. 뉴턴주의에 뿌리를 둔 이론가들이 당시로서는 불분명한 '전류'나 '직선의 원격작용'을 아무 거리낌 없이 남용할 때 패러데이는 그것에 죄의식을 느꼈으며, 조심스러운 접근으로 '역선line of force'에 관해 연구를 진행했다. 패러데이는 평생에 걸쳐 비주류의 길을 걸었으며, 직선의 원격작용이 아닌 '실재하는 힘의 작용선인 곡선'을 주장했다.

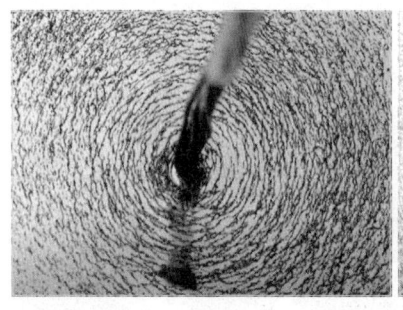 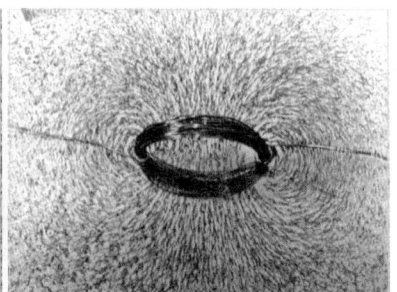

도선 주위의 공간상에 퍼진 역선

데이비의 영향으로 패러데이는 전자기 연구에서 철가루를 적극적으로 활용했다. 그것은 전기적인 힘과 자기적인 힘이 실제로 공간상에 명확히 존재하는 것을 확인시켜 주는 유용한 도구였다. 패러데이의 생각은 단순했다. 전자기적 현상이 발생할 때 철가루를 움직이게 하는 물리적 현상은 그동안 가상의 개념처럼 다루어지던 '힘force'이었고, 힘이 공간상에 퍼져 있는 것을 '장field'이라 했다. 오랜 시간 동안의 연구를 통해 내린 결론임에도, 패러데이는 자신이 정의한 용어가 혼란을 야기할지도 모른다는 걱정을 했다. 패러데이는 1850년에 이르러서야 다른 가상 유체이론과 달리 자신이 말하는 것들이 실존하는 힘과 공간임을 확신하게 되었다. 이뿐만이 아니라 그는 공간상에 퍼져 있는 힘의 전체 다발에 '중요한 의미'가 있을 것이라는 추측을 했다.

패러데이의 이러한 생각보다 더 앞서 나간 사람이 있었다. 1831년에 패러데이가 전자기 유도 법칙을 발표한 지 얼마 지나지 않아, 상트페테르부르크(당시 독일) 출신의 교수가 유사한 연구를 발표했다(1834). 그에 대한 기록이 많지 않지만, 남은 기록은 그 가치가 상상을 불허한다. 그는 바로 하인리히 렌츠Heinrich Friedrich Emil Lenz(1804~1865)이며, '렌츠의 법칙'으로 유명하다. 렌츠는 패러데이보다 심도 깊은 전자기 유도 현상을 검토했다.

하인리히 렌츠

패러데이와 마찬가지로 공간상에 퍼져 있는 자기력선, 즉 자기장에 관심을 가졌으며, 자기장이 변화할 때 도선에 전류를 유도하는 것을 발견했다. 렌츠의 관찰력은 여기서 멈추지 않았다. '역선의 변화로 유도전류가 발생했다면, 유도전류에 의해서도 또 다른 역선들이 공간상에 나타나야 하지 않을까?' 이것이 렌츠의 생각이었다. 신기한 것은 렌츠가 발견한 전자기 역선의 움직임이 마치 관성처럼 움직이는 것이었다.

거리가 가까워짐에 의해서든 아니면 시간의 변화에 따라서든, 자기장의 세기가 커지면 유도전류에 의한 자기장은 이를 억제하는 방향으로 생성되었고, 자기장의 세기가 작아지면 유도전류에 의한 자기장은 이것을 보상하는 방향으로 생성되었다. 렌츠가 발견한 것은 자연의 균형이었다. 얼핏 보면 아라고의 회전과 패러데이의 맴돌이 전류와 같아 보이지만, 가려진 커튼 뒤에서 렌츠가 가져온 진리는 다른 것이었다. 정해진 공간상에서 균형을 이루고 보존되는 장, 렌츠는 '에너지 보존 법칙'의 원리를 찾은 것이었다. 현대의 우리는 렌츠의 업적을 기리고자, 전기회로에서 (관성

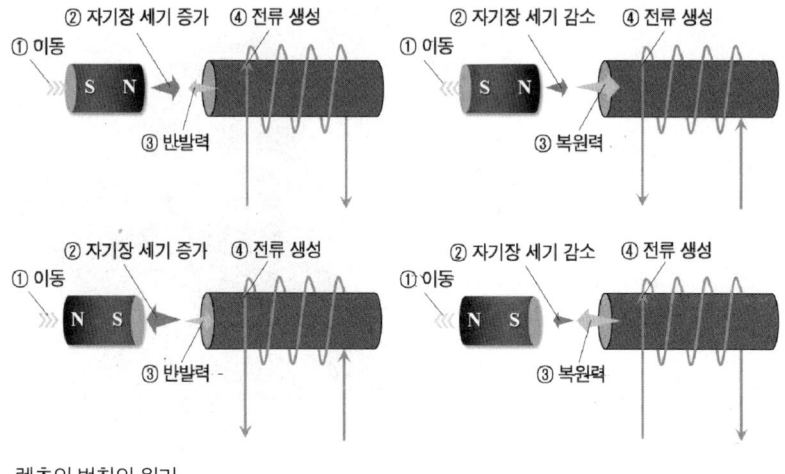

렌츠의 법칙의 원리

inertia의 역할을 하는) 인덕턴스의 약자로서 Lenz의 L을 사용하고 있다.

## 일과 에너지 그리고 열의 연구

영국에서 이중슬릿 실험으로 유명해진 토머스 영은 라이프니츠의 활력의 개념이 오해를 불러일으킬 수 있다고 판단했고, 그리스어로 '일을 할 수 있게 하는 것'이란 뜻의 ergon으로부터 '에너지'라는 새로운 용어를 만들어 냈다.[7] 이 덕분에 모호하고도 가상적인 '힘'과 '에너지'가 다른 것으로 인식될 수 있었다. 1829년에는 에콜 폴리테크닉의 코리올리에 의해 현대의 개념과 같이, 에너지는 $mv^2$에서 $\frac{1}{2}mv^2$으로 수정됐다. 그러나 독일에서는 에너지라는 개념이 생소했으며, 힘과 에너지가 혼동되어 쓰이곤 했다. 이후 '위대한 캘빈 경'이라고 불린 윌리엄 톰슨 William Thomson(1824~1907)은 독일에서 전해지는 힘kraft이 사실은 에너지를 말하는 것임을 깨닫고 단위와 기호의 통일에 앞장선다. 이후 체계화된 개념은 열역학을 재

'위대한 캘빈 경' 윌리엄 톰슨(왼쪽)과 프레스콧 줄(오른쪽)

정립하는 데 큰 도움을 준다. 그 과정에서 엘리트였던 톰슨은 부유한 양조업자의 아들인 제임스 프레스콧 줄James Prescott Joule(1818~1889)과 특별한 인연을 맺기도 한다.

  어린 시절 줄은 집이 부유했던 덕분에 존 돌턴John Dalton(1766~1844)의 밑에서 수학할 수 있었다. 줄의 개인 교사였던 돌턴은 1808년에 원자설을 주장하며 명성을 얻었던 인물이었다. 당연하게도 훌륭한 스승 아래서 풍부한 자양분을 흡수한 그는 자연스럽게 과학에 친밀감을 느꼈다. 성장한 줄은 가업을 이어받았으나, 이보다는 응용 학문에 더 관심을 가졌다. 물론 가업에도 신경을 썼으며, 그 과정에서 양조업장에 설치된 증기기관을 대체하고자 전기 모터에 대해 연구를 하게 되었다. 하지만 전기 모터에서 발생하는 열이 항상 문제였는데, 이것을 면밀히 조사하던 줄은 전류에 의한 발열(손실)이 전류의 제곱과 저항에 비례한다는 줄-렌츠의 법칙을 발견했다.[8]

줄은 다소 직관적으로 움직였고, 실험에 대한 열정에서는 패러데이와 유사한 점이 많았다. 수많은 실험을 통해 줄은 일(에너지)의 형태가 열(에너지)로서 환원될 수 있다는 생각을 하게 된다. 그리고 이 과정에서 당시로서는 파격적인 '에너지 보존' 개념을 주장한다. 줄은 학회에 참석하여 그의 생각을 발표했는데, 깔끔하게 정리되지 않았고 생소한 주장이었기 때문에 무시당했다. 학계에서는 한낱 양조업자가 주장하는 말도 안 되는 궤변으로 치부하였다. 다만 윌리엄 톰슨은 교수나 귀족들이 즐겨 하던 학문에 관심과 열정을 보이는 양조업자 줄을 흥미롭게 생각했다. 그러나 대부분의 사람들은 줄의 생각을 거부했기에, 줄은 자신의 가설을 관철시키고자 스위스로 떠난 신혼여행에서 폭포의 상단과 하단의 온도를 측정하는 수고를 아끼지 않았다.

줄의 생각으로는 퍼텐셜에 의해 떨어지는 폭포의 운동은 열로 변환되어 하단부의 물 온도를 상승시킬 것이며, 상부보다 높은 온도가 측정될 것으로 예상했기 때문이었다. 하지만 그의 예상은 보기 좋게 빗나갔다. 그것이 설령 올바른 생각일지라도 실험으로서 큰 차이를 증명해 내기란 어려운 일이었다. 당시 스위스로 휴가를 온 톰슨은 우연히도 이 광경을 목격하고, 신혼여행에서조차 실험에 대한 열정을 보인 줄에게 두 손 두 발을 다 들게 된다. 그렇지 않아도 학회에서 줄의 발표에 흥미를 느꼈던 톰슨은 이후 줄과의 협력관계를 형성한다. 처음에는 톰슨도 줄이 말한 일 에너지의 열적 환원을 받아들이지 않았지만 점차 그의 의견을 수용하게 되었고, 실험은 줄이 맡고 결과 분석은 톰슨이 도맡는 분업 관계를 만들어 냈다. 이후 둘은 협력관계를 유지하며 의미 있는 결과들을 쏟아 냈다. 대표적인 예로 에어컨과 냉장고 등 냉매의 냉각에 사용되는 실용적인 이론인 '줄-톰슨 효과'의 발견을 들 수 있다. 둘의 업적을 기려 일, 즉 에너지의 단위에는 Joule의 J가, 절대온도의 단위에는 톰슨의 작위명인 Kelvin의

앞 글자 K가 채택되었다. 온도의 단위에 그의 이름이 사용될 정도로 윌리엄 톰슨의 열에 관한 기여는 상당하다 할 수 있다.

윌리엄 톰슨은 1851년 '톰슨 효과'라고 부르는 열전thermo-electric 효과를 발견했는데, 동일한 금속 양 끝에서 온도 차이를 만든 뒤에 전류를 흘리면, 줄-렌츠의 법칙에 의해 발생하는 줄열 외에도 추가적

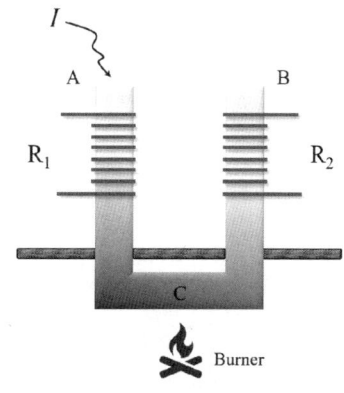

윌리엄 톰슨의 말굽 실험(톰슨 효과)

인 발열과 흡열이 발생한다는 것을 입증한 것이었다. 먼저 톰슨은 말굽 모양의 도체에 저항 $R_1$과 $R_2$를 갖는 도선을 설치한 뒤에 말굽의 C 지점을 가열하였다. 이후 열은 C에서 A와 B로 전달되었고, 위치에 따른 열의 그러데이션을 보였다. 이때 A에서 B로 전류를 인가하자 $R_1$이 $R_2$보다 높은 저항을 보였고 불평형이 나타났다. 이것은 A에서는 열이 방출되고 B에서는 열이 흡수되는 것을 방증했다.

톰슨의 이러한 발견은 굉장히 새로울 수 있으나, 사실은 이보다 앞서 열과 전기의 관계를 연구한 선대 요정들이 있었다. 독일 괴팅겐 대학의 물리학자였던 토마스 요한 제베크Thomas Johann Seebeck(1770~1831)는 코펜하겐의 실험을 재현하면서 칸트의 사상을 떠올렸다. 전기가 자기를 발생시켰듯이 열도 자기를 발생시킬 수 있을 것이라는 강한 확신을 얻었고, 독창적인 실험 끝에 제베크는 신기한 결과를 얻어내게 되었다. 철과 구리선으로 연결된 접합부에 온도 차이를 발생시켰더니 그 아래에 있던 나침반이 움직이는 것을 목격한 것이다. 제베크는 곧장 열이 자기력을 발생시킨다고 발표했다. 이 소식을 전해 들은 외르스테드는 온도 차이가 전류를

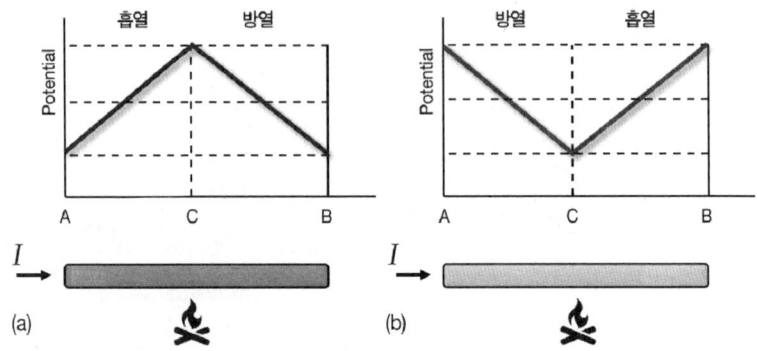

흡열과 방열을 포함하는 톰슨 효과의 원리: (a) 구리의 +톰슨 효과, (b) 철의 −톰슨 효과

발생시킨 것이고, 그 전류에 의해 발생한 자기 현상이 나침반에 영향을 주었다고 정정했다. 그리고 이것이 '제베크 효과'의 탄생이었다. 외르스테드의 연구에 영감을 받아 패러데이가 자기 현상도 전류를 유도할 수 있을 것이라 생각한 것처럼, 물리 현상을 바라보는 많은 관점이 뒤집히게 되었다. 특히 프랑스의 시계 판매상이었던 장 샤를 아타니스 펠티어Jean Charles Athanase Peltier(1785~1845)도 이러한 성공에 영감을 받아 제베크의 실험을 반대로 도전해 보았다. 1834년 펠티어는 서로 다른 두 도선을 접합한 뒤에 전류를 흘려, 평형하지 않은 열이 발생하는 것을 확인했는데, 한쪽에서는 열의 방출이, 다른 한쪽에서는 열의 흡수 현상이 발생했다. 이로써 전기와 냉각 효과의 연결고리를 찾게 된 것이다. 톰슨의 남다른 점은 선대의 연구를 알고 있었다는 점에 있다. 그리고는 자신의 직관을 이용하여 선대의 연구에서 사용한 '서로 다른 금속의 접합'이라는 개념을 제외한 채 전기와 온도의 관계에 집중하였고, 제베크와 펠티어 효과를 재현해 낼 수 있었다.

## 에너지 보존 법칙에 대한 고찰

보존 법칙과 관련해서는 이미 뉴턴과 라이프니츠 시대에 격돌이 있었다. 데카르트와 뉴턴이 주장했던 운동량 보존과 라이프니츠가 주장한 활력vis viva, living force,[9] 즉 에너지 보존 법칙은 정치적 이해관계로 인해 흑백논리로 맞서던 시절이었다. 볼테르를 통해 뉴턴 역학이 프랑스에 전해지자, 역학체계를 면밀히 들여다보던 에밀리 뒤 샤틀레 부인은 뉴턴이 아닌 라이프니츠의 이론에 관심을 보이며, 운동에너지가 속도 제곱에 비례한다는 사실을 밝혀낸다. 그녀는 라그랑주 이전에 이미 역학적 에너지의 토대를 마련했던 바 있다. 샤틀레 부인 이후에는 달랑베르가 나타나, 운동량과 에너지는 서로 다른 것이며, 힘을 중심으로 시간에 기준을 두었는지 혹은 거리(공간)에 기준을 두었는지로 결정된다고 설명했다.

  이론의 눈부신 발전도 있었지만, 에너지 보존 법칙을 마주한 사람들은 실험에 능통하거나 기술을 다루는 엔지니어였기에 수준 높은 공학 기술을 구사하면서 많은 사람들이 호기심의 지평을 넓힐 수 있었으며, 그것이 정점에 다다른 1840년대에는 하나로 귀결되는 다양한 생각이 등장하기 시작한다. 양조업자로서 증기기관과 전기 모터를 연구한 줄은 에너지 보존의 개념을 떠올렸고, 내용을 발표하자 세상은 저항하기 시작한다. 마치 데카르트가 보텍스-에테르를 주장했을 때나 오일러와 베르누이가 이 세상에 존재하는 저항을 무시했을 때처럼 극심한 반발이 일어났다. 우리가 경험하는 세상에서 '영구기관'이란 없다. 필연적으로 저항 성분이 존재하기에 에너지는 보존될 수 없었다. 그럼에도 공학자들은 점차 효율을 개선해 갈수록 그것들이 가리키는 곳이 효율 100퍼센트, 즉 보존에 관한 지점이라는 것을 직감한다. 어쩌면 이후에 우리가 받아들이게 되는 '에너지 보존 법칙'은 우리가 다가서지 못한 한계에 대한 관념적인 대전제라고 할

수 있다. 그렇게 줄은 극복할 수 없는 한계 앞에서 뉴턴과 같이 다시 한번 신을 과학에 불러온다.[10]

신이 이 세상을 창조한 이래로 새롭게 생성되지도, 소멸하지도 않는다.

사람들은 줄의 주장에 반발했다. 하지만 그의 주장에 동감해 과학적 근거를 제시한 사람이 있었다. 아직 서른도 안 된 헬름홀츠가 렌츠의 연구 결과를 토대로 에너지 보존 법칙을 주장한 것이다. 그의 저서《힘의 보존에 관하여》는 활력과 힘(에너지), 열과 전자기를 다루었는데, 그는 여기서 렌츠의 연구를 인용하며, 배터리로부터 나오는 전기에너지는 열(손실)과 전자기 유도에 의한 에너지로 구성된다고 주장했다. 여기에 더해 그는 패러데이와 렌츠의 전자기 유도를 에너지 보존 관점에서 정량적으로 제시함으로써, 왜 전자기 유도에 의해 무한한 자기장이 생성되지 않는지를 설명했다.
"전자기 유도 과정에서 발생한 전체 일의 양은, 회로 내의 전류를 증가시키기 위한 자기 퍼텐셜 에너지의 변화량과 같다."
기존 학자들은 이러한 주장에 난색을 표했지만, 헬름홀츠는 윌리엄 톰슨의 도움으로 푸아송의 자기 퍼텐셜 이론을 접목하였고 에너지 보존 원리가 전기와 자기 현상과 어떻게 잘 결합할 수 있는지를 설명해 냈다. 에너지 보존 법칙은 과학이 믿는 하나의 대전제이다. 실제로 완벽히 경험해 보지 못한 진리이며, 이러한 믿음을 전제로 과학은 뿌리를 내리게 되었다.

## 08
# 화려하지 못했던 맥스웰 방정식의 등장

### 독일의 원격작용론자들

독일 프로이센의 칸트가 자연에 존재하는 모든 법칙의 유기적인 관계에 대하여 화두를 던진 후, 외르스테드의 실험과 함께 에콜 폴리테크니크의 앙페르, 비오, 사바르, 푸아송 등이 발 빠르게 연구에 매진하여 전자기학에 기여한다. 연구 결과가 전 유럽에 퍼지자, 독일의 학자들도 전자기 연구에 매료된다. 또한 1831년 패러데이의 전자기 유도 실험과 1834년 렌츠의 실험을 통해 환원주의와 통합이론에 불이 붙기 시작한다.

빌헬름 에두아르트 베버Wilhelm Eduard Weber(1804~1891)는 독일 전자기학의 기초를 다진 인물이다. 당시 멈춰 있던 전기학, 즉 정전기 이론에는 '변화'라는 개념이 없었는데, 동적 이론을 만들어 내고 통합하는 과정에서 베버가 기여한 바가 크다. 그는 유체역학의 기본 법칙을 공식화할 정도로 기본 배경이나 수학적 체급이 우수한 사람이었다. 당대 최고의 수학자였

빌헬름 에두아르트 베버(왼쪽)와 프리드리히 가우스(오른쪽)

던 카를 프리드리히 가우스Carl Friedrich Gauss(1777~1855)조차도 물리학을 강의하는 '그 젊은 과학자'의 잠재력에 감탄했다고 한다. 가우스는 뒤늦게 응용 학문에 관심을 보여 베버와 함께 지구의 자기 특성에 관해 연구를 수행했는데, 협력을 통해 돈독해진 가우스는 베버가 괴팅겐 대학의 물리학 교수가 되는 데 큰 도움을 준다.[1]

1833년에 두 사람은 괴팅겐 자기협회Magnetische Verein를 세우고, 여기서 전자기 현상이 '원격작용'임을 강하게 주장하기 시작한다. 이러한 믿음은 이론에서 시작되었을 뿐만 아니라 실험적 결과물이기도 하다. 두 사람은 배터리가 연결된 3,000미터의 전송선을 설치한 뒤, 전송선 양쪽 끝에서 자기 현상이 동시에 관측되는 것을 보고 원격작용이라고 생각했다(이상적으로 도체 내에서의 전파 속도는 빛의 속도와 거의 같으므로, 오감을 통해 인지할 경우 원격작용처럼 느낄 수 있다). 가우스는 이러한 원격작용의 힘을 수학적으로 계산하기 위해 발산divergence에 관한 정리를 발표하는데, 이것이 바로 '가우스의 법칙'이다(가우스의 법칙이라고 이름 붙인 사람은 맥스웰이다).

$$\oint_{\partial D} F \cdot dS = \int_D \nabla \cdot F \, dV$$

$$\text{where} \, \nabla \cdot F = \frac{\partial F_1}{\partial x_1} + \frac{\partial F_2}{\partial x_2} + \cdots + \frac{\partial F_n}{\partial x_n}$$

가우스의 법칙(1835): 수학적 기법은 1813년 발표되었으며, 전기와 자기에 대한 물리 연구를 수행하면서 해당 정리의 필요성을 느낀 가우스는 1835년에 다시 발산정리를 고안해 낸다. 완전한 형태의 가우스의 법칙은 1877년에 제자들에 의해 재발간된 논문에서 등장한다.[2]

가우스의 법칙은 그릇(부피)에 담긴 내용물의 양을 구하는 방법으로, 잘게 자른 면적의 양을 누적(적분)하면 동일한 부피의 양을 구할 수 있는 이론이다. 재미있는 점은 이렇게 구한 전기나 자기적인 힘이 쿨롱과 비오-사바르가 구한 식과 동일한 결과를 보여준다는 점이다. 이러한 수학적 성과로 인해 가우스와 베버는 세상을 원격작용으로 바라보게 된다. 이러한 이론을 적극적으로 수용한 사람이 한 명 더 있었는데, 그는 광물학자 프란츠 에른스트 노이만Franz Ernst Neumann(1798~1895)이었다. 그는 패러데이와 렌츠의 실험 결과를 앙페르의 관점으로 해석하여 그만의 독특한 '유도 전류 이론'을 고안했다. 노이만은 앙페르의 실험에서 힌트를 얻어, 닫혀 있는 두 개 코일 사이의 관계, 즉 전자기 유도 현상을 '벡터 퍼텐셜'로 설명했다.[3]

$$A(r) = \frac{\mu_0}{4\pi} \oint \frac{I_j dL_j}{|L - L_j|}$$

노이만의 벡터 퍼텐셜 이론: 전류에 의한 자기장을 벡터 퍼텐셜 $A$로 표현한 식

$$\Phi_1 = \oint A_j(r) \cdot dL_i$$

자기선속: $j$개의 자기장이 닫힌 면을 얼마나 가로질러 가는지를 표현한 식

푸아송이 전기적 현상을 설명하기 위해 '스칼라 퍼텐셜'이라는 도구를 사용한 것처럼, 노이만은 벡터 퍼텐셜을 적용한 것이었다. 1840년 후반에

다다르면 독일 물리학의 위상은 영국을 앞지르기 시작한다. 이론의 체계를 구축한 독일은 마치 과거의 프랑스가 미터법을 포함한 '국제 표준 단위계'를 주도했던 것같이, 베버를 중심으로 '전기의 표준 단위 작업'을 주도한다. 당시 독일의 과학 수준이 얼마만큼의 지배력을 가지고 있었는지 보여주는 단적인 예라고 할 수 있다.

한편, 노이만은 전자기학 체계를 구축함과 동시에 독일의 후학 양성에 힘을 쏟는다. 후에 구스타프 키르히호프Gustav Robert Kirchhoff(1824~1887)와 같은 걸출한 인물을 길러냈으며, 전기회로에 적용되는 '키르히호프의 법칙'이 탄생할 수 있었다. 당시 독일의 물리학계는 전자기학을 설명하는 체계의 근간이 설령 원격작용일지라도 수학적으로 잘 설명됐기에, 철학적인 고민보다는 응용 분석 쪽으로 시선을 돌렸다.

## 옴의 법칙과 동시 발견자들

1820년 앙페르와 마찬가지로 전기의 흐름과 전도 가능성을 추측했던 독일의 수학자 게오르크 시몬 옴Georg Simon Ohm(1789~1854)은 독일의 중고등 교육기관인 김나지움에서 일하고 있었다. 그는 에콜 폴리테크니크의 연구를 스스로 독파했으며, 푸리에의 연구에 특히 관심을 가졌다.

1820년 외르스테드의 실험과 1822년 푸리에의 열전도 연구를 보고, 옴은 직감적으로 전류에 대한 어렴풋한 도안을 떠올렸다. 어쩌면 그는 윌리엄 톰슨보다도 먼저 전자기 현상과 푸리에 연구의 관련성을 짐작했을 수 있다. 1825년 옴은 과학적 결실을 얻기 위해 실험에 매진했다. 먼저 서로 다른 길이의 도선을 다수 준비한 뒤, 도선을 바꿔가면서 동일한 배터리에 연결했다. 그 후 도선 주위의 전자기력의 세기를 살펴봤는데, 도선의 길이가 길어질수록 전자기력의 세기가 감소하는 것을 발견하고 이를 발표했다. 1826년에는 드디어 푸리에의 열전도 모델을 적용하여 수학적으로 설명했고, 전기전도에 대한 종합적인 이론을 선보였다. 1827년에는 '인접 작용'에 의한 전기 전달 이론을 토대로 《수학적으로 기술된 갈바닉 체인Die galvanische Kette, mathematisch bearbeitet》이라는 저서를 발표했고, 여기에 등장하는 이론이 지금의 '옴의 법칙'이다.

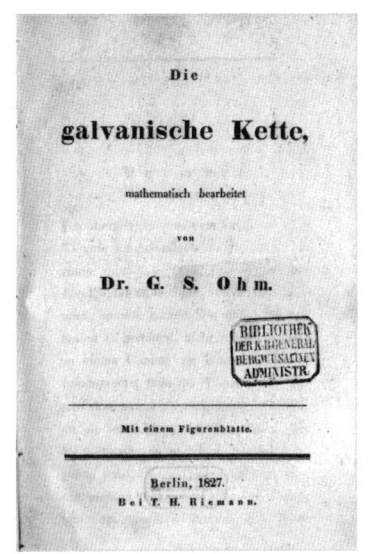

1827년 옴의 법칙이 등장한 《수학적으로 기술된 갈바닉 체인》

그러나 옴의 연구는 오랫동안 주목받지 못했다. 프랑스에서는 앙페르, 독일에서는 가우스와 베버가 원격작용으로서 전자기 현상을 설명하고 있었기에, 이미 잘 구축된 이론의 인접 작용이라는 것은 환영받지 못할 이론이었다. 그러다가 시간이 지나서 가상 유체 이론을 제시한 케임브리지 출신의 맥스웰이 '옴의 법칙'을 재조명했다.

비슷한 시기에 프랑스의 클로드 마티아스 푸이에Claude-Mathias Pouillet (1790~1868)가 옴의 법칙과 같은 원리를 독립적으로 연구하고 있었다. 푸이에는 유체 압력에 관한 해석을 전기역학에 적용하였고, 전압과 전류 그리고 저항에 관한 연구에서 큰 성과를 보였다. 전기 전도도와 도선의 단면적, 그리고 길이에 의해 정해지는 오늘날의 저항식을 도출했는데 이것을 '푸이에의 법칙'이라고 한다.

프랑스 학자들의 주장에 따르면, 옴의 법칙은 이론적으로 도출되었지만 푸이에의 법칙은 금속 실험을 통해 얻어졌기 때문에 보다 일반화된 식이라고 볼 수 있다. 또한 푸이에는 회로 전체에 적용한 뒤 옴의 법칙을 재발견한 것이기 때문에, 푸이에의 결과가 옴의 결과보다 늦게 발표되었을 지라도 그 의미와 공로를 폄하할 수 없다고 프랑스 학자들은 주장했다.[4]

$$R = \frac{V}{I}, \quad R = \frac{\ell}{\sigma A}$$

전압 $V$, 전류 $I$, 저항 $R$로 표현된 옴의 법칙(왼쪽)과
도선의 길이 $\ell$, 전도도 $\sigma$, 면적 $A$로 표현된 푸이에의 법칙(오른쪽)

옴의 법칙은 시간이 지나 1845년에 일반화된 형태를 갖게 된다. 당시 쾨니히스베르크 대학에서 박사과정을 밟던 구스타프 키르히호프는 프란츠 노이만의 세미나 수업을 들으면서 자연스럽게 전자기 이론에 대해 흥미를 느끼는데, 그의 주된 관심사는 전기회로 내의 전류의 동작원리였다. 지도교수였던 노이만이 전자기 유도와 관련하여 루프회로를 적극 활용한 것처럼 키르히호프도 이 실험을 확장해 가기 시작했다. 먼저 회로의 선들이 모이는 점인 노드node에서, 들어가고 나가는 전류의 합이 같다는 것을 확인했다. 다음으로는 저항이 연결된 닫힌 루프 회로에 기전력을 유도한 뒤에 저항에 걸린 전압을 측정했더니 정확히 대수적인 합으로 일치하는 것을 확인했다. 현재 '키르히호프의 회로 법칙'이라고 부르는 두 가지 원리는 옴의 법칙과 에너지 보존 법칙에 기초하여 만들어졌으며,[5] 1845년에 발표된 키르히호프의 박사학위 논문 주제였다. 이 과정에서 회로이론의 기초인 '중첩의 원리'도 등장하게 된다. 시간이 지나 하이델베르크 대학에서 연구하던 키르히호프는 헬름홀츠와 교류했으며 그에게 영향을 주었는데, 이 과정에서 헬름홀츠는 회로의 선형성을 기반으로 복잡한 저항들을 하나의 저항으로 등가화하는 방법을 제안한다(1853).[6]

아쉽게도 이러한 발견이 당시로서는 크게 주목을 받지 못했는데, 시간이 지나 전신 회사들이 등장하면서 전기회로 해석의 필요성이 부각되고 '헬름홀츠의 등가회로'가 주목받기 시작했다. 이후 1883년 프랑스의 전기

기술자인 레옹 샤를 테브냉Léon Charles Thévenin(1857~1926)이 헬름홀츠의 등가회로를 재발견함으로써, 이 '등가 회로 이론'의 주인이 되었다.[7]

## 전자기학의 산파들

옴의 법칙은 맥스웰 전자기학의 등장에 앞서 상당히 중요한 사건이다. 특히, 인접 작용이야말로 패러데이의 역선을 물리적으로 완벽히 설명해 낼 수 있다는 점에서 그 등장 의미가 남다르다고 말할 수 있다. 이 모든 것은 열의 전달을 설명하고자 했던 프랑스 에콜 폴리테크니크의 과학자들로부터 시작되었으며, 그들의 연구는 옴 외에도 전자기학의 태동을 위해 헌신할 또 다른 사도들에게 영향을 주고 있었다.

19세기 초 프랑스가 일으킨 전쟁은 주변 국가들에 많은 영향을 끼쳤으며 그 과정에서 에콜 폴리테크니크의 과학적 성공도 빠르게 전파되었다. 나폴레옹의 쇠퇴기인 1814년에는 영국 노팅엄의 빵집 주인도 프랑스 과학자의 책을 읽을 정도였다. 이것은 풍자가 아니라, 실제로 전자기학이 한 빵집 주인으로부터 지대한 영향을 받았다.

라플라스의 '천체 역학'에 빠져든 빵집 주인, 조지 그린George Green (1793~1841)은 제대로 된 정규교육을 받지 않은 상태에서 중력 퍼텐셜 이론을 이해하고자 노력했다. 그는 노팅엄의 민간 구독 도서관에 가입하여 왕립학회지를 비롯한 많은 과학 서적을 읽어나갔으며, 자신이 이해한 내용을 정리하기 시작했다. 이때의 자유로운 학습의 결과로서 그는 영국인임에도 자신의 저작에서 뉴턴의 미분 기호가 아닌 라이프니츠의 기호를 채택했다. 1823년부터 시작된 그의 작업은 1828년에 완성되는데, 그렇게 출판된 그의 첫 저작이 《전기와 자기 이론에 대한 수학적 해석의 응용에 관한 에세이》였다. 그는 70쪽 분량의 저작에서 그린 정리Green's theorem의 유도를 포함했고, 후에 컨볼루션 기법의 근간이 되는 그린 함수Green functions를 결합하여 푸아송의 정전기 문제를 해결했다.

당시 영국에서 과학 서적을 출판하는 일반적인 경로는 왕립학회 또는 케임브리지 철학학회의 학술지를 통해서였다. 빵집 일을 하던 사람이 어떠한 인맥도 없이 논문을 내기란 어려운 일이었다. 그래서 그는 자비로 출판을 진행했다. 그가 주저하기를 반복하며, 마침내 결심하고 조심스럽게 출판을 결정한 장면은 그의 책 서문에 선하게 보인다.

> 이 주제가 어려운 만큼 수학자들이 관용을 갖고 읽어주길 바라며, 특히 이 글을 '지적인 성장의 기회가 거의 주어지지 않는 생업에 종사하면서 틈틈이 지식을 쌓아야 했던 한 젊은이'가 썼다는 사실을 알게 되었을 때는 더욱 그러하길 바랍니다.[8]

그린이 서문에 담은 바람과는 달리, 책의 구매자들은 대부분 동네 주민이었으며 제대로 이해하지 못했다. 반면 좋은 방향으로 이끌어 줄 수 있는 능력을 갖춘 이들은 그의 책을 외면했다. 많은 시간이 흘러서야 과학계의 인맥을 갖춘 에드워드 브롬헤드를 통해 그린의 이론이 학술지에 게재 되었다. 이러한 인연을 계기로 지적 욕구를 끌어올린 그는 마흔의 나이에 케임브리지 대학에 입학하는 기염을 토했다. 그렇게 행복한 학업을 이어가며 케임브리지 대학을 졸업했지만, 영국을 덮친 독감으로 인해 열정 충만한 만학도의 도전이 안타깝게 끝이 난다.

조지 그린의 사례처럼 프랑스 엘리트들의 연구가 과학으로부터 동떨어진 사람들을 끌어당겼다는 점은 신선한 충격일 것이다. 그러나 아주 극히 드문 이야기임은 틀림없다. 실제로 에콜 폴리테크니크의 푸리에의 열전도 연구가 가장 많은 사람들에게 영향을 주었다고 평가받지만, 그들은 주로 교수나 의사들이었다. 그럼에도 이 작은 다양성이 어떻게 전자기학의 발전에 영향을 주었는지 살펴볼 수 있는 흔적이 있다.

그린이 죽은 그해(1841), 스코틀랜드 글래스고 대학에서 케임브리지로 상경한 젊은 청년 윌리엄 톰슨은 우연히 논문을 읽다가 주석에 적힌 그린의 《전기와 자기 이론에 대한 수학적 해석의 응용에 관한 에세이》를 발견한다. 톰슨은 그 책을 찾기 위해 케임브리지 전역을 수소문했다. 왜냐하면, 톰슨의 주된 연구 주제가 '열전달과 전기 이론의 유사성'이기 때문이었다. 열전달이라는 단어에서 유추할 수 있듯이, 톰슨은 푸리에의 영향을 크게 받았다. 산업혁명과 동시에 열기관의 효율을 개선하려는 이들이 많았기 때문에 호기심 가득한 이들에게 푸리에 연구는 필연이었다. 특히 톰슨에게 열에 관한 주제는 케임브리지 이전의 글래스고 대학에서부터 이어진 주제였기 때문에 더욱 특별했다. 하지만 푸리에 해석은 과거 라그랑주가 지적한 바와 같이 수학적 엄밀성에 결함이 있었다. 이러한 문제를 인식하고 있던 톰슨은 그린의 책이 한 줄기 빛이 될 것으로 생각했다.[9] 그러나 톰슨은 몇 해가 지나도록 그린의 책을 구할 수 없었다(더 정확히는 그 에세이를 아는 이조차 거의 없었다).

1845년 톰슨이 케임브리지를 졸업하고 파리로 떠날 준비를 할 때, 그의 스승인 수학자 윌리엄 홉킨스[10]의 도움으로 조지 그린의 책 세 권을 건네받을 수 있었다. 만약 이 책을 얻지 못했다면 《맥스웰의 전자기학》은 없었을 것이다. 책을 가지고 파리에 간 톰슨은 조제프 리우빌Joseph Liouville(1809~1882)과 자크 샤를 프랑수아 스튀름Jacques Charles François Sturm(1803~1855)을 만났고 함께 그린의 책을 정독했다. 리우빌과 스튀름은 에콜 폴리테크니크의 정신을 온전히 전수받은 연구자였으나, 자신들이 이뤄낸 연구 결과가 이미 오래전 그린이라는 사람에 의해 세상에 등장했다는 사실에 큰 충격을 받았다. 그들은 푸리에 급수를 아우르는 스튀름-리우빌

정리를 만들어 낼 정도로 고도의 학식을 겸비했지만, 그린의 연구 앞에서 겸손해졌다.

이 순간을 시작으로 톰슨은 '알려지지 않은 이론'의 중요성을 놓치지 않았다. 사실 그는 파리에 오기 전에 영국 왕립연구소에서 패러데이를 만난 바 있고, 힘의 역선에 관한 패러데이의 이론과 실험을 관찰하면서 이를 수학적으로 정리해야 한다는 사명을 갖게 되었다. 그 과정에서 난관에 부딪힌 것이 자기장의 회전에 관한 부분이었는데, 그린의 정리가 비밀의 문을 여는 열쇠임을 직감했던 것이다. 톰슨은 분명 응용력이 뛰어난 사람이었다. 그는 패러데이와 함께 실험을 진행하면서 상자성paramagnetism과 반자성diamagnetism을 발견했고, 유전체의 분극을 관찰하기도 했다. 여기서 푸리에의 열전도 이론을 적용하여 지금의 투자율permeability과 유전율permittivity을 공식화하기도 했다. 하지만 여전히 자기장의 회전을 설명하기 위한 그린 정리의 응용에는 어려움이 있었다.

톰슨은 22세에 영국으로 돌아오자마자, 유년 시절을 보낸 글래스고에서 글래스고 대학 교수가 되었다. 여기서도 전자기에 관한 연구를 이어갔고, 풀리지 않는 어려움은 다른 학자들과의 교류를 통해 해결해 보고자 했다. 그때 케임브리지 대학의 조지 게이브리얼 스토크스George Gabriel Stokes(1819~1903) 교수에게도 그린 정리의 3차원 해석을 풀어야 한다는 말을 건넸는데, 당시 권위 있는 수학자 스토크스 역시도 이를 해결하지 못했다. 그런데 엉뚱하게도, 스토크스는 자신도 해결하지 못한 문제를 케임브리지의 랭글러(우등생)들이 모여 경쟁하는 스미스 수학 경시대회Smith's Prize에 출제하기도 했다.[11] (이 대회의 공동 우승자 두 명도 이 문제를 해결하진 못했다. 이 대회의 우승자 중 한 명은 제어 이론에서 안정도를 판별하는 방법Routh-Hurwitz stability criterion을 제시한 에드워드 존 라우스Edward John Routh (1831~1907)였고, 다른 한 명이 맥스웰이었다.)

한편 인접 작용에 기초한 전자기학의 탄생을 꿈꿨던 톰슨은 여러 사람들에게 그의 '복음'을 전파했지만, 정작 자신은 대서양 횡단 프로젝트로 인해 그가 꿈꾸던 패러데이 역선의 수학적 공식화를 수행하진 못했다. 그럼에도 톰슨은 그 바쁜 프로젝트 와중에도 편지를 통해 맥스웰이라는 인물을 전자기 영역으로 끌어들였다(결국 이 사건을 통해, 톰슨은 패러데이 역선의 수학적 방법인 '스토크스 정리'를 간접적으로 탄생시켰다고 볼 수 있다).[12]

영국의 과학 역사는 때때로 신기한 점을 보여주곤 한다. 평민이던 뉴턴은 왕들이 묻히는 웨스트민스터 사원에 안장되었고, 책 제본 수습공이던 패러데이는 왕립연구소의 일원이 되었으며, 양조업자 줄은 열역학을 연구했고, 빵집 사장이던 그린은 맥스웰 방정식의 토대를 만들었다. 과학에 대한 열정만 있다면, 드라마 같은 장면을 보여줄 수 있는 곳이 당시 영국이었다.

그리고 그러한 문화를 이어나갔던 윌리엄 톰슨이 마침내 맥스웰에게 바통을 건네고 있었다.

## 맥스웰 방정식의 등장

전자기학의 역사는 맥스웰의 등장 시점을 기준으로 나뉜다.

> 한 과학의 시대가 끝나고, 또 다른 과학의 시대가 제임스 클러크 맥스웰과 함께 시작됐다.[13] — 알베르트 아인슈타인

맥스웰 방정식은 정적인 조건에 머물러 있던 전기와 자기의 물리적 현상을 마침내 동적인 현상으로 이끌어 낸 위대한 이론 체계이다. 패러데이의 일생에 걸친 실험 고찰 결과에 파고들어 수학적 모델을 만들어 내고,

고군분투하며 전자기학의 체계를 다진 사람이, 지금 등장할 제임스 클러크 맥스웰James Clerk Maxwell(1831~1879)이다.

전자기학의 핵심인 맥스웰 방정식은 언뜻 보면 이미 남들이 다 해놓은 이론들을 정리한 것뿐이라는 느낌을 준다. 물론 더 깊이 파고들면 개별적인 이론들의 수학적 틀을 제공하고 유기적인 연결고리를 제공했다는 점에서 맥스웰의 노력이 빛을 발하지만, 전자기 역학의 역사에서 맥스웰 방정식이 비주류에서 주류 학문으로 자리 잡았다는 점에 주목할 필요가 있다. 맥스웰 방정식이 그리 화려하게 등장하지는 못했기 때문이다. 17세기 뉴턴 역학의 출범 이후, 수학으로 표현되지 않는 것들은 학자들의 관심을 받지 못하여 패러데이가 전자기 유도 현상을 발표하고도 10년이 넘도록 뒷방 신세를 면치 못하고 있었다. 이처럼 맥스웰 방정식의 근간이 되는 패러데이의 역선 이론조차도 맥스웰 등장 이전에는 비주류였다. 영국 왕립학회는 패러데이의 인접작용을 지지했지만, 베버나 가우스, 프란츠 등은 원격작용을 토대로 보다 빠르게 전자기학의 주류 체계를 만들어 가고 있었다. 물론 1841년에 독일의 게오르크 옴이 '갈바닉 체인'이라는 분자의 인접작용을 토대로 전자기적 현상을 설명하기도 했지만, 주류가 될 수는 없었다. 독일은 그랬지만, 영국 왕립학회는 옴의 이론을 환영하며 코플리 메달을 수여한다. 이 시기는 아직 맥스웰의 등장 전이었으나, 시간은 흘러 맥스웰을 깨우기 시작했다.

맥스웰은 14세라는 어린 나이에 곡선에 관한 논문을 제출할 정도로 신동이었다. 16세에는 이미 에든버러 대학에 입학하여 과학자의 면모를 보였다. 법조인이 됐으면 하는 아버지의 간곡한 바람으로 인해 흔들린 적도 있었지만, 과학을 향한 맥스웰의 애정은 꺾이지 않고 이어졌다. 어린 시절부터 맥스웰의 진가를 알아본 에든버러의 교수 제임스 포브스는 추천장과 함께 맥스웰을 케임브리지로 보냈다. 맥스웰은 케임브리지에서 수준 높은 수학과 과학을 공부할 수 있었고, 사도회 활동을 통해 수많은 철학 문제를 고민하고 토론할 수 있었다. 맥스웰이 재능을 보였던 것은 수학이었지만, 철학적 사유와 철학의 역사에 대해서도 그의 관심이 미쳤다. 맥스웰은 독일의 주류학자들과 마찬가지로, 칸트의 사상을 면밀하게 들여다봤다. 그리고 그들의 배경에 있는 칸트의 사상, 즉 물질 간의 관계와 통합 이론에 대해서 끊임없이 고민해 나갔다.

이러던 와중에 맥스웰은 윌리엄 톰슨(후에 캘빈 경이라 불리는 사람)을 만나면서 이론의 꽃을 피우기 시작한다. 맥스웰은 케임브리지 동문이라는 공통분모를 통해 톰슨과 교류할 수 있었는데, 당시 대서양 해저 케이블 프로젝트로 바쁜 와중에도 톰슨은 맥스웰에게 패러데이의 실험 연구 내용을 전해주는 데 힘을 아끼지 않았다. 이 일은 맥스웰의 인생에 큰 변화를 가져오는데, 곧장 패러데이의 실험 결과를 읽어본 맥스웰은 패러데이의 역선 개념에 빠지게 되었다. 이후 24세 청년 맥스웰은 1855년 케임브리지 철학회에서 《패러데이의 역선에 관하여》를 발표했고, 다음 해에는 2부를 발표했다. 이 과정에서 당시 케임브리지 동문이었던 피터 테이트Peter Guthrie Tait(1831~1901)와도 서신을 주고받으며 전기와 자기가 어떻게 관련되어 있는지를 기하학적 모델을 통해 설명하였다.

《패러데이의 역선에 관하여》는 얼핏 보면 패러데이를 추종하는 젊은 과학자가 객관성을 잃은 채 선배 과학자에게 아부하기 위해 만든 책처럼 보일 수 있으나, 맥스웰은 객관성을 지키며 패러데이라는 개인의 주장을 새로운 관점으로 소개했다.

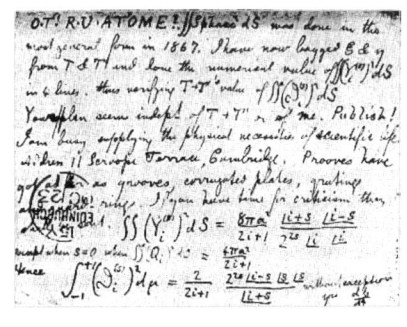

맥스웰이 피터 테이트에게 보낸 편지

베버와 같은 주류학자들의 (전자기학) 체계가 훌륭함을 인정하는 한편, 역선이라는 새로운 해석 방법도 고려해 봐야 한다고 조심스럽게 주장했다. 그럼에도 맥스웰은 '패러데이의 전기적 긴장 상태의 역학적 개념'을 보편화하기 위해 천천히 설명해 나갔다. 여기서 맥스웰은 역선을 물과 같은 비압축성 유체로 비유하였고, 유선을 전기력과 자기력선으로 동일시했다. 그리고는 유체의 속도와 방향을 역선의 밀도와 방향으로 표시했다. 맥스웰은 먼저 전류가 흐르는 두 도선 사이의 자기력을 다시 정리하였고, 몇 개의 명백한 방정식으로 요약했다. 사실 맥스웰에게 가장 중요했던 것은 설득이었다. 새로운 이론을 이해시키는 것은 쉬운 일이 아니다. 맥스웰은 그것을 너무 잘 알고 있었다. 그렇게 맥스웰이 차용한 것이 '유체동역학'이었다. 이 학문은 지난 몇 세기 동안 정립되어 왔고 기존 학자들에게 익숙했는데, 맥스웰은 이 점을 이용했다. 그리고는 '가상 유체'를 꺼내 들어 지금의 전자기학을 탄생시켰다.

맥스웰은 《패러데이의 역선에 관하여》 1부와 2부의 집필을 마친 뒤에 자신이 정리한 이론이 과연 패러데이의 의도를 정확히 담아냈는지 수차례 의심했다.[14] 이러한 점을 걱정했던 맥스웰은 자신의 책을 편지에 정성스럽게 담아 패러데이에게 보냈고, 1857년 맥스웰의 연구를 읽어보게 된 패러데이는 감격했다. 과거 패러데이도 험프리에게 이러한 정성을 보였던 터라 감동이 남달랐던 것 같다. 이러한 내용은 패러데이가 맥스웰에게 보낸 답장에서 확인할 수 있다.

보내주신 논문을 잘 받았으며 깊은 감사를 드립니다. 당신이 역선을 언급한 것에 감사하지는 않겠습니다. 당신이 철학적 진리에 대한 관심에서 그렇게 했다는 것을 알고 있기 때문입니다. 그러나 저에게는 고마운 작업이었고, 그 생각을 계속해서 이어가도록 많은 용기를 주었다는 사실을 알아주십시오. 이

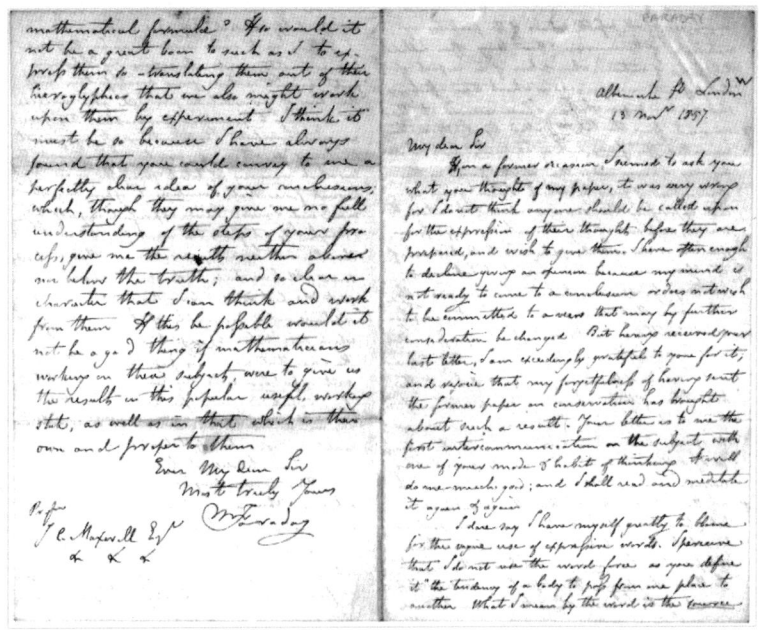

패러데이가 맥스웰에게 보낸 편지(1857)
ⓒ Cavendish Laboratory, University of Cambridge

대상을 다루기 위해 만들어진 수학적 힘을 처음 보았을 때 저는 두려웠지만, 곧이어 대상이 수학의 힘을 잘 견뎌내는 것을 보고는 경탄을 금치 못했습니다.

패러데이는 맥스웰의 연구에 감탄했지만, 일반적인 주류 의견은 여전히 상호적 원격작용이었다. 그리고 기존의 생각을 바꾸지 못했다. 오히려 유체와 전자기가 대체 무슨 관련이 있냐는 비난이 이어졌다. 맥스웰은 자연 법칙은 '물질 간의 관계'라고 생각했기 때문에 유체의 법칙이 전자기에도 동일하게 적용될 수 있다고 생각했다(비유하자면, 사람도 잠을 자고 동물도 잠을 자지만, 잠을 잔다는 이론이 꼭 동물과 사람이 같아야 할 필요는 없다는 의미). 물론 이때까지만 해도 맥스웰은 패러데이의 '공간상에 역장은

08 • 화려하지 못했던 맥스웰 방정식의 등장  219

젊은 시절의 맥스웰

존재한다'는 주장에 완벽하게 공감하지는 못했다. 하지만 시간이 지날수록 실험적으로 밝혀지는 사실들에 따라 패러데이의 생각이 옳았음이 밝혀졌다. 그렇게 탄생한 것이 1861년에 발표한 《물리적 역선에 관하여》[15]이다. 맥스웰은 역선과 장의 개념이 이제 더는 패러데이라는 개인의 생각이 아닌 실존하는 물리적 현상이라고 확신하게 되었으나, 이 책에서는 아직 타성에 젖어 있는 원격작용론자들과의 논쟁을 피하기 위해 과격한 언어 표현을 자제했다. 특히 '자연에 실제로 존재하는 연결 관계'라는 말을 피하고, 깊은 사유를 통해 도달해 볼 수 있는 쉬운 연결 관계라고 설명했다. 그리고 이것을 받아들이면 보다 명확한 본질에 다가갈 수 있다고 주장했다.

맥스웰의 연구는 점차 마지막 퍼즐을 향해 달려가고 있었다. 퍼즐을 풀어내는 열쇠는 그의 20대 시절 연구로서, 그것은 탄성elastic이었다. 탄성이란 외부 힘을 받으면 힘을 저장하고 있다가, 외부 힘이 사라지면 다시 원래 형태로 돌아오는 특성을 말한다. 용수철이 대표적이며, 이런 성질은 위치에너지를 저장하고 방출할 수 있다. 한편 역학적 에너지로 서로 얽혀 있는 운동에너지의 경우, 질량에 의한 것으로 관성에 의해 에너지가 저장되고 방출된다. 이러한 특성을 알고 있던 맥스웰은 전기력이 가해진 절연체에서 나타나는 분극 현상polarization에 주목했다. 물질의 분자는 자유로운 상태에서 외력이 가해지면 분극이 일어나며, 다시 외력이 없어지면 원래 상태로 돌아오는데, 이러한 위치 이동을 '전자기 운동'이라 가정했다.

결국 전하의 운동은 아주 짧지만 전류를 일으키게 될 것으로 추측했고, 맥스웰이 새롭게 고안한 것이 바로 '변위 전류displacement current'였다. 변위 전류는 측정을 통해 얻은 결론은 아니었지만, 대칭성이 없던 전자기 이론에 연결고리를 제공하였다.

$$\nabla \times B = \mu_0 \vec{J} + \mu_0 \epsilon_0 \frac{\partial \vec{E}}{\partial t}$$

앙페르의 법칙에 맥스웰이 추가한 변위 전류 성분

그렇게 마지막 퍼즐을 찾은 맥스웰은 1865년, 희대의 역작 《전자기장의 동역학 이론》[16]을 발표한다. 이 책에서 그는 물질에 속한 지렛대, 도르래, 용수철과 같은 물리적 현상을 '전자기적 상태를 가진 공간', 즉 '장field'에 적용하고, 움직이는 전자기 현상을 통합했다.[17] 패러데이의 어깨를 밟고 일어선 맥스웰이 완벽해진 전자기장 이론을 세상에 꺼내 들었다. 다음 수식들은 이 책 3부에 등장하는 맥스웰 방정식의 원형이다.[18]

$$\mu\alpha = \frac{dH}{dy} - \frac{dG}{dz}$$

$$\mu\beta = \frac{dF}{dz} - \frac{dH}{dx}$$

$$\mu\gamma = \frac{dG}{dx} - \frac{dF}{dy}$$

자기 벡터 퍼텐셜

$$P = \mu\left(\gamma\frac{dy}{dt} - \beta\frac{dz}{dt}\right) - \frac{dF}{dt} - \frac{d\Psi}{dx}, \quad 4\pi p = \frac{d\gamma}{dy} - \frac{d\beta}{dz}, \quad p' = p + \frac{df}{dt}$$

$$Q = \mu\left(\gamma\frac{dz}{dt} - \beta\frac{dx}{dt}\right) - \frac{dG}{dt} - \frac{d\Psi}{dy}, \quad 4\pi q = \frac{d\alpha}{dz} - \frac{d\gamma}{dx}, \quad p' = p + \frac{df}{dt}$$

$$P = \mu\left(\beta\frac{dx}{dt} - \alpha\frac{dy}{dt}\right) - \frac{dH}{dt} - \frac{d\Psi}{dz}, \quad 4\pi\gamma = \frac{d\beta}{dx} - \frac{d\alpha}{dy}, \quad r' = r + \frac{dh}{dt}$$

패러데이의 법칙과 앙페르-맥스웰 방정식 그리고 전류식

$$P = -\xi p, \quad P = kf,$$
$$Q = -\xi q, \quad Q = kg,$$
$$R = -\xi r, \quad R = kh.$$

옴의 법칙과 전기적 탄성 방정식 ($E = \frac{D}{\varepsilon}$)

$$\frac{de}{dt} + \frac{dp}{dx} + \frac{dq}{dy} + \frac{dr}{dz} = 0, \quad e + \frac{df}{dx} + \frac{dg}{dy} + \frac{dh}{dz} = 0$$

전하의 연속방정식과 가우스의 법칙

단언컨대 《전자기장의 동역학 이론》의 핵심은 맥스웰 방정식이라 할 수 있다. 그러나 그 원형은, 전기전자를 전공한 사람들이 봐도 낯선 감정을 느낄 수밖에 없다. 오늘날에 배우는 맥스웰 방정식은 아주 단순하며, 직관적인 형태로 변형되었기 때문이다. 그런 의미에서, 맥스웰이 처음 20개의 방정식으로 정리한 형태는 현대의 관점에서도 굉장히 흥미로운 소재라 하겠다.

맥스웰은 전자기 현상의 중요한 의미를 담은 수식들을 (A)~(H)까지로 정리했다. 먼저 변위전류가 통합된 전체 전류밀도(A)를 포함했고, 자기 퍼텐셜(B), 앙페르의 법칙(C), 패러데이의 법칙(D), 전기장(E), 옴의 법칙(F), 가우스 전기 퍼텐셜 법칙(G), 연속 방정식(H)으로 구성했다. 초기의 맥스웰 방정식은 많은 물리적 의미를 담아내다 보니 다소 복잡했지만, 18개의 벡터 수식은 (A)부터 (F)까지 여섯 개의 수식으로 간략화할 수 있었으며, (G)와 (H)를 포함하여 여덟 개로 표현할 수 있었다. 맥스웰이 (A)부터 (H)까지 정리한 전자기 현상을 기억하고자, 이후 그 정신을 이어받은 후대 학자들은 자기 퍼텐셜의 약자로 A를 사용하고, 자기장은 B, 전기 변위장을 D, 전기장을 E, 자기강도를 H로 사용하고 있다(이미 사용되고 있던 전하량 C, 중력 G, 힘 F는 제외).

《전자기장의 동역학 이론》의 6부에서는 '빛의 전자기 이론'이라는 부제하에서 설명이 진행되는데, 변위전류가 포함된 앙페르의 법칙과 패러데이의 법칙으로부터 유도된 수식이 파동함수로 표현되는 기이한 현상을 보인다. 파동의 속도가 구해지자, 맥스웰은 현재까지 알려진 빛의 속도와 매우 근접한 값임을 알아차리게 된다. 당시로서는 친한 동료들에게도 지탄을 받았지만, 새로운 장을 여는 순간임에는 틀림없었다.

## 빛에 관하여

빛은 수 세기 동안 과학자들의 지적 호기심을 자극한 자연의 요소였다. 생명의 근원처럼 여겨지는 대상이었으며, 때로는 미신적인 요소로서 자리 잡아 신이 인간에게 베푸는 자비 같은 것이었다. 고대 그리스의 철학자들은 빛이 '무한한 속도'로 퍼져나갈 것이라 추측했다. 또한, 측량의 시대에서 기하학을 꽃피웠던 헤론Heron of Alexandria(10~70)은 빛의 직진성을 발견하였다(그는 측량에 관한 저서를 남겼을 정도로 기하학에 정통한 인물이었는데, 헤론의 공식[19]이라 부르는 면적 계산 방법을 제시하기도 했다). 이러한 지식의 배경을 둔 헤론은 두 점 사이를 직진하는 빛을 관찰하고는 '최단 거리' 이론을 제시하기도 했다. 이후 빛에 관한 연구는 클라우디오스 프톨레마이오스Claudius Ptolemy(83~168)에게 전달되어 빛의 반사와 굴절률에 대한 데이터를 축적했고, 그 관계를 도출하려는 노력이 시도되었다.

이후 이러한 노력들은 이슬람의 황금시대에 이븐 사흘Al-Fadl ibn Sahl(770~818)에게 전달되어 명맥이 이어졌으며, 그는 최초로 스넬의 법칙을 발견하였다. 이러한 내용은 30년 뒤에 작성되는 이븐 알하이삼의 《광학의 서》에 기록되어 있으며, 매질에 따라 달라지는 빛의 속도와 굴절 실험 등의 내용이 담겨 있다. 무역의 시대를 거치면서 이슬람의 문화가 유럽으로 들어오면서 네덜란드의 스넬리우스Willebrord Snellius(1580~1626)는 알하

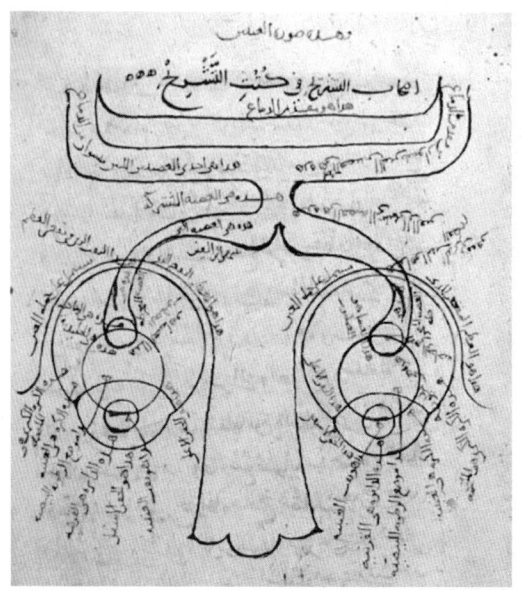

이븐 알하이삼의 《광학의 서》
에 등장하는 눈에 관한 연구

이삼과 유사한 연구에 관심을 갖기 시작한다. 그는 다양한 매질에서의 굴절률을 계산함으로써 입사각과 굴절각 사이의 수학적 관계를 발견하였다. 하지만 스넬리우스는 이러한 연구 결과를 발표하진 않았는데, 그럼에도 '스넬의 법칙'이라고 불리는 굴절 법칙을 프랑스와 네덜란드에서 활동하던 르네 데카르트가 널리 전파하였다.[20]

비슷한 시기에 빛의 반사와 굴절의 연구 결과들이 쏟아짐에 따라, 그간 상식처럼 받아들이던 헤론의 빛의 최단 거리 가설에 문제점이 드러나기 시작했다. 반사의 경우 입사각과 반사각이 같아지는 경로가 선택되지만, 굴절의 경우에는 그렇지 않았다. 이때 프랑스의 수학자였던 피에르 드 페르마Pierre de Fermat(1601~1665)는 빛의 '최소 시간의 원리'를 제시함으로써 이러한 문제를 해결하였다.[21]

빛에 관하여 또 다른 관점을 제시할 인물이 나타나는데, 그가 바로 네덜란드의 학자 크리스티안 하위헌스이다. 그는 어린 시절 가정교사였던 데카르트를 통해 수학과 역학을 접했으며, 갈릴레이의 저서들을 독학하면서 자연철학에 대한 기초를 다져갔다. 특히 하위헌스는 천체에 관한 갈릴레이의 저서를 정독하면서 지식을 쌓았고, 50배율의 망원경을 만들어 목성 너머의 토성을 관찰하기 시작했다. 하위헌스는 갈릴레이의 영향을 받아서 진자의 등시성을 이해하고 있었으며, 이러한 이해를 바탕으로 1657년에 최초의 진자시계를 만들어 냈다. 이론적으로는 진자의 길이와 중력을 통해 흔들림의 주기를 계산해 내는 기염을 토했다. 1674년에는 《진자시계》[22]라는 책을 저술했으며, 등속 원운동과 원심력의 작용 그리고 사이클로이드[23]를 설명했다.

그럼에도 그의 가장 훌륭한 역작은 1678년에 집필한 《빛에 관한 논술 Traité de la lumière》이라고 할 수 있다. 빛을 해석하기 위해 '파동성'을 가정

크리스티안 하위헌스(왼쪽)와 대영박물관에 전시된 그의 진자시계(오른쪽)

갈릴레이의 빛의 속도 측정 실험

했으며, 빛 역시도 하나의 점이 아닌 사방에서 직진하며 퍼져나가는 파동이라 생각했다. 데카르트의 에테르와 보텍스 가설의 영향도 있었겠지만, 실험적으로 밝혀진 매질에 따른 빛의 굴절과 반사는 '빛이 파동이지 않을까'라는 생각에 불을 지폈다. 빛의 파동성이 수면 위로 떠오름에 따라, '무한한 속도의 파동은 존재하지 않으며, 빛의 속도는 유한하지 않을까' 하는 생각들도 등장하게 된다.

17세기, 갈릴레이는 빛의 속도를 측정하기 위해 랜턴을 켜고 끄는 실험을 했지만, 빛의 속도는 측정할 수 있는 범위가 아니었기에 아무런 소득을 낼 수 없었다.

비슷한 시기에 덴마크의 올레 뢰머Ole Christensen Rømer(1644~1710)는 목성과 이오 위성을 관찰함으로써, 빛은 유한한 속도를 가질 것 같다는 추측을 내놓고 이론과 실험 관찰을 통해 이 가설을 증명해 나간다. 이때 뢰머가 제시한 빛의 속도는 21만 4,000km/s로서, 26퍼센트의 오차가 있지만 정량적으로 처음 제시된 속도였다. 18세기에는 천문학자였던 제임스 브래들리James Bradley(1693~1762)가 항성의 위치 변화에 의한 별빛의 광행차[24]를 통해 빛의 속도를 측정했다. 그의 실험에서 주목할 만한 점은 측정한 빛의 속도가 30만 1,000km/s이라는 현대의 측정값에 아주 가까운 값을 얻어냈다는 것이다. 1849년 프랑스의 물리학자 아르망 이폴리트 피조Armand Hippolyte Louis Fizeau(1819~1896)는 독창적인 회전 톱니바퀴를 사용하여 지상에서의 빛의 속도가 31만 3,000km/s의 값임을 알아냈다.[25] 피조는 광원과 거울 사이의 거리를 약 8,633미터 떨어뜨린 채, 720개의 홈이 파인 톱니바퀴를 회전시켰고, 톱니의 속도를 가변시키며 실험하였다. 마침내 초당 12.6회 회전했을 때, 거울에 반사된 빛이 톱니에 의해 완전히 차단되어 (거울에 의해 반사되는) 빛이 들어오지 않는 것을 확인했다.

푸코의 진자로 지구의 자전을 증명한 것으로 유명한 레옹 푸코도 피조의 실험을 개선하여 빛의 속도를 측정했다. 그가 측정한 값은 실제 빛의 속도와는 5퍼센트 오차가 있었지만 점점 실제 빛의 속도에 가까워지고 있었다. 물리적인 빛의 속도 측정과는 별개로, 독립적인 실험이 독일에서도 나타나고 있었다. 1855년 빌헬름 베버는 루돌프 콜라우슈Rudolf Kohlrausch(1809~1858)와 함께 전기와 자기의 밀접한 관련성을 측정하는 실험을 진행했다. 특히, 국제 표준 단위계를 정하기 위해 노력하던 베버는 정밀한

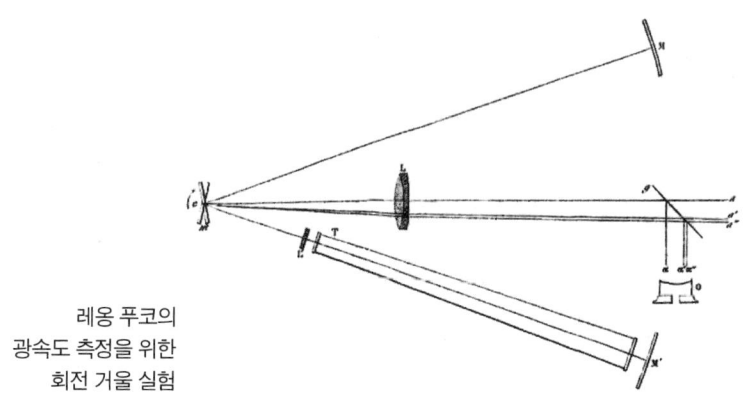

레옹 푸코의
광속도 측정을 위한
회전 거울 실험

전자기 장비와 전류계 그리고 전자석을 이용하여 전기적 단위와 자기적 단위를 확립해 나갔다. 그리고 두 물리량의 비율을 측정하여 어떠한 '비율 혹은 특정 속도 값'을 얻어낼 수 있었다. 약 31만 740km/s의 상수를 얻어낸 콜라우슈와 베버는 이를 상수constant라는 의미의 c로 정의한다.[26]

하지만 이러한 결과를 모두 면밀히 들여다보던 맥스웰은 드디어 추측으로만 남아 있던 가설에 도전하게 되었다. 맥스웰은 베버와 콜라우슈의 결과와 아르망 피조의 결과가 허용할 수 있는 오차 내에 있다는 것을 알게 되었고, 이로써 이론적으로만 추측할 수 있었던 빛과 전자기 현상 간의 관련성을 확신할 수 있었다. 맥스웰은 탄성과 관성을 전자기 동역학 방정식에 적용함으로써 전자기파를 제시했는데, 전자기 현상을 공간상으로 퍼져나가는 파동현상으로 본 것이었다. 친하게 지내던 윌리엄 톰슨조차도 "맥스웰이 신비주의에 빠졌다"라고 평가할 정도로 이는 과감한 시도였다. 과거 패러데이에서부터 이어지던 어렴풋한 추측으로 맥스웰은 더욱 과감히 앞으로 나갔다. "빛과 전자기파는 같은 것이며, 공간상으로 퍼져나간다"라는 이론은 이제 맥스웰의 손을 떠나 후대 과학자들에게 넘어

웨스트민스터 사원 내 뉴턴의 무덤 근처에 있는 패러데이와 맥스웰의 기념비

가게 된다(이후로 그동안 빛에 관하여 정립된 이론들 역시도 빠르게 맥스웰의 전자기학에 편입되기 시작한다).

  이 당시까지만 해도 맥스웰의 이론은 주류가 되지 못했다. 여전히 가설에 지나지 않았으며, 맥스웰이 주장한 변위 전류는 실험적으로 찾을 수 없었다. 그러나 맥스웰의 유산은 그의 후학들에게 잘 전달되었고, 그의 연구를 관심 있게 읽어보던 괴짜 과학자가 이를 무대의 중심으로 옮겨 오게 된다.

# 3부
# 맥스웰의 유산과 한계, 그리고 불확실성의 서막

09 • 캐번디시 연구소와 맥스웰주의자들
10 • 발명가의 시대
11 • 새로운 선에 관하여
12 • 언제나 후발주자였던 아인슈타인
13 • 빛이 갈라지고 시작된 양자의 세계

# 09
# 캐번디시 연구소와 맥스웰주의자들

## 유서 깊은 케임브리지의 캐번디시

1870년 케임브리지로 돌아온 맥스웰은 새로운 연구소의 소장으로 임명된다. 영국의 위대한 과학자 헨리 캐번디시의 손자뻘인 데번셔 공작의 후원으로 연구소가 새롭게 설립됐는데, 맥스웰이 이 자리에 임명된 것이다. '캐번디시 연구소'라 명명된 이곳은 맥스웰학파를 길러내는 기회의 장이 된다.[1] 당시로서는 캐번디시 연구소가 어떠한 역할을 해낼 수 있을지에 대해 의문을 품었으며, 《네이처》에서조차도 독일의 시골 대학 수준까지 올라오려면 10년이 걸릴 것이라 평가했다. 그러나 맥스웰로부터 시작된 캐번디시 연구소의 행보는 이러한 비평을 비웃기라도 하듯, 현재까지 30명의 노벨상 수상자를 배출했다.[2]

당시 전기저항의 국제 표준화 작업을 주도하고 있던 영국에서는 맥스웰을 표준화 위원으로 초대했는데, 이로 인해 캐번디시 연구소의 첫 번째 임무는 '옴의 법칙'을 재확인하는 것이 되었다. 정교한 실험을 반복하며 결과를 수집한 맥스웰은 실용 학문에 기여할 수 있었으며, 자신의 전자기장 이론에도 힘을 실어줄 무기를 얻게 되었다. 사실 옴의 법칙은 맥스웰과 같이 인접작용에 기반하여 탄생했기 때문에 맥스웰이 옴의 갈바닉 분자에 주목했던 것은 어떻게 보면 필연이었다. 이 과정에서 가장 두각을 나타낸 사람은 맥스웰의 제자 조지 크리스털이며, 실험적으로 1조 분의 1의 오차 안에서 옴의 법칙이 성립함을 보였다.

맥스웰은 자신의《전자기장의 동역학 이론》을 일부 수정하여, 1873년《전기와 자기에 관한 논고》를 발표했다. 책 내용은 분명히 난해했지만, 패러데이의 생각을 수학적 형식에 맞추어 잘 표현했으며, 유럽에서 저명한 수학자인 라그랑주와 가우스 그리고 조지 그린의 수학적 방법을 따랐다. 이 책은 이전과는 달리 비교적 교과서적인 성격을 보였으며, 보다 더 도전적으로 전자기 이론을 살펴보고 싶었던 사람들에게는 숙제를 남겨두기도 했다. 1865년《전자기장의 동역학 이론》을 발표했을 때와 달리 1871년부터는 전기 분야에서 맥스웰은 나날이 명성이 높아져 갔으며, 권위자로 인정받고 있었다. 이후《전기와 자기에 관한 논고》를 통해 빛의 전자기 이론을 발표함으로써, 이것으로써 독일에서 발전하던 원격 전자기 이론에 대항하였다.

다양한 실험이 가능했던 캐번디시 연구소의 환경에 힘입어《전기와 자기에 관한 논고》의 탄생이 가능했다 할 수 있다. 그럼에도 맥스웰이 동역학 이론의 근간인 변위전류와 전자기파에 관해서 입증 실험을 하지 않았던 것은 의문이다. 1873년 맥스웰이 혼신을 다해 출간한《전기와 자기에 관한 논고》가 베버의 원격작용 이론만큼이나 대중적 지지를 얻었음에도 더 확실한 승기를 잡기 위한 노력은 없었다. 또한, 저서에서 가장 중요했던 변위전류의 개념을 설명 없이 등장시킨 것은 아쉬운 점이며, 전자기파에 관한 내용도 마찬가지이다. 아이러니하게도 맥스웰 이론의 중요한 실험적 결과와 명맥은 캐번디시 연구소가 아닌 케임브리지 밖의 학자들이 이어가게 된다.

## 헤비사이드 층으로의 여행

노벨 문학상 수상자인 토머스 스턴스 엘리엇의 시집 《지혜로운 고양이가 되기 위한 지침서Old Possum's Book of Practical Cats》를 원작으로 하는 앤드루 로이드 웨버의 뮤지컬 〈캣츠Cats〉에는 다음과 같은 노래 구절이 나온다.

> 러셀 호텔을 지나 위로 위로, 헤비사이드 층으로 위로 위로.

올리버 헤비사이드Oliver Heaviside(1850~1925)는 전기공학의 역사에서 매우 귀중한 업적을 남겼지만, 그의 온전한 이름으로 기억되기보다는 헤비사이드 층이란 문학적 요소로 기억되곤 한다. 그가 변변찮은 직업을 가졌다는 사실과 연구 경력이 길지 않다는 점, 이전의 학자들과 달리 전문적인 교육을 받지 못하고, 박사학위가 없었다는 점 그리고 그의 괴짜 같은 성격과 말년을 쓸쓸하게 보냈다는 점들 때문에 크게 기억되지 못하는 듯하다.[3]

특이하게도 헤비사이드의 집안은 전기공학 집안이었다. 외삼촌 찰스 휘트스톤Charles Wheatstone(1802~1875)도 뛰어난 전기공학자로, 패러데이와 함께 같은 시대를 활보했던 인물이다. 임의의 저항값을 측정하기 위한 장치인 '휘트스톤 브리지Wheatstone Bridge'를 개량하고 상용화함으로써 유명해진 사람이 휘트스톤이었다.[4] 그런 인물이 외삼촌이다 보니 자연스럽게 헤비사이드는 전자기 연구를 남들보다 일찍 접할 수 있었다. 헤비사이드는 18세의 나이로, 당시로서는 최고 수준의 연봉인 150파운드를 받고 전신회사에 들어갔다. 워낙에 실용적인 업무에 열정적이었던 헤비사이드는 고장 수리를 잘해냈을 뿐만 아니라 전기가 작용하는 원리에도 탁월한 이해력을 보였으며, 20세가 되었을 때는 승진하여 영국 본사로 발령을 받는다. 승승장구하던 그는 여가를 활용해 읽은 책 한 권 때문에 이전과는 전혀 다른 방향으로 나아간다. 그 책은 맥스웰의 《전기와 자기에 관한 논고》이고, 헤비사이드는 이 책을 기어코 정복해 내겠다는 집념에 사로잡힌 것이다.

> 나는 젊었을 때 맥스웰의 위대한 논문을 처음 보았던 것을 기억합니다. … 그것이 위대하고 위대하며 가장 위대할, 그 힘에 엄청난 가능성이 있다는 것을 나는 보았습니다. … 그 책을 완전히 터득하기로 결심했고, 작업에 착수했습니다. 나는 매우 무지했습니다. 수학적 분석에 대한 지식이 전혀 없었습니다. 가능한 한 많이 이해하기까지 몇 년이 걸렸습니다. 그런 다음에 나는 맥스웰을 제쳐두고 내 나름대로의 길을 따랐습니다. 그리고 훨씬 더 빨리 나아갔습니다. … 맥스웰 이론을 내가 해석한 것에 따라 복음을 전할 것입니다.[5]

회사를 그만둔 헤비사이드는 24세에 고향으로 돌아와 일생에 걸친 투쟁에 뛰어든다. 물론 그의 관심사가 맥스웰의 전자기학만은 아니었다. 그의 본업이던 송전선transmission line에 대해서도 면밀히 들여다보고 있었다. 헤비사이드는 송전선에서 발생하는 '시간 지연 현상'을 설명하기 위해 유체역학의 탄성, 관성, 점성으로 표현되는 것을 전기회로에 적용하기 시작했다. 물론 과거부터 시간 지연이라는 문제점은 학자들에게 인식되고 있었고, 패러데이와 윌리엄 톰슨은 이를 도선 사이에서 커패시터와 같은 전기저장 능력, 즉 정전용량에 의한 문제라고 설명했다. 헤비사이드의 접근

올리버 헤비사이드(왼쪽)와, 그의 업적을 조명한 《타임스》 기사 일부(오른쪽)[6]

은 톰슨이 일전에 정리한 공식을 보다 개선하여 탄성에 해당하는 커패시턴스, 관성에 해당하는 인덕턴스, 그리고 점성에 해당하는 저항을 적용하여, RLC 회로로 구성된 현재의 '전신 방정식telegrapher's equation'을 탄생시켰다(보다 정확히는 유전손실에 해당하는 누설 성분이 포함된다). 맥스웰의 《전기와 자기에 관한 논고》를 충실히 따랐던 헤비사이드는 라그랑주 역학의 변분법과 에너지 보존 법칙을 토대로 어렵지 않게 방정식을 유도했을 것으로 추측된다.

한편 헤비사이드는 《전기와 자기에 관한 논고》에서 쿼터니온이라는 도구를 마주할 때면 대체로 쓸모없다는 결론에 다다르게 되었다. 그는 스칼라와 벡터가 합쳐진 쿼터니온을 과감하게 쪼개서 새로운 형태의 벡터 대수학을 고민하기 시작했는데, 사실 이러한 점에서 알 수 있듯이 그는 공학자로서의 성향이 확실히 드러난다. 이제 앞으로 다가올 시대에서 전기와 자기는 이미 더는 학자들의 고상한 놀잇감이 아니었음을 직감했다. 현실에서 전신 기사들이 얼마나 무지한 채로 작업에 뛰어드는지 알고 있던 헤비사이드는 맥스웰의 연구를 대중화시키길 원했다(그럼에도 그의 논문과 저서가 수식으로 빼곡히 채워져 있다는 점은 또 하나의 흥미로운 사실이다). 결국 헤비사이드는 그렇게도 그가 존경했던 맥스웰의 작품에 과감히 칼을 대기 시작했으며, 형이상학적이라 여겼던 '퍼텐셜'의 개념을 도려낸 뒤, 맥스웰이 남긴 20개의 방정식을 현재의 네 개 방정식으로 줄인다. 헤비사이드의 이러한 작업을 두고 같은 맥스웰주의자였던 피츠제럴드는 다음과 같이 말했다.

> 맥스웰의 논문은 그의 빛나는 공격선, 그의 참호 캠프와 전투의 잔해로 혼란스럽다. 올리버 헤비사이드는 이것들을 정리하고, 직접적인 경로를 열었으며, 넓은 길을 만들었고, 상당한 범위의 나라를 탐험했다.[7]

그럼에도 헤비사이드를 향한 공격은 맥스웰의 가장 친한 동료인 테이트를 통해 지속적으로 이어졌다. 사실상 맥스웰에게 쿼터니온을 전수했던 사람이 테이트였기에 그는 헤비사이드의 행위를 '신성모독'으로 치부하며 비난했다. 만일 헤비사이드가 뉴턴과 같은 성격이었다면, 이러한 비난에 상처를 받아 혼자만의 연구를 조용히 이어갔을 것이다. 패러데이의 겸손함과는 정반대의 길을 걸었던 헤비사이드는 테이트를 향해 비난과 조롱으로 맞대응했다. 이러한 까닭에 인성으로나 학문으로나 상대적으로 수준 낮게 평가받던 전신기사를 대중들이 옹호하기란 어려운 일이었다.

한편, 바다 건너 미국의 조사이어 윌러드 기브스Josiah Willard Gibbs(1839~1903)도 맥스웰과 테이트의 쿼터니온보다는 벡터해석학이 더 실용적임을 깨닫고 이에 대한 연구를 수행하고 있었다. 헤비사이드는 이러한 사실에

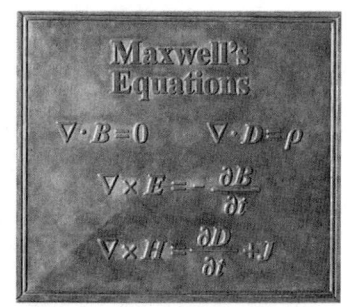

에든버러에 있는 맥스웰의 동상 아래 명판: 헤비사이드가 간소화한 네 개의 맥스웰 방정식은 벡터로 표현되며, 오늘날에도 이러한 방법을 채택하고 있다

기뻐하며, 자신보다는 기브스의 발명에 손을 들어주며 칭찬을 아끼지 않았다. 헤비사이드는 자신의 업적을 깎아내리는 이들에게는 차갑게 대했지만, 자신과 유사한 결과에 도달한 이들과는 우선권을 두고 다투지 않았고, 양보하며 치켜세우기를 택했다. 이러한 행동은 그가 열망했던 맥스웰 방정식의 간소화 작업 이후에도 나타난다. 헤비사이드는 결국 전자기 에너지가 이동하는 방식은 가상 유체의 개념을 따라 '에너지 흐름률'에 따를 것이고 이 값은 전기장력과 자기장력의 외적(직각을 이룬 벡터곱)이라고 주장했다. 따라서 전기장과 자기장이 직각을 이룰 때 가장 에너지가 크며, 맥스웰이 언급한 이중 횡파와도 일치했다. 그렇게 헤비사이드는 에너지 흐름 벡터를 발견하게 된다.

$$W_v = E \times B$$
포인팅 벡터(단위 부피당 에너지의 진행 방향)

대단한 성과에 들뜬 헤비사이드는 《일렉트리션》이라는 전신기사 저널에 그 결과를 투고했지만, 얼마 지나지 않아 캐번디시 연구소 출신이자 맥스웰의 제자였던 존 헨리 포인팅John Henry Poynting(1852~1914)이 이미 같은 결과를 왕립 학술원에 발표한 것을 알게 됐다. 헤비사이드는 실망했지만, 에너지 흐름의 발견을 포인팅의 공이라고 인정했다. 에너지의 흐름

올리버 헤비사이드가 살았던 캠던 123번가에는 그의 업적을 기리기 위한 블루 플라크blue plaque가 있다

방향을 지칭하는 'pointing' 개념에 '포인팅poynting'의 이름이 붙으면서 이는 운명 같은 이론으로 현재 자리 잡고 있다.

이후 헤비사이드는 벡터해석학을 더욱 실용적으로 만들기 위해 1880년부터 1887년까지 자신만의 연산 미적분법을 개발하기에 이른다. 그는 '미분' 기호를 $p$라는 기호로 대체하였고, 이내 미분방정식을 대수방정식으로 변환할 수 있었다. 이 방법은 전기회로를 해석하는 데 매우 효과적이었지만, '본질적인 오류', 즉 수학적 엄밀성의 이유로 (왕립학회에 제출한) 논문이 거절되었다(후에 라플라스 변환이라고 부르는 이 기법은 헤비사이드가 고안했다. 하지만 증명은 남기지 않았고 "해보니까 잘 들어맞더라"라는 말만 남겼다). 그럼에도 헤비사이드는 수학으로 도배된 책을 집필했고, 끝끝내 전기회로에 적용할 수 있는 현대의 '페이저phasor' 개념에 다다른다. 페이저의 탄생을 당시 수학자들은 전혀 환영하지 않았지만, 현재는 전기공학에서 가장 유용하게 쓰이는 방법이다. 물론 페이저라는 이름을 만든 사람은 헤비사이드가 아닌 미국의 전기공학자였다.

1893년에는 헤비사이드와 유사한 형태의 대수방정식을 만들어 낸 찰스 프로테우스 스타인메츠Charles Proteus Steinmetz(1865~1923)가 페이저라는 용어와 함께 전기회로를 해석하는 이론을 발표했으며, 그 유용성을 인지한 사람들이 서서히 수면 위로 올라온다. 또한 영국의 응용 수학자인 토머스 존 브롬위치Thomas John I'Anson Bromwich(1875~1929)가 라플라스 역변환을 증명함에 따라 헤비사이드의 연산 미적분학도 그 중요성이 재인식된다 (현재 교재에 사용되는 라플라스 변환 기호 $s$는 헤비사이드가 사용한 $p$와 일치한다).[8] 현재 전기회로를 배우는 데 시간 영역에서의 복잡한 풀이를 라플라스 변환을 통해 단순화하고, 교류 시스템을 페이저라는 유용한 도구로 해석할 수 있음은, 헤비사이드라는 길을 통했기에 가능한 것이다.

### 헤르츠의 전자기파 발견

맥스웰이 공간상에 퍼져나가는 실재하는 전자기파를 제안했을 때, 이와 유사한 생각을 하고 있던 독일의 학자가 있었다. 그는 패러데이의 업적에 큰 영감을 받아 에너지 보존 법칙을 제창했던 헤르만 폰 헬름홀츠였다. 맥스웰이 전자기 동역학을 발표했던 시기에 헬름홀츠는 이미 일류 물리학자였으나, 맥스웰의 이론을 받아들인 몇 안 되는 사람이었다. 헬름홀츠가 막연히 맥스웰의 장이론을 수용했다기보다는 그 역시도 이론적으로 계산된 결과가 맥스웰이 주장한 공간상에 퍼져나가는 파동과 같았기 때문이었다.

$$\rho_v = 0, J = 0, e^{jwt}$$
전자기파를 추측하기 위한 전제 조건(전하밀도, 전류밀도, 회전)

$$\nabla \times E = -\frac{\partial B}{\partial t}, \quad \nabla \times B = -\mu_0 \frac{\partial D}{\partial t}$$
패러데이의 법칙과 맥스웰의 변위전류

$$\nabla \times \nabla \times E \mp k^2(\nabla E \cdot E) = \nabla^2 E, \quad \nabla \times \nabla \times B \mp k^2(\nabla \cdot B) - \nabla^2 B$$

전기장과 자기장으로 표현된 '헬름홀츠 방정식'

$$k = \omega\sqrt{\mu_0 \epsilon_0}$$

파동함수의 파수wave number가 도출된다

    그러나 당시 헬름홀츠와 같은 독일 학자들은 빌헬름 베버와 에른스트 노이만의 원격이론을 지지했기 때문에 '어떤 이론이 사실에 가까우며, 어떤 것에 힘을 실어주는 것이 좋은지'를 고민하고 있었다. 헬름홀츠는 의문을 해결하기 위해 유능한 제자에게 변위전류와 전자기파를 논문 주제로 건네준다. 스승이 준 숙제에 성실히 임한 그 제자는, 전자기파의 실험적 검증을 이뤄낸 하인리히 루돌프 헤르츠Heinrich Rudolf Hertz(1857~1894)이다.

    헤르츠는 헬름홀츠의 지도하에서, 맥스웰이 과감하게 적용한 변위전류를 실험적으로 조사했다. 그러나 아무리 장비를 개선해도 변위전류라 할 만한 유의미한 값이 측정되지 않았다. 몇 년간의 실패 끝에 헤르츠는 조금은 다른 실험을 고안해 냈다. 1888년에 우연히 그가 고전압 스위치를 여닫을 때, 옆에 있던 나선 코일에서 스파크가 발생되는 것을 목격하게 되었다. 헤르츠는 나선 코일이 (지금으로 치면) 수신 코일의 역할을 할 수 있다는 것을 직감하고는, 스파크를 발생시킬 수 있도록 원형 도선에 약간의 홈을 냈다. 공간상에 퍼진 무언가가 수신 코일에 유도현상을 발생시킨다면,

하인리히 루돌프 헤르츠

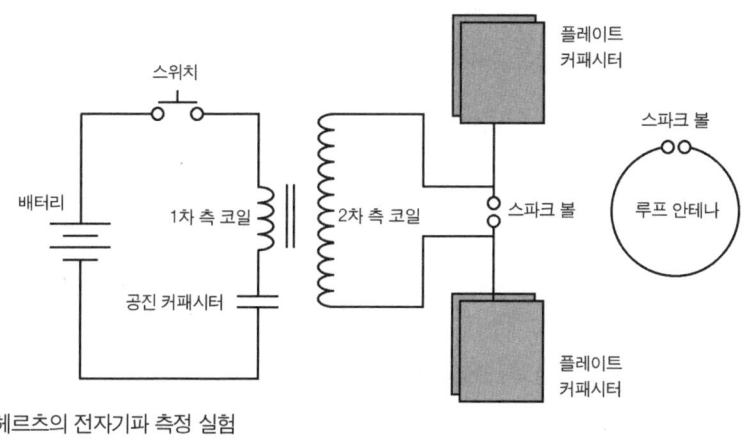

헤르츠의 전자기파 측정 실험

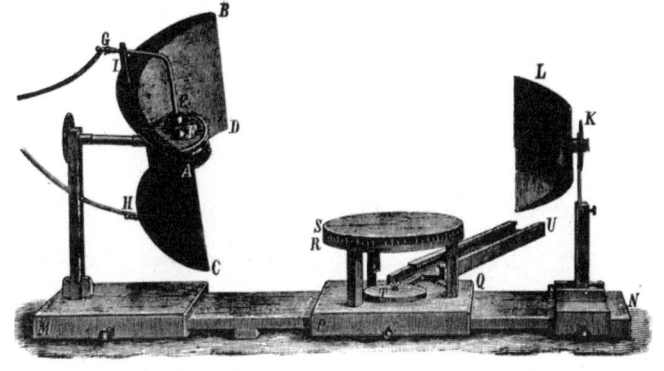

헤르츠의 전자기파 실험 구성:
전파를 반사, 회절 및 편광시킬 수 있는 구조로서 포물선 거울을 사용한다

유도된 전압에 의해 스파크가 발생된다는 것을 알아차린 것이다. 실험은 훌륭했고, 결과는 완벽했다. 스파크는 소리가 들리기 때문에 직관적으로 어떤 공간에서 유도의 힘이 강해지는지도 알 수 있었다. 헤르츠는 공간상에 퍼져나가는 전자기파가 정상파standing wave를 이루는 것을 측정을 통해 확인한다. 또한 측정 시에 금속판과 나무판을 수신코일 뒤에 배치하여 전자기파가 반사되는지 투과되는지도 확인하게 된다.

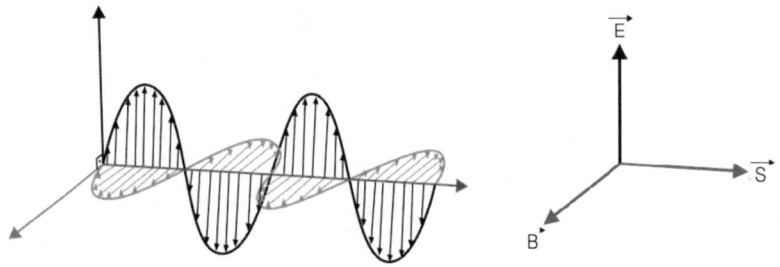

전기장(E)과 자기장(B)에 의한 전자기파의 진행(포인팅 벡터, S)

    헤르츠의 실험은 여기서 멈추지 않았다. 파동이 빛의 속도로 이동하는 것과 빛의 성질처럼 편광이나 굴절을 일으킨다는 것을 확인함으로써 패러데이와 맥스웰의 이론을 지탱할 수 있는 근간이 되었다. 반대로 헤르츠의 실험 결과는 같은 독일 물리학회의 주류 이론을 잔혹하게 베어버리는 칼이 되었다. 베버와 노이만의 원격작용은 서서히 사라져 갔으며, 맥스웰과 베버의 이론 그 중간쯤 어딘가에 자리 잡았던 헬름홀츠 역시 제자에 의해 이론이 무너져 내렸다.

    헤비사이드와 맥스웰주의자들은 헤르츠의 위대한 실험 결과에 찬사를 아끼지 않았다. 헤르츠는 독일 출신으로서 영국의 영웅이 되었으며, 그 당시 모든 상을 휩쓸었다. 다만 헤르츠는 그의 스승을 너무 존경했기에 자신의 결과가 스승과 주류학자들의 이론을 무너뜨린 것에 대해서는 마음 아파했다. 특유의 겸손한 성격이 패러데이와 견줄 만했던 헤르츠이기에 더욱 그랬을 것이다. 안타깝게도 그는 36세의 젊은 나이에 병으로 사망하여 역사에 남을 업적을 더 이어갈 수 없었다. 그럼에도 헤르츠의 전자기파 발견은 전기의 요정으로 불리기에 차고 넘치는 결과이다. 그의 공을 기리고자, 분야를 막론하고 모든 주파수(진동수)의 단위는 Hz(Hertz)를 사용하고 있다.

## 시대 전환을 예고한 빛의 파동성 연구

맥스웰과 헬름홀츠 그리고 헤르츠는 빛의 파동성을 밝혀낸 사람들이다. 전자기장electromagnetic field이라 부르던 이론의 이름도 차츰 전자기파 electromagnetic wave라고 불러도 이질감이 없어졌다. 맥스웰은 《전자기장의 동역학 이론》과 《전기와 자기에 관한 논고》를 통해 빛도 전자기파임을 주장했고, 이 과정에서 피조와 푸코 그리고 베버와 콜라우슈가 측정한 빛의 속도가 그 증거로 자리했다. 이후 헤르츠의 실험은 결정적인 한 방이 되었다. 앞으로 빛과 전자기파의 실험 연구가 진행되면서 둘은 서로 같은 것임이 밝혀지지만, 그 전에 빛을 파동으로 인식하게 된 몇십 년 전 과거의 일을 짚고 넘어갈 필요가 있다.

영국의 토머스 영Thomas Young(1773~1829)은 박학다식함의 상징으로 손꼽히는 의학박사였으며, 1801년부터는 왕립연구소에서 자연철학을 가르쳤다. 언어학에 뛰어났던 영은 모국어를 제외하고도 13개 국어를 구사했으며, 푸리에와 샹폴리옹보다 먼저 이집트 상형 문자의 일부분을 해독해 내기도 했다. 그는 1803년에 아주 특별한 실험을 하는데, 그것은 전기와 물리학의 역사에서 시대의 전환을 예고한 '이중슬릿' 실험이었다. 이 실험

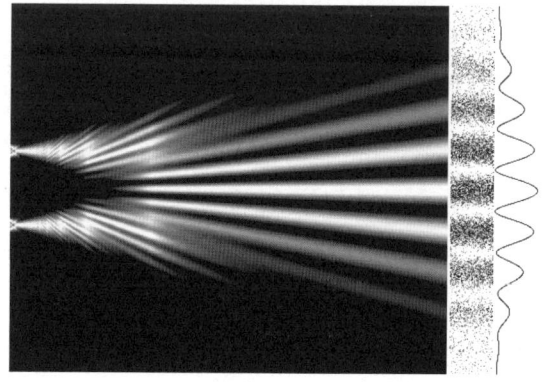

토머스 영의 이중슬릿
실험과 간섭무늬

은 빛의 파동성 논쟁의 마침표를 찍는 실험이었고, 파동성의 증거로서 '간섭 현상'을 측정하여 제시하였다. 이뿐만 아니라 실험을 확장하여 간섭 외에도 '회절 현상'도 선보였다.

영의 논문이 발표된 이후 몇 년 동안 이 실험은 수많은 지역에서 재현됐고, 이런 사실을 널리 퍼뜨리는 데 가장 크게 공헌한 사람은 오귀스탱 프레넬이었다. 사실 프레넬이 광학을 연구하던 시절에는 영의 연구를 알지 못했다. 아직 프레넬은 아카데미의 회원이 되기 전이었으며, 영어를 할 줄 몰랐기 때문에 빛과 관련된 연구를 독자적으로만 수행했다. 프레넬은 그림자의 끝에서 뭔가가 흐려지는 현상과 색수차 현상에 대해 특히 호기심을 보였고, 고민 끝에 파동의 개념을 정립하여 프랑스 아카데미에 보고했다.

뉴턴주의의 영향으로 입자설을 굳게 믿고 있던 라플라스, 비오, 라그랑주 등의 학자들은 이에 크게 반발했다.[9] 하지만 반대하는 학자들만 있지는 않았다. 프레넬의 논문을 심사했던 아라고는 연구의 중요성을 단번에 알아챘으며, 바다 건너 영국의 간섭 실험 보고와 유사함이 있다는 것을 파악하고는 프레넬의 연구를 더욱 개선할 방향으로 인도해 주었다. 귀인을 만난 프레넬은 더욱 연구에 몰두했고, 뉴턴주의에 기반한 빛의 직선운동을 무너뜨리기 시작했다. 1819년에는 라플라스, 비오, 푸아송, 아라고 등이 모인 심사 회의에서 프레넬의 제출물을 두고 큰 논쟁이 벌어졌으나, 프레넬의 수학적 모델과 접근에 관심을 보인 푸아송은 더욱 면밀하게 실험을 관찰해 볼 것을 권했으며, 간섭과 회절이 나타나는 그림자라면 반드시 중심에 밝은 점이 나타나야 한다는 의견을 전달했다. 아라고가 진행한 더욱 엄밀한 실험에서는 실제로 그림자의 중심에서 밝은 점이 나타나는 것을 확인했으며, 이러한 발견을 기려 아라고 점 Arago spot 혹은 푸아송 점 Poission spot이라고 부른다.

프레넬은 아라고의 지지를 기반으로 그랑프리에서 수상했으며, 빛의

오귀스탱 프레넬(왼쪽)과 프랑수와 아라고(오른쪽)

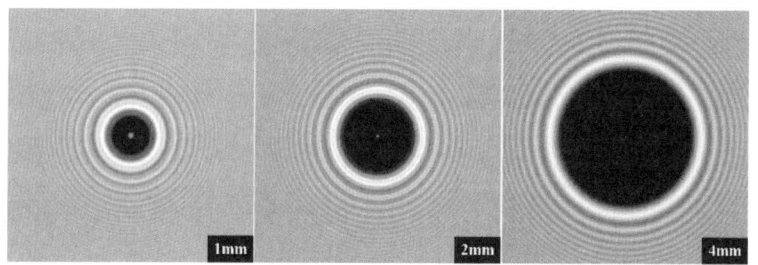

아라고 점: 직경 1밀리미터, 2밀리미터, 4밀리미터 디스크의 뒤로 1미터 떨어진 거리에서 촬영된 그림자

파동 이론의 근간을 세우게 된다. 프레넬과 아라고는 측정되는 빛의 기이한 현상들을 파동 이론으로 하나하나 설명해 나가던 반면, 입자설을 근거로 한 이론들은 점점 추진력을 잃기 시작했다. 특히 입자설로만 설명되던 편광도 파동으로 설명되면서 많은 발전을 이뤘고, 원형 편광이라는 것을 발견하기도 한다. 1818년에는 빛이 횡파임을 엄밀하게 설명한 프레넬의 논문이 발표되기도 했다.[10] 아직 빛과 전자기 현상의 관련성이 밝혀지기 전이라, 광학 분야에서 프레넬의 업적은 대중에게 알려진 바가 적었다.

시간이 흘러 맥스웰과 헤르츠의 노력으로 전자기파에 대한 이론이 등장하자 앞서 선행되었던 빛의 파동이론은 전자기 이론과 합쳐져 간다. 파동 방정식은 물론이고 반사와 투과 이론과 같은 이전에 만들어진 광학이 전자기학 속으로 들어오게 되었다. 이러한 배경을 토대로 유선과 무선을 아우르는 전파 통신 기술이 발전하기 시작한다.

# 10
# 발명가의 시대

## 결핍을 가진 미국의 전기공학자 스타인메츠

영국의 헤비사이드와 마찬가지로 전기공학에서 페이저라는 대수적 개념을 만들어 낸 찰스 프로테우스 스타인메츠는, 이민자 출신의 미국인으로서 프로이센의 지배를 받던 슐레지엔 지방 사람이다. 과거 프로이센의 프리드리히 2세가 오스트리아-합스부르크 왕가로부터 빼앗은 지역 출신이란 점도 역사적으로 볼 때 흥미롭다. 스타인메츠는 독일 제국에서 우수한 성적으로 중등교육을 마칠 정도로 지능이 훌륭했지만, 그에게는 견딜 수 없는 아픔이 있었다. 왜소증이라는 선천적 장애가 있던 그는, 다 자란 키가 122센티미터밖에 되지 않았기 때문에 경제 활동을 포함한 사회 활동에 제약이 있었다. 이러한 사정은 아마도 그가 열렬한 사회주의자로 활동하게 된 계기가 되었을 것이다. 하지만 너무도 적극적이었던 사회주의 활동은, 그가 독일로부터 쫓겨나 미국 사회에 정착하는 데에 지대한 악영향을 주

찰스 프로테우스 스타인메츠

었다. 1889년 미국으로 이주한 스타인메츠는 감사하게도 좋은 인연들을 만나면서 높은 자존감과 자신감을 가질 수 있었다. 이 과정에서 '지혜로운 꼽추'를 뜻하는 프로테우스Proteus라는 중간 이름을 만들어 내기도 했다.

그는 이후 뉴욕에서 일하며 자기장과 자화에 대해 연구했는데, 지금까지 회자되는 중요한 결과를 발표하기도 했다. 스타인메츠는 영국의 괴짜 공학자 올리버 헤비사이드와 마찬가지로 맥스웰의 전자기 이론을 독파했고, 여기에 더해 실무적으로 변압기와 모터를 사용해 보면서 미처 발견하지 못했던 특이한 점을 찾아냈다. 바로 교류 신호를 인가했을 때, 철에서 발생하는 히스테리시스hystersis 곡선을 발견한 것이었다. 히스테리시스 효과는 주파수와 자기장의 세기에 따라 손실이 달라진다는 이론인데, 스타인메츠는 수많은 실험을 거듭하며 철의 손실 모델을 세우는 데 성공했다. 현재까지도 사용되는 이 이론을 스타인메츠 방정식이라고 부른다.

자성체 연구에서 절대 빼놓을 수 없는 이 이론은 당대에도 큰 인정을 받았으며, 그가 성공 가도를 달릴 수 있게 해주었다. 이후 그가 일하던 작은 회사가 에디슨의 제너럴 일렉트릭GE, gerenal electric[1]에 합병되면서 그의 또 다른 연구활동이 시작되었다.

$$P_v = k \cdot f^a \cdot B^b$$

스타인메츠 방정식Steinmetz's equation: 부피(㎤)에 대한 히스테리시스 손실을 의미한다

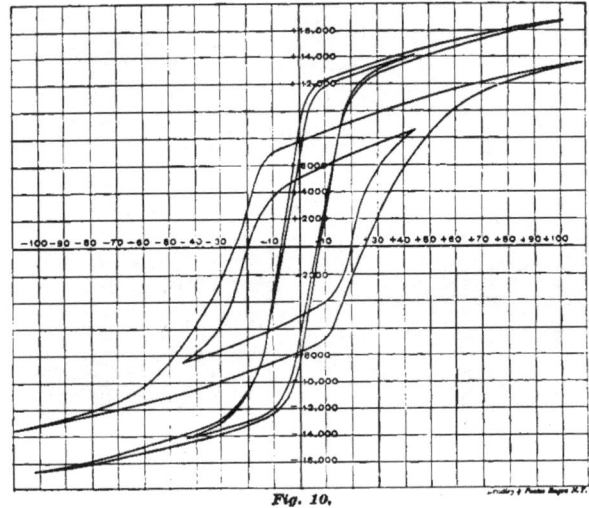

스타인메츠의 B-H
히스테리시스 연구 [2]

1893년 제너럴 일렉트릭에 합류한 스타인메츠는 교류 전기 시스템을 파고들었으며, 이를 쉽게 해석할 수 있는 도구를 찾아 헤맸다. 그가 주목한 것은 바로 '오일러 공식'이었다. 현재까지도 가장 아름다운 공식으로 알려진 이 식은 스타인메츠에게 교류를 바라보는 새로운 돋보기가 되어주었다.

$$e^{j\theta} = \cos\theta + j\sin\theta$$

페이저 개념의 근간이 되는 오일러 공식: 여기서 $j$는 허수축을 의미한다

일정한 주기와 진폭을 갖는 교류 정현파 신호를 복소수로 표현하는 것을 페이저라고 부르는데, 스타인메츠가 고안한 페이저는 복잡한 미적분 투성이의 전기회로를 간단한 곱셈과 덧셈 등의 대수학으로 바꿔주었다. 이러한 혁신적인 시도를 인정받아 페이저 기법은 회로 이론에서 사용되는 '교류 정상상태 해석'의 표준으로 사용되고 있다. 이는 복잡하고 많은 시간이 소요되던 미적분 문제를 대수적으로 전환하는 데 크게 기여한 이론이라 할 수 있다.

1921년, 브런스윅 뉴저지의 무선전신국을 둘러보는 사진: 가운데에 왜소한 스타인메츠가 있고, 바로 왼쪽에는 아인슈타인, 가장 오른쪽에는 무선통신을 만든 마르코니도 보인다

    1893년 7월 미국 전기 엔지니어 협회AIEE에서 발표된 그의 혁신적인 논문, 〈복소수와 전기공학에서의 복소수 활용Complex Quantities and Their Use in Electrical Engineering〉은 아직까지 회자될 정도로 그 의미가 남다르다. 그의 이론은 현대에도 사용되고 있기 때문에 스타인메츠의 논문은 지금 읽어도 전혀 괴리감이 없다. 그의 논문에서 재미있는 점은 '복소수 도메인'과 '90도 회전 연산자'를 나타내는 소문자 j가 처음으로 등장한다는 점이다. 일반적으로 수학이나 물리학에서는 i라는 기호를 통해 복소수와 실수를 구분하고 있다. 그러나 앙페르가 전류를 전류의 세기intensity라고 부른 이래로 공학을 포함한 전자기 이론에서는 i라는 기호가 사용됐기 때문에, 수학에서 허수imaginary number를 나타내는 기호인 i와의 충돌이 예견됐다.[3] 당연하게도 이러한 문제에 가장 먼저 직면한 사람은 페이저를 고안한 스타인메츠였다. 그는 논문에서는 j라는 표현을 통해 기호의 충돌을 피했으며, 이 방식은 지금까지도 공학에서 사용되고 있다.
    맥스웰 이후 급격하게 진보했던 전력공학의 발전사를 따라간다면, 많은 부분에서 스타인메츠와 헤비사이드의 연구 결과가 유사할 수밖에 없

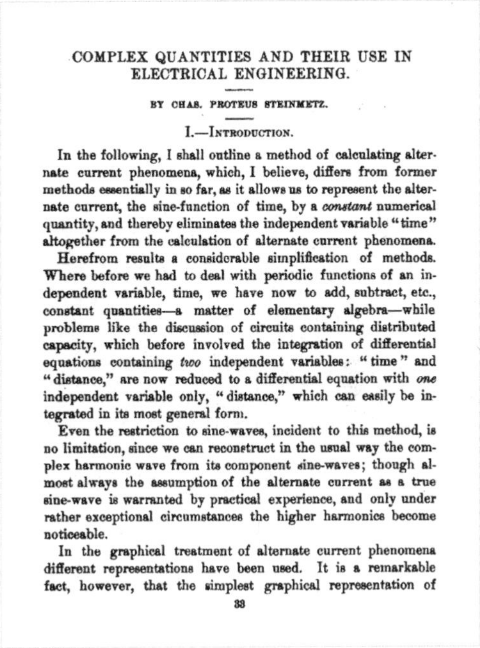

> COMPLEX QUANTITIES AND THEIR USE IN
> ELECTRICAL ENGINEERING.
>
> BY CHAS. PROTEUS STEINMETZ.
>
> I.—INTRODUCTION.
>
> In the following, I shall outline a method of calculating alternate current phenomena, which, I believe, differs from former methods essentially in so far, as it allows us to represent the alternate current, the sine-function of time, by a *constant* numerical quantity, and thereby eliminates the independent variable "time" altogether from the calculation of alternate current phenomena.
>
> Herefrom results a considerable simplification of methods. Where before we had to deal with periodic functions of an independent variable, time, we have now to add, subtract, etc., constant quantities—a matter of elementary algebra—while problems like the discussion of circuits containing distributed capacity, which before involved the integration of differential equations containing *two* independent variables: "time" and "distance," are now reduced to a differential equation with *one* independent variable only, "distance," which can easily be integrated in its most general form.
>
> Even the restriction to sine-waves, incident to this method, is no limitation, since we can reconstruct in the usual way the complex harmonic wave from its component sine-waves; though almost always the assumption of the alternate current as a true sine-wave is warranted by practical experience, and only under rather exceptional circumstances the higher harmonics become noticeable.
>
> In the graphical treatment of alternate current phenomena different representations have been used. It is a remarkable fact, however, that the simplest graphical representation of

〈복소수와 전기공학에서의 복소수 활용〉

다는 점을 알 수 있을 것이다. 이는 매우 흥미로운 점이다. 혹자는 수학을 싫어했던 헤비사이드의 복소複素 대수학이 스타인메츠의 페이저보다 수학적으로 뛰어났다는 주장을 제기하기도 하며, 복소 대수학을 이용한 페이저의 고안은 스타인메츠가 빨랐다는 주장도 있다.[4] 그러나 두 연구결과의 독창성을 감안한다면, 페이저 고안의 우선권을 두고 갑론을박을 하기보다는 두 사람 모두 전력공학 분야에 큰 공헌을 했던 사람으로 이해하는 것이 좋을 것 같다.

그럼에도 스타인메츠와 헤비사이드가 공통적으로 교류 해석 방법을 고안했다는 점과, 주파수와 밀접한 관련이 있는 스타인메츠의 '히스테리시스 손실'과 헤비사이드의 '표피효과skin depth 이론'을 내놓았다는 점은 매우 흥미롭다.

## 영국과 미국의 발명가들

1820년 외르스테드의 실험이 보급된 후, 영국의 과학자 윌리엄 스터전 William Sturgeon(1783~1850)은 전자석을 발명하고 전기 모터를 실용적으로 개발해 냈다. 신발을 만드는 견습생으로 시작한 스터전은 군에 입대하여 유럽의 수학과 물리학 등의 진보된 이론을 독학으로 습득하였다. 특히, 발명가로서의 자질을 갖춘 그는 1824년 전자석electromagnet을 만들었다. 그 무게가 200그램 정도인 이 발명품은 쇳조각에 도선을 열여섯 번 감았으며, 무려 4킬로그램의 물체를 자기력으로 끌어 올렸다. 앙페르와 아라고의 연구 결과에 영향을 받았던 스터전은 연철이 전류에 의해 쉽게 자화되어 자기장을 증폭시키는 것을 알고 있었으며, 이를 활용하여 자기력을 극대화시키는 전자석을 개발하였다.

스터전의 전자석 개발 소식이 미국 전역에 퍼지자, 뉴욕 알바니의 조지프 헨리Joseph Henry(1797~1878)는 이를 재현해 보았다. 스터전의 전자석에는 절연되지 않은 권선捲線이 사용됐는데, 여기에 실크로 절연된 도선을 사용하여 보다 조밀하고 강력한 전자석을 만들었다. 스터전에서부터 시

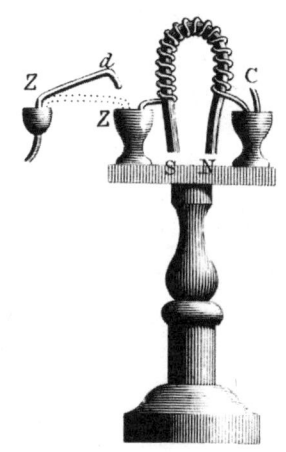

윌리엄 스터전(왼쪽)과 그가 1824년 개발한 전자석(오른쪽)

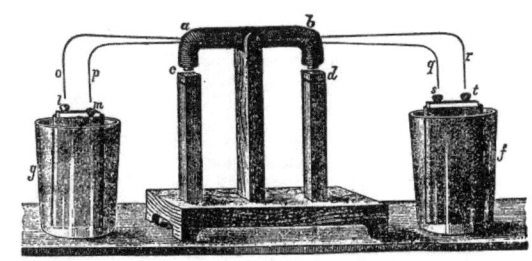

헨리의 전자석 개발(1831)

작된 미국의 전자기 실험 연구가 헨리에게 영향을 끼치면서, 헨리는 당시로서는 미국 동부 지방에서 가장 강력한 전자석을 보유한 사람이 되었다. 이러한 연구 결과를 발판 삼아 전신(전보)의 원형이 되는 장치를 만들었으며 발표하지는 못했지만 패러데이나 헤르츠와 같은 실험 결과를 얻어내기도 했다. 당시 유럽에서는 패러데이가 자기장에 의한 유도전류 실험을 발표하였고, 더 나아가 자석의 대체재로 전자석을 사용하여 최초의 발전기 원형을 선보이고 있었다. '비슷한 시기에 미국에서는 헨리가 패러데이와 마찬가지로 전자기 유도 현상의 동시 발견을 앞두고 있었다. 전자기 유도 현상의 원리를 발견한 헨리는 회전운동은 아니지만 좌우로 흔들리는 DCdirect current 모터의 초기 형태를 제시하기도 했다.

이와는 독립적으로 스터전도 역시 모터와 발전기 개발에 전념하고 있었다. 특히 전자석의 자기장 방향과 전류의 진행 방향을 반 바퀴마다 반대로 바꿔줘야 할 필요성을 느껴, 이를 토대로 현재의 '정류자commutator'의 기원을 만들어 낸다. 기계는 나무로 된 네 개의 모서리에 각각 하나씩, 네 개의 작은 직경의 (철심) 전자석으로 구성되었다. 중앙 스핀들은 전자석과 평행하게 배치되어 두 개의 영구자석을 각각 한쪽 끝에 가지며, 전자석의 끝과 일치하게 배치되었다. 이 스핀들의 중앙에는 단일 방향 방전기가 위치해 있었다. 막대자석은 반대 방향으로, 즉 N극과 S극이 반대 방향으로 배열되었다. 하나의 전자석에 전류가 흐르면 한쪽 끝에는 N극이,

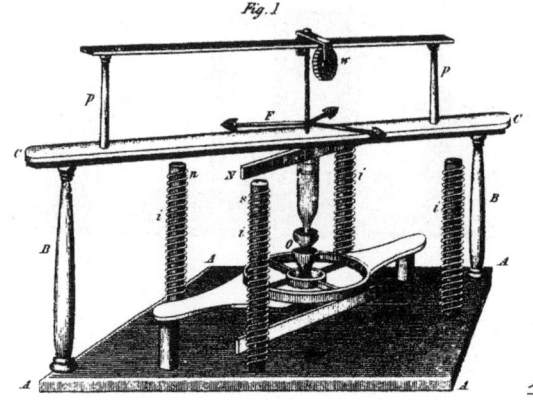

스터전의 DC 모터(1832)

다른 쪽 끝에는 S극이 생성되었다. 다시 말해 대각선 반대편의 전자석에는 전류가 반대 방향으로 흐르게 된다. 나머지 두 전자석에는 전류가 흐르지 않았다. 막대자석과 전자석에 유도된 극 사이에서 생긴 인력으로 스핀들이 회전했다. 정류자에 의해 적절한 순간에 전류가 다른 전자석 쌍으로 전환되어 회전 운동이 지속되었다. 마침내 1832년 스터전은 정류자가 포함된 DC 모터를 개발하게 된다.

한편 미국에서는 전자기 유도현상의 원리를 이해한 헨리가 전자석과 DC 모터뿐만 아니라 신호를 증폭하는 전신 개발에도 뛰어들었다. 이 시기 화가의 꿈을 갖고 유럽을 여행한 뒤 미국으로 돌아오던 새뮤얼 모스Samuel Finley Breese Morse(1791~1872)는 배에서 전자석에 관한 재미있는 이야기와 실험을 보게 된다. 그는 전 세계 주요 전신 언어의 표준을 만든 사람이다.

미국으로 돌아온 모스는 무엇인가에 홀린 듯이 그림을 포기하고 전신 사업에 뛰어든다. 그가 만든 전신 체계는 어떻게 보면 조지프 헨리의 아이디어에 포함되어 있던 것이지만, 모스는 공격적인 사업가였으며 그것을 자기 것으로 만드는 데 탁월한 능력이 있었다. 물론 모스뿐만 아니라

새뮤얼 모스(왼쪽)와 전신기(오른쪽)

바다 건너 영국에서는 전신 사업으로 명성을 얻은 찰스 휘트스톤이 있었고, 독일에서는 베버와 가우스가 빠르게 전신 사업을 확장하고 있었지만, 모스는 이들보다 한 발 더 앞서가는 놀라움을 보여주었다. 경쟁자들이 빠르게 치고 나오며 모스의 사업 수준까지 따라잡으려 했지만, 모스는 보다 저렴하고 효율적인 장비를 만들어 냈다. 더욱이 좋은 동료였던 레너드 게일과 앨프리드 베일의 합류로 16킬로미터마다 신호를 증폭하는 중계기 시스템을 도입하여 경쟁자들과 격차를 벌릴 수 있었다. 이후 모스는 정부와의 긴밀한 협조를 통해 적극적인 지원을 받으며 사업을 이어나간다. 이후 워싱턴 D.C와 볼티모어를 잇는 전신을 통해 다음과 같은 기념비적인 전보를 보내게 된다.

> 하나님이 행하신 일이 무엇인가?What hath God wrought?
> — 〈민수기〉 23장 23절

1837년 모스의 전신기 발명 이후로 분당 30글자라는 당시로서는 파격

10 • 발명가의 시대   257

적인 시스템을 만들어 냈으며, 1844년에는 본격적인 전신선의 상용화가 시작되었고 이후 1850년에는 1만 9,000킬로미터에 달하는 전신 시스템이 미국 전역으로 퍼지게 되었다.

## 해저 케이블의 시작

19세기는 유럽과 미국 등에서 진보된 전신 기술을 이용하여 대륙을 연결하는 중요한 사업이 이루어지던 시기였다. 1843년 마이클 패러데이는 동남아 열대지방 나무의 수액으로부터 '구타페르카gutta-percha'라는 단단하고 절연 특성을 가진 천연고무를 발견했는데, 구타페르카는 가공이 쉽고 물에 잘 녹지 않으면서 절연성이 높기 때문에 강이나 바다와 같은 지형을 지나야 하는 전선의 보호재로서 각광받았다.

1847년 프로이센의 장교 출신인 카를 빌헬름 지멘스Carl Wilhelm Siemens (1823~1883)는 라인강을 가로지르는 최초의 수중 전선을 선보였다. 이에 동기 부여된 영국과 프랑스는 도버해협을 가로지르는 해저 케이블을 설치해 냈다. 해저 케이블은 당시로서는 섬과 대륙을 연결하는 중요한 교두보

식민지였던 말레이시아의 천연고무 구타페르카(왼쪽)와 이를 채집하는 모습(오른쪽)

해저 케이블의 구조[5]

였으며, 산업 기술과 진보의 상징이었다. 그럼에도 아직은 시행착오를 거치던 단계였기 때문에 영국 도버와 프랑스 칼레를 연결하는 케이블은 설치된 지 하루도 되지 않아 고장 나고 말았다. 이후 1851년 다중 도선으로 구성된 케이블이 설치되면서 정상적인 신호를 주고받을 수 있었다. 수백 년간 학자들의 학술적인 편지가 오갔던 도버해협 아래에, 그 편지들이 낳은 결과물이 기념비처럼 자리 잡게 되었다. 그 역사적 순간을 이끈 주역은 공학자인 제임스 보먼 린제이(James Bowman Lindsay(1799~1862)를 포함해 수많은 무명의 사람들이었다. 이후 해저 케이블에 자신감을 얻은 사람들은 더욱더 과감한 시도를 하기에 이른다.

## 정보를 전달하는 바닷속 거대 뱀, 대서양 횡단 케이블

'대서양 횡단 케이블 프로젝트'는 〈창세기〉에 등장하는 바벨탑에 버금갈 만큼의 사건이었다. 이 사업을 주도한 인물은 사이러스 웨스트 필드Cyrus West Field(1819~1892)였다. 1854년 다소 무모하지만 추진력 있었던 그는 초

대서양 횡단 케이블을 나르던 HMS 아가멤논 호(1858)

기 어려움을 극복하고 엄청난 자본금을 지원받아 사업에 착수한다. 이후 영국과 미국 양쪽 정부로부터 전함을 지원받은 그는 실패를 거듭하다가 마침내 대서양을 가로지르는 통신을 이루어 낸다.

1858년 8월 영국의 빅토리아 여왕은 미국 15대 대통령인 제임스 뷰캐넌에게 '국제적이며 위대한 이 사업'에 대해서 칭찬을 아끼지 않았으며, 그 내용은 전보로 보냈다. 무려 열일곱 시간에 걸쳐 전달된 모스 부호의 첫 문장은 다음과 같다.

> 영국 여왕은 매우 깊은 관심으로 이 위대하고 국제적인 업적을 이루어 낸 미국 대통령께 축하하는 마음을 전합니다.

그러나 기쁨도 잠시였다. 얼마 안 가 든든하다고 믿었던 해저 케이블이 고장 난다. 해저 케이블은 일곱 줄의 구리 선을 꼬아 한 가닥으로 만들고 세 겹의 구타페르카로 절연한 뒤 타르를 칠한 대마로 칭칭 감았다. 그 위에 일곱 개의 철선으로 구성된 열여덟 가닥의 피복을 등간격마다 배치하여 만들었으며, 그 무게가 무려 킬로미터당 550킬로그램이었다.

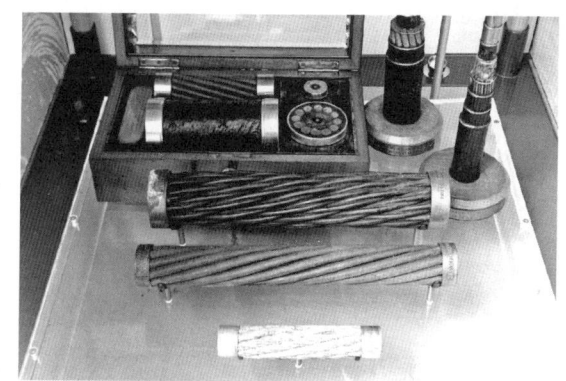

영국 왕립연구소에
보관 중인 해저 케이블

그럼에도 이렇게 만들어진 해저 케이블은 오랜 시간 바닷속에 잠긴 탓에 쿠타페르카의 성능이 떨어졌으며, 도선이 길어 손실이 높아지자 시간이 지연되었다. 특히 시간 지연 문제가 대두되자 이를 해결하고자 무모하게 전압 신호를 높이려 했고, 결국 전신선의 절연 파괴로 고장이 난 것이었다. 이 실패를 딛고 일어서려는 시도가 분명히 있었지만, 1861년 미국에서 일어난 내전(남북전쟁)으로 사업이 잠정적으로 중단된다. 미국은 공업화된 북부와 노예의 인적자원을 기반으로 한 남부 간의 치열한 전쟁 양상을 보였으며, 노예 해방을 통해 승기를 잡은 북부군은 1865년 게티즈버그 전투에 승리하며 안정화되었다. 다시금 대서양 횡단 케이블 사업에 대한 논의가 이루어졌다.

이 시기에 해저 케이블 프로젝트에서 가장 큰 명성을 얻은 사람은 윌리엄 톰슨이었다. 그는 이미 1차 대서양 횡단 케이블 설치에 참여했는데, 길어지는 케이블에 의해 전송시간이 지연됨을 간파하고 있었다. 물론 이를 프로젝트 이사회에 보고하였다. 그러나 당시 의사 출신이었던, (경험적으로) 전기 기술을 터득한 와일드먼 와이트하우스에게 묵살당했다. 두 사람은 빈번하게 충돌하기 일쑤였다. 사실 이미 절반 정도 제작이 완료된 케

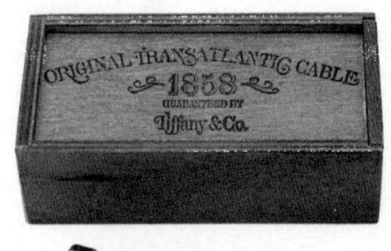

티파니앤코에서 대서양 횡단 케이블을
기념하고자 만든 굿즈
ⓒ Bill Burns, atlantic-cable

이블을 수정하자고 제안하는 톰슨의 제안은 기업 관리자 입장에서도 받아들이기 쉽지 않은 고충이 있었을 것이다. 그럼에도 와이트하우스는 이를 극복하고자 더 높은 전압을 사용하여 손실(전압강하)에 의한 정보 지연을 늦추려고 했다. 결국 이는 절연파괴의 문제를 일으켜 와이트하우스는 해고되었으며, 이후 해저 케이블 사업의 주도권은 톰슨이 갖게 되었다. 이전부터 톰슨은 해저 케이블의 고장을 진단할 수 있는 장치인 특수한 검류계를 만들었는데, 이를 적극적으로 활용하기 시작했다. 1866년 마침내 톰슨은 프로젝트를 완수한다. 그리고 이 일 이후로 톰슨의 이름은 사라진다. '대서양 횡단 케이블 사업'이라는 족적을 남긴 톰슨은 영국으로부터 기사 작위를 받게 되었으며, 그렇게 승승장구하며 탄생한 그의 새 이름이 바로 '캘빈 경Lord Kelvin'이다.

대서양 횡단 케이블의 업적은 대중에게도 순식간에 퍼진다. 지금까지도 명품 브랜드로 알려진 티파니앤코Tiffany&Co.는 대서양 횡단 케이블의 일부 자투리를 손잡이로 하는 기념품 우산을 만들었으며 이를 판매하였다. 그뿐만 아니라 동화로 유명한 안데르센 역시 1872년 《거대한 바다뱀The great sea serpent》이라는 제목의 책을 출판하면서 바닷속에 가라앉은 거대한 해저 케이블을 전설 속에 등장하는 바다뱀으로 묘사하였다. 이처럼

영국 왕립연구소에 보관 중인 세계 해저 케이블 지도

일반 대중들 역시도 이 어마어마한 사업에 큰 관심을 두고 있었음을 알 수 있다.

　사실 이러한 해저 케이블은 지금도 우리에게 동화 속 신비한 바다뱀과 다르지 않을 수 있다. 대부분의 사람들은 우리가 사용하는 인터넷이나 전산 시스템이 무선이나 위성을 통해서 이루어진다고 알고 있다. 그러나 사실은 구글이나 아마존 등 세계 모든 인터넷 전산망은 해저에 깔린 바다뱀을 통해 이루어지고 있다. 물론 지금은 150년 전의 케이블이 아닌 광섬유와 신호의 증폭을 담당하는 중계기로 이루어진 케이블로 대체되었지만, 여전히 대륙과 대륙, 그리고 섬들을 잇는 것은 물리적으로 연결된 통신망에 의한 것이다.

## 초기 전기 모터의 선구자들

현대의 산업구조를 이루는 전기기기 중 모터는 굉장히 중요한 부분을 차지한다. 모터는 컨베이어 벨트, 로봇 팔, CNCComputerized numerical control 가

10 • 발명가의 시대　　263

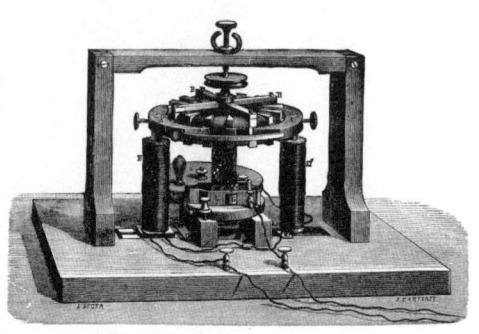

안토니오 파치노티(왼쪽)와 그의 DC 모터(오른쪽)

공 기계 등 자동화 공정에 사용되는 핵심 부품이며 크레인, 엘리베이터, 에스컬레이터 등 건설 장비에서도 중요한 역할을 한다. 이는 농업이나 광업 등에서도 활발하게 적용되며, 에너지를 생산하기 위한 풍력 및 수력 발전기와도 거의 흡사하다. 특히 전력을 소비하는 장치들에서는 약 60~70퍼센트가 모터일 정도로 그 중요성이 남다르다.[6] 그 때문에 전기기기 설계 및 제어 분야에서 효율을 향상하거나 개선하는 문제는 전 인류의 에너지 효율을 개선하는 문제와 크게 다르지 않다. 산업혁명 초기에는 전력 발전의 어려움이 있었고 저장 장치인 배터리의 문제로 인해 증기기관이 우세했지만, 복잡한 기계장치를 사용하여 수직운동을 원운동으로 변환하는 것에는 한계가 있었다. 기술이 발전함에 따라 태생이 원운동인 모터는 그 자리를 대체해 갔다.

패러데이, 스터전 그리고 헨리가 DC 모터에 대한 초기 연구 결과를 내놓은 이후로 보다 효율적인 모터가 등장하기 시작했다. 1865년 맥스웰의 전자기 동역학이 발표되던 시기에 이탈리아의 안토니오 파치노티Antonio Pacinotti(1841~1912)가 여자권선勵磁捲線으로 구성된 DC 모터와 발전기를 발명한다.

니콜라 테슬라(왼쪽)와 그의 1883년 여권(오른쪽)

그후 많은 이들이 DC 모터의 상용화를 위해 힘썼으나, 소모성 장치인 브러시와 정류자로 인해 내구성의 한계가 드러났다. 이뿐만 아니라 제임스 프레스콧 줄이 '줄 열Joule heating'을 발견할 정도로 모터의 효율이 매우 낮았다. 여러 제약 속에 모터 개발은 정체된 듯했지만, 그때 미국 어딘가에서 낯선 이방인이 등장하여, 이전과는 전혀 다른 방식으로 모터를 구상하기 시작했다. 그는 바로 니콜라 테슬라Nikola tesla(1856~1943)였다.

혹자는 그를 '전기의 마법사'라고 부른다. 그만의 독특한 실험을 본 사람들은 누구든 마법사라는 찬사를 할 만했다. 테슬라는 깊은 생각을 통해 머릿속에서 이미지를 구현해 내는 것에 큰 재능을 가졌다. 이러한 배경엔 그의 머릿속을 강타하는 강렬한 빛과 그로 인한 고통이라고 하지만 그것을 극복하면서 길러낸 그의 탁월한 능력이 사유였다. 어린 시절 테슬라는 오스트리아 제국 내의 요아노임 기술대학에서 공부하기 시작했다. 특히 야코프 푀슐 교수의 물리학 수업을 즐겨 들었던 그는 체계적으로 패러데

10 • 발명가의 시대

이의 전자기 유도 현상과 그것을 응용한 DC 모터/발전기와 같은 전자기 기기들을 학습할 수 있었다.

테슬라는 벨기에의 기기 제조업자였던 제노베 그람Zénobe Théophile Gramme (1826~1901)의 발전기를 다뤄볼 기회가 있었는데, 정류자에서 지속적으로 스파크가 발생하는 바람에 테슬라는 DC 모터를 뭔가 큰 문제가 있는 장치로 인식하게 되었다. 그는 어렴풋이 머릿속에 떠올린 회전 현상을 이용한다면 이런 불편한 DC 모터를 개선할 수 있을 것이라 생각했다.

1881년 프랑스 법률에 따라 그 나라의 특허를 얻은 발명품은 반드시 그 나라에서 제조되어야 했기 때문에, 프랑스에 에디슨 전기회사가 설립된 다. 그리고 토머스 앨버 에디슨Thomas Alva Edison(1847~1931)의 친한 동료였던 찰스 베철러가 프랑스 지사의 책임자로 있었다. 1882년 테슬라는 파리에 위치한 에디슨 회사에서 일할 수 있었는데, 그의 잠재력을 파악한 베철러는 추천서와 함께 테슬라의 미국 뉴욕행을 독려하였다.

당시 미국은 급격한 산업화로 도시가 흉물스럽기 짝이 없었다. 테슬라가 지냈던 오스트리아, 부다페스트, 파리 등은 아름다운 국제 도시였기에 뉴욕에 대한 실망스러운 감정은 더욱 숨길 수 없었다. 1884년 6월, 테슬라는 도착하자마자 임무가 주어졌다. 대서양 횡단 여객선이라는 타이틀을 얻고 있던 오리건 호에 에디슨의 회사는 발전기를 납품했는데, 여기에 문제가 생겼던 것이었다. 테슬라는 자신의 이론과 경험을 토대로 밤낮으로 노력하여 문제를 깔끔하게 해결했다. 마침내 일을 마치고 에디슨 회사에 발을 디딘 테슬라에게 갑자기 들어온 에디슨은 농담조의 말을 건넸다.

"밤에 배회하고 돌아다니는 파리 친구로군."

첫 출근부터 험난했던 테슬라에게 에디슨이 던진 첫마디치고는 굉장히 짓궂었으나, 그 외에 괜찮은 직원이 들어왔다는 칭찬을 듣기도 했다(테슬라가 직접 듣지는 못하고 찰스 베철러를 통해 전해졌다). 하지만 시간이 지나

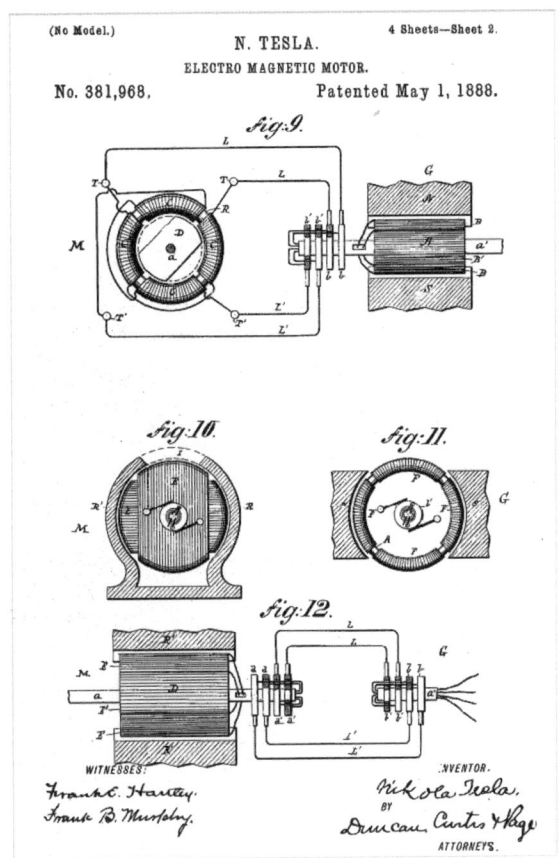

테슬라의 2상
유도모터 특허
U.S.patent 381,968

도 원하던 일을 하지 못했으며 그럼에도 이뤄낸 실적은 인정받지 못하자, 테슬라는 에디슨의 회사를 나와 독자적인 길을 걷게 되었다. 그리고 그가 꿈꾸던 '회전 자기장'을 이용해 모터를 개발했다. 당시로서는 직류가 주류였기 때문에 테슬라가 꿈꾸던 회전 자기장이나 교류 시스템은 주목을 받지 못하던 시기였으나, 테슬라는 자신의 이상을 좇아 새로운 모터 개발에 착수했다. 1887년이 되면 테슬라는 자신만의 2상 모터를 구현하여 다상 시스템의 초석을 다졌다.

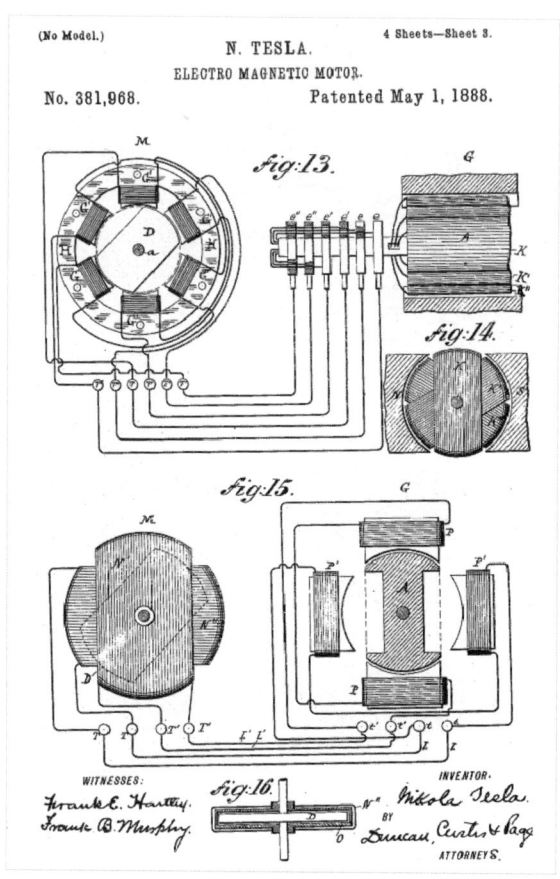

테슬라의 U.S.patent 381,968: 교류를 생성하는 3상 발전기와 2상 모터의 연결 구성도를 보여준다

    1887년 테슬라는 모터와 발전기로 연결되는 하나의 시스템을 고안하여, 교류 전류에 의한 회전 자기장Rotating magnetic field을 확인했다. 발전기는 운동에너지를 전기에너지로 변환해 주는 장치인데, (이후 플레밍의 오른손 법칙이라고 부르는 전자기 유도법칙을 따르면) 연결된 코일에 상이 다른 전류가 유도되었다. 전류가 흐르는 코일은 링 형태의 철심 코어(고정자 stator)에 감겨 있었는데, 이렇게 만들어진 회전 자기장은 가운데에 위치한 회전자rotor를 움직이도록 했다.

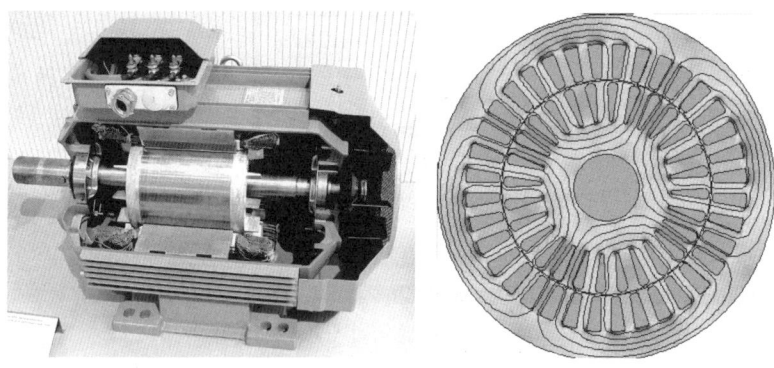

산업용 유도모터(왼쪽)와 유한요소 해석으로 바라본 모터의 자기장(오른쪽)

정리하자면, 테슬라가 제시한 시스템은 운동에너지가 전기에너지를 만들고 전기에너지가 다시 운동에너지로 변환되는 구조였다. 테슬라는 자신이 머릿속으로만 상상하던 회전 자기장을 구현한 것이며, 이는 그가 그토록 없애고 싶어 했던 브러시와 정류자가 사라지는 순간이었다. 또한 현재 산업계를 지배하는 유도모터가 처음으로 등장하는 순간이기도 했다.

## 전기의 마법사 테슬라의 출사표

신대륙을 발견한 콜럼버스의 일화는 서양 문화에서 '도전의 상징'이다. 남들과는 달랐던 그의 포부를 대변하는 사례로 콜럼버스의 달걀 이야기가 자주 언급된다. 매끄럽고 굴곡진 달걀을 세우기란 쉽지 않다. 모든 이들이 이것을 어떻게 세워야 할지 걱정하고 주저할 때, 콜럼버스는 고정된 사고방식에서 벗어나 그 제약들을 부숴버렸다. 달걀의 끝부분을 깨서 달걀을 세워낸 것이다. 이후 콜럼비스의 이야기는 서양 문화권의 출사표처럼 여겨지는 하나의 의식과도 같았다.

테슬라는 지인들 앞에서 약 400년 전의 의식을 '회전 자기장'을 통해 재

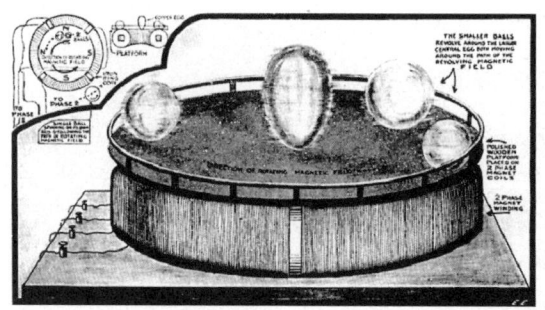 

1919년에 그려진 테슬라의 달걀 실험(왼쪽)과 그의 실험 도구(오른쪽)

현해 낸다. 구리로 된 달걀은 회전 자기장에 의해 빠르게 회전하면서 우뚝 섰으며, 그가 보여주는 화려한 쇼에는 선대 요정인 패러데이의 전자기 유도 원리가 담겨 있었다. 그렇게 테슬라는 전기의 마법사로서 화려한 쇼의 시작을 알렸다.

한편, 시대의 흐름은 마치 테슬라의 '교류 시스템'을 위해 무언가 큰 사건들을 연거푸 일으키는 듯했다. 프랑스의 루시앙 골라르Lucien Gaulard (1850~1888)와 존 딕슨 깁스John Dixon Gibbs(1834~1912)는 최초의 '상용 변압기'를 발명하여, 아크등과 백열등의 불을 밝혔다. 이것이 영국의 한 갤러리의 불을 밝히는 장치로 사용되면서 많은 이목을 끌었다. 특히 그들의 작품은 1884년 이탈리아 토리노에서 열린 전시회에서 미국의 유능한 사업가 조지 웨스팅하우스George Westinghouse Jr.(1846~1914)의 눈에 띈다.[7] 웨스팅하우스는 철도 기관차에 필수적인 '공기 브레이크'를 개발하여 큰돈을 번 사람이었다. 이후 전기 분야가 기회의 장임을 깨달은 그는 특히 교류가 매력적인 시스템임을 간파했고, 골라르와 깁스의 특허를 매입한다.

1888년 미국 전기기술자협회에서 열린 발표에서 테슬라는 '교류 모터와 변압기의 새로운 시스템'을 선보였으며, 여기서 많은 사람들에게 교류 송배전의 이점을 설파했다. 새로운 모터의 등장과 함께 신문사들은 이 소

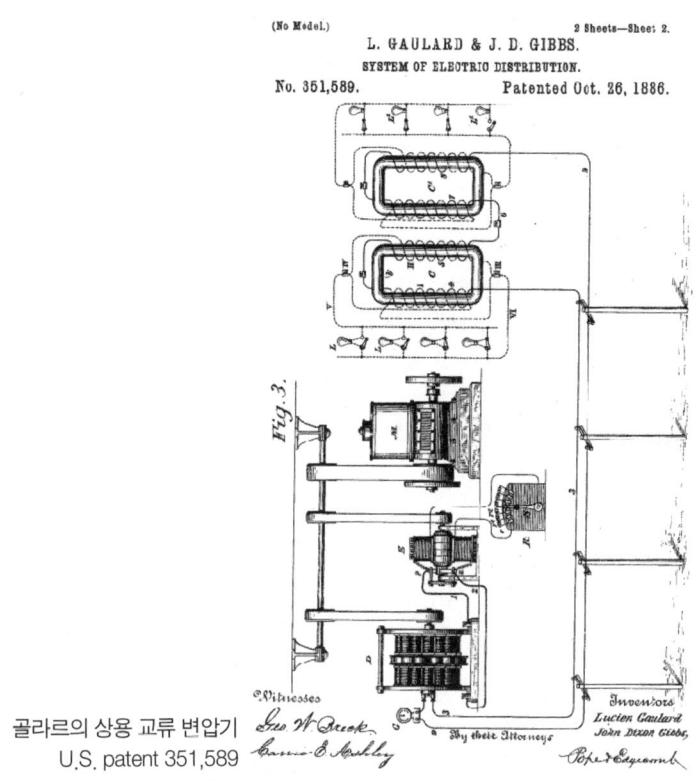

골라르의 상용 교류 변압기
U.S. patent 351,589

식을 대서특필했다. 이후 유도모터의 가치를 알아본 웨스팅하우스는 테슬라의 회사와 연구에 적극적으로 투자하게 된다.

## 유도모터를 발명한 동시대의 다른 발명가들

테슬라의 유도모터와 회전 자기장의 발견보다 더 앞선 1879년 6월 28일에, 〈아라고의 회전을 생성하는 모드A Mode of Producing Arago's Rotations〉라는 논문이 영국 런던에서 발표된다. 이 논문은 아라고의 회전을 단계적으로 설명하고 2상 모터의 형태를 제안했다. 그 모터는 네 개의 전자석과 회전

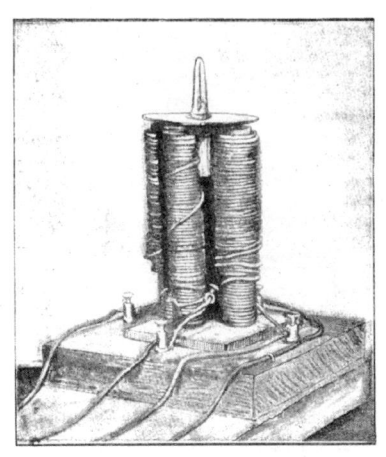

월터 베일리의 모터

하는 금속 원판으로 이루어졌다.[8]

저자는 월터 베일리Walter Bailey 로서, 이 논문에는 회전 자기장을 바라보는 그의 정확한 식견이 나타나 있다. 그러나 베일리가 선보인 모터는 배터리와 정류자를 이용하여 네 개의 전자석을 연결한 뒤 회전 자기장을 만들어 내는 것이었기 때문에, 각도 변화마다 일정한 자기장의 세기를 만들 수 없었고 회전이 불균형해지면서 꿀렁임fluctuation을 동반했다. 베일리는 자신의 모터를 소개하면서 의미심장한 한마디를 남겼다. "균등한 회전 자기장을 만들 수만 있다면, 이러한 문제는 해결될 것이다."

한편 웨스팅하우스는 테슬라의 발명이 유일하고 독창적일 것이라 생각했지만, 뒤늦게 새로운 사실을 한 가지 전해 들었다. 1885년 5월, 토리노 왕립과학원 회보에 토리노의 응용물리학 교수인 갈릴레오 페라리스 Galileo Ferraris(1847~1897)의 회전 자기장과 그 산물인 모터의 실험 결과가 실렸던 것이다. 당시 사람들은 위상phase에 대한 개념이 확실히 정립되지 않았는데, 페라리스 교수는 변압기 1차 측과 2차 측 전류는 90도의 위상차가 난다는 것을 처음 발견하였다. 또한 골라르와 깁스의 변압기 실험을 유심히 들여다본 페라리스는, 변압기의 1차 측과 2차 측 코일을 서로 공간적으로 직각을 이루도록 했을 때 (전류가 흐르면) 가운데에 있는 원통이 회전하는 것을 확인하였다. 이로써 변압기의 1차 측과 2차 측 전류가 90도 위상차를 갖는 것을 알게 되었다. 이것은 1885년의 결과였으며, 테슬라보다 먼저 페라리스가 회전 자기장의 원리를 발견했다는 증거가 되었다.

하지만 1887년에 테슬라가 먼저 유도모터에 대한 특허를 출원하여 1888년 US 381,968 특허를 취득했기 때문에 테슬라가 유도모터에 대한 최초의 발명자가 되었다. 페라리스 역시 미국으로부터 전달된 '유도반발 모터'에 관한 글을 읽고 난 뒤, 자신의 연구 결과를 정리하여 발표한다. 1888년 발표한 페라리스의 논문은 회전 자기장에 대한 그의 탁월한 이해를 보여준다.

페라리스는 이 논문에서 변압기의 1차 및 2차 전류의 위상차와 아라고의 원판을 돌리는 원리를 설명했다. 그리고 구리 원통을 회전자로 하는 교류모터와 동력계(다이나모미터dynamo-meter)가 연결된 시스템의 일을 분석했다. 사실상 유도모터를 설명하는 원리와 이론은 페라리스가 정립한 것이라 볼 수 있다. 그럼에도 페라리스는 논문의 결론에서 유도모터의 실용성에 대해 부정적이었다. 속도가 올라갈수록 감소하는 일과 회전자의 열 때문이었다.

그러나 현대의 산업계에 사용되는 주류 모터는 유도모터이다. 이렇듯 동일한 발명품에 대해서 극명하게 갈리

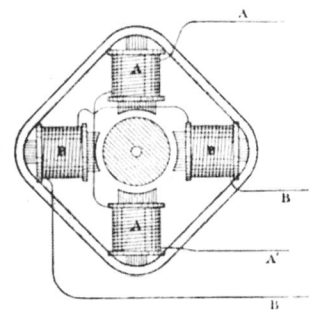

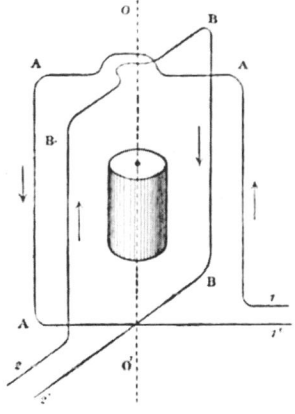

갈릴레오 페라리스(위쪽)의 회전 자기장과 유도모터(아래쪽)

는 인식 차이가 테슬라와 페라리스의 운명을 좌우했다. 두 사람은 동시 발명의 기로에 서 있었지만, 가치를 중요하게 판단하지 못한 페라리스는 웨스팅하우스에게 미국 내의 모든 권리를 넘기는 대가로 1,000달러를 받게 된다.[9] 반면 자신이 개발한 모터를 상용화 수준까지 끌어올리고 특허권을 보유했던 테슬라는 현금 2만 5,000달러와 모터 한 대의 1마력당 2달러 50센트라는 로열티를 받게 된다. 이러한 평가의 기준으로 테슬라는 유도모터의 최초 발명자로, 페라리스는 회전 자기장의 최초 발견자로 여겨지고 있다.

## 3상 모터, 균일하게 회전하는 힘

테슬라와 페라리스가 2상 시스템을 이용하여 유도모터를 만들어 내는 동안, 독일의 다름슈타트에서 공부하던 미하일 돌리보 도브로볼스키Mikhail Dolivo-Dobrovolsky(1862~1919)는 다른 이상향을 꿈꾸고 있었다. 그는 폴란드계 러시아 귀족 출신으로 공무원이던 부모님 아래서 자랐으며, 다름슈타트 공대에서 처음으로 설립된 전기공학과의 첫 학과장이던 에라스무스 키틀러Erasmus Kittler(1852~1929)의 조교로 일하면서 키틀러의 전기 구동계 이론을 흡수할 수 있었다.

1887년까지 이어졌던 키틀러와의 인연을 뒤로하고, 도브로볼스키는 베를린 소재의 전기회사 아에게AEG, Allgemeine Elektricitäts-Gesellschaft로부터 좋은 제안을 받아 근무를 시작한다. 아에게는 1883년 에디슨 전구회사의 도움을 받아 건립된 후 현재까지 독일에서 역사와 전통에 빛나는 전기회사이다. 그 출발점에 도브로볼스키가 함께하고 있었다. 그러나 에디슨 회사의 영향력이 꼭 좋은 점만 있진 않았다. 당시 미국에서 에디슨 회사는 웨스팅하우스와의 이념적 갈등으로 인해 직류를 고집하고 있었기에 교류에

미하일 도브로볼스키(왼쪽)와 독일의 전기회사 아에게(오른쪽)

는 큰 관심을 두지 않았고, 이 점이 3상 시스템을 향해 홀로 다가가던 도브로볼스키에게는 큰 걸림돌이었다. 하지만 엔지니어들을 중심으로 변압기가 개발되면서 교류의 승압 장점이 부각되자, 점차 시대적 흐름에 맞추어 아에게도 변화하기 시작했다.

1885년부터 1887년 사이에 테슬라와 페라리스가 독립적으로 2상 유도모터를 개발하자, 독일의 공학자 프리드리히 아우쿠스트 하젤반더Friedrich August Haselwander(1859~1932)는 최초의 3상 동기 발전기를 개발했고 1887년 말에는 특허권을 가지고 있었다. 도브로볼스키는 이에 영감을 받아 3상 교류모터 개발에 착수했다. 테슬라와 페라리스의 2상 모터는 분명 당시로서는 획기적인 발명이었으나, 한 바퀴 회전을 기준으로 회전 자기장의 세기가 균일하지 않다는 한계가 있었다. 구동 시에 토크 리플에 의한 꿀렁거림이 발생했고, 이 문제를 극복하고자 했던 것이 도브로볼스키의 꿈이었다. 도브로볼스키는 3상 전류를 통해 이 문제를 해결하고자 했다. 문제를 바로 보던 그의 직관은 적중했으며, 균일한 전류를 통해 균일한 자기장을 생성했고, 꿀렁거림이 현저히 저감된 모터를 구현해 낼 수 있었다. 도브로볼스키가 만들어 낸 모터의 원형이 바로 현재 농형식squarrel cage이라 부르는 최초의 3상 유도모터였다.[10]

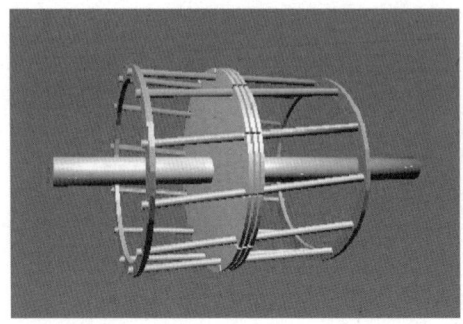 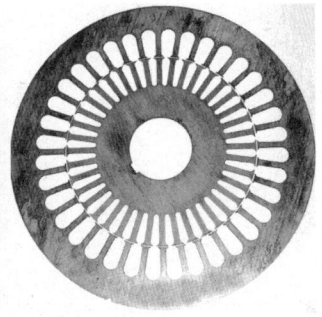

농형식 유도모터의 회전자 구조(왼쪽)와 유도모터의 고정자와 회전자의 규소강판(오른쪽)

다름슈타트 숲속 묘지(Am Waldfriedhof 25, 64293):
도브로볼스키는 다름슈타트의 공원묘지에 안장되어 있으며, 아주 가까운 곳에 그의 스승 키틀러의 묘지가 있기도 하다

그는 여기서 교류시스템을 한 단계 더 나아가게 하고자, 3상 권선에 균일한 전류를 흘려보낼 수 있는 최초의 델타-와이$_{delta-wye}$ 변압기[11]를 개발

했다. 그뿐만 아니라 에디슨 전구에 교류를 인가하면 발생하던 깜빡거림 flicker을 없애기 위해, 발전기를 수정하여 기존의 40헤르츠를 50헤르츠로 변경하였다. 이렇게 개발된 그의 발명품들은 1891년 프랑크푸르트에서 열린 국제박람회에 전시되었다. 도브로볼스키는 교류 시스템의 진보성을 알렸으며, 이는 경쟁사인 지멘스Siemens나 모회사인 에디슨 전구회사보다 먼저 글로벌 기업으로 발돋움할 수 있는 계기가 됐다. 그 모든 과정엔 알려지지 않았던 도브로볼스키의 노력이 있었다.

## 전기 자동차의 역사

모터의 발전과 함께 태생적으로 회전 운동하는 이 혁명적인 장치를 운송 수단으로 사용하려는 사람들이 등장하게 된다. 1828년 헝가리의 물리학자 아니오스 예들리크Ányos Jedlik(1800~1895)는 소형 모형 자동차를 만들었고, 1835년에는 네덜란드의 대학 교수 시브란두스 스트라팅Sibrandus Stratingh(1785~1841)과 독일 출신의 엔지니어인 크리스토퍼 베커가 소형 전기차를 만들었다. 당시로서는 증기기관이 내는 발열과 소음을 줄이기 위해 전기 모터가 대안으로 주목을 받았지만, 양조업자였던 줄이 전기 모터를 포기했던 것처럼 비슷한 문제에 직면해 있었다. 그뿐만 아니라 당시로서는 배터리가 아직 볼타 전지에서 크게 벗어나지 못한 상태였다는 한계가 명확했다.

  1859년에 들어 프랑스의 기술자인 가스통 플랑테Gaston Planté(1834~1889)가 충전이 가능한 형태의 2차전지를 개발하면서 이러한 문제를 조금이나마 해결해 나갔다. 그는 황산 용액에 적신 리넨 천을 이용하여 납판 두 개를 감싼 뒤에 유리병에 담았다. 그러고는 아홉 개의 셀로 구성된 납 축전지를 개발하였고, 높은 전압과 용량을 달성하였다. 1881년에는 프랑

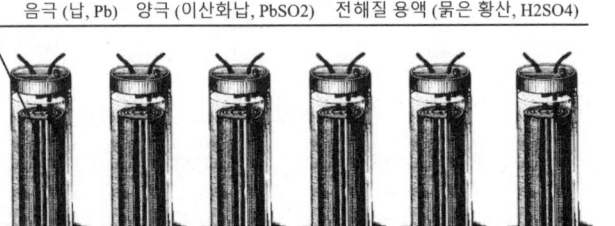

가스통 플랑테의 충전용 납축 배터리(1859)

구스타프 트루베의 최초의 충전식 전기차

스의 발명가 구스타브 트루베Gustave Trouvé(1839~1902)가 세계 최초의 충전식 전기차를 만들었는데, 여기에 지멘스의 소형 전기 모터와 플랑테의 납축전지를 적용하여 성능을 개선했으며, 파리 시내를 주행하며 전기 자동차의 등장을 알렸다.

1898년에는 독일의 엔지니어 페르디난트 포르셰Ferdinand Porsche(1875~1951)가 마차에 전기 모터를 장착하여 후륜구동 방식의 전기차를 만들었다. 1충전 주행거리 80킬로미터의 전기차는 시속 35킬로미터를 자랑했으며

로너-포르쉐 하이브리드 전기차

40킬로미터 주행 레이스에 이 차를 타고 우승을 거머쥐게 된다. 하지만 그는 차량에 들어가는 500킬로그램이 넘는 납축 배터리에 부담을 느꼈고, 경량화를 위해 내연기관 엔진과 소용량 배터리로 대체하여 최초의 하이브리드 전기차, 로너-포르쉐를 개발했다.

1910년대에는 내연기관차의 진동, 소음, 냄새 등의 이유로 전기차의 선호도가 높았다. 미국에서도 약 300개가 넘는 제조사에서 전기차 사업에 뛰어들었다. 그러나 포드의 모델 T가 양산화되어 낮은 가격으로 시장 경쟁에 뛰어들자, 전기 자동차는 설 자리를 잃게 된다.

더욱이 1920년대 텍사스 유전이 개발됨에 따라 양질의 값싼 휘발유가 공급되면서 내연기관차가 대세로 자리 잡는 데 기여했다. 그 이후 수많은 시간 동안 전기 자동차는 연구나 쇼업 형태의 자리로 내몰렸으나, 1970년대의 중동 전쟁과 환경 문제 그리고 전기 기술의 발전으로 다시금 도약을 준비할 수 있었다. 2000년대부터는 높은 연비를 자랑하는 하이브리드 차량의 전성시대가 열렸으며, 2012년에 니콜라 테슬라의 이름을 건 일론 머스크의 테슬라가 세단 모델 S를 출시한다. 2020년 테슬라는 완성차 업계 최초로 순수 전기차 생산 100만 대를 돌파했으며, 국내 기업인 현대기아 자동차 역시도 2023년 말 기준 누적 약 154만 대를 기록하고 있다.

헨리 포드와 모델 T의 등장: 20세기 초 전기 자동차의 몰락

## 전류 전쟁

테슬라를 얻은 웨스팅하우스는 본격적으로 미국 내의 발전소와 송배전 사업권을 따내기 위해 노력했다. 교류를 위한 발전기, 구동모터, 송배전을 위한 변압기 등은 준비가 되었다. 마지막으로 건너야 할 산은 토머스 에디슨이었다. 에디슨은 어린 시절부터 전신 사업소에서 허드렛일을 하며 기술을 배웠고 1877년에 축음기를 만들어 내면서 대중적인 인기를 얻기 시작했다. 사람들은 그를 가리켜 '멘로파크의 마법사'[12]라고 불렀다.

특히 에디슨은 백열등의 상용화로 잘 알려져 있다. 험프리 데이비가 최

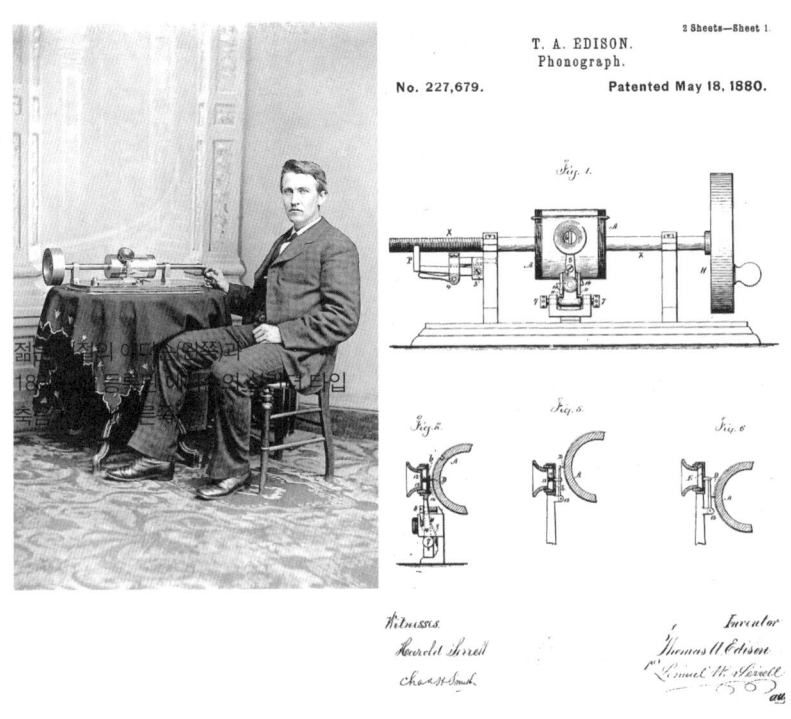

초로 전등을 발명한 이후 지속적으로 장치의 수명 문제가 대두되었는데, 에디슨은 1879년 대나무 숯으로 된 탄소 필라멘트를 적용하여 상용 수준의 전등을 만들었고, 대중 앞에서 성공적인 시연을 보였다. 이후 미국의 부호 J. P. 모건의 지원을 받아 전기 조명회사가 설립된다.

당시로서 조명과 전등이라는 사업은 배전망과 떼려야 뗄 수 없는 관계였다. 에디슨의 회사는 비교적 단순하고 직관적인 저전압 직류 시스템을 채택하게 된다. DC 전력의 공급 체계는 소규모의 전력량이 많지 않은 시스템에서 그 장점이 두드러졌다. 하지만 점점 대도시화가 진행되고 전력량이 증가하면서 높은 손실이 발생하게 되었다.[13] 발전소가 도시로부터 먼 거리에 지어짐에 따라 이러한 문제는 더욱더 심화되었다. 또한 시스템

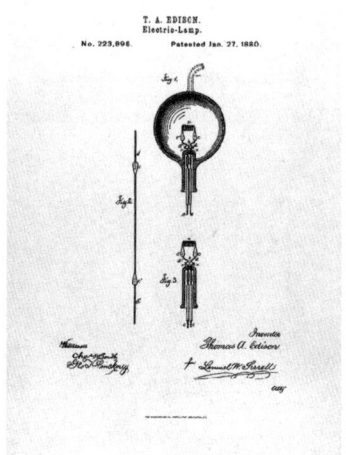

1,200시간 동안 유지되었던 에디슨의 탄소 필라멘트(1879)

을 구성하는 장비에서도 그 한계가 드러나고 있었다. 당시 직류의 경우 변압기를 사용할 수 없다 보니 고전압 송전이 불가능했고, 저전압을 채택함으로써 전력량이 증가하면 높은 전류로 인해 경제적으로 불합리한 두꺼운 전선이 사용되어야 했다. 교류AC, alternating current의 경우, 변압기를 통해 고압 송배전이 가능했고, 장거리의 전력 전송도 가능했다. 그뿐만 아니라 교류 발전기를 이용하는 발전소와도 호환이 가능했기 때문에 이점이 컸다. 에디슨의 회사는 직류를, 웨스팅하우스와 테슬라는 교류를 주장하며 공방전을 이어갔고 언론을 앞세워 마타도어를 벌였다.

최대의 격전지는 나이아가라폭포에 설치될 '수력발전소 수주 사업'에서였다. 초기 심사에는 켈빈 경까지 합류하여 직류 시스템의 사용을 권고했으나, 테슬라의 끈질긴 설득으로 최종 의사 결정권자인 월가의 은행가 애덤스는 점차 교류 시스템에 흥미를 보인다. 1893년 여름, 시카고에서 열린 만국박람회가 그 결정적인 승부처가 된다. 테슬라와 웨스팅하우스

시카고 전기박람회에서
공개된 테슬라의 다상
전력시스템(1893)

는 박람회장에 2상 교류모터, 콜럼버스의 달걀 장치, 공진 변압기, 새로운 교류 아크 등 교류의 마법을 보여줄 수 있는 장치들로 도배하기 시작한다. 또한 박람회장에 설치된 모든 에디슨 백열등을 동작시키기 위해 500마력이 넘는 교류 발전기를 24대나 돌렸으며, 교류 전력을 직류로 변환하는 로터리 변환기를 도입하여 직류 설비와의 호환성도 보였다. 이러한 마법과도 같은 광경을 지켜본 미국과 유럽의 전기 기술자들은 교류 시스템의 위력에 감탄을 금할 수 없게 된다. 결국 1893년 10월 나이아가라 발전소의 수주는 웨스팅하우스의 차지가 되었고, 테슬라가 전류 전쟁에서 승리를 거두었다. 1895년 7월 16일 자 《뉴욕 타임스》에서는 '19세기의 가장 훌륭한 공학적 승리'라며 테슬라의 업적이 기사화되었다.[14]

과학의 발전에서 승리와 패배를 논하는 것이 우스꽝스럽지만, 사업과 정치적 이해관계가 뒤섞이며 벌어진 전류 전쟁에서 누군가는 기어코 테슬라가 에디슨을 물리쳤다고 말할 수 있을 것이다. 그러나 이 말은 그때는 맞았고 지금은 틀렸다고 할 수 있다. 이러한 관점은 시간이 흐르고 기술력이 진보하면서 언제든 바뀔 수 있는 논쟁이 되었다.

10 • 발명가의 시대   283

나이아가라 폭포 근처에 있는
테슬라의 동상

프랑스의 전기공학자 마르셀 데프레즈Marcel Deprez(1843~1918)는 1876년부터 1886년까지 전력의 장거리 전송 실험을 시작했다. 그는 1881년 파리 전기박람회에서 장거리 직류 전력 전달 시스템을 기반으로 배전 시스템을 선보였다. 첫 번째 시도는 1882년 오스카 폰 밀러가 주최한 글래스 팔라스트 전기 박람회에서였는데 이는 성공적이었다. 이를 토대로 그는 미스바흐에서 뮌헨까지의 56킬로미터 거리를 2킬로볼트 고전압으로 1.5킬로와트를 전송하는 데 성공을 거둔다.[15] 1889년에는 스위스의 'DC 전력의 왕'이라 부르는 르네 터리René Thury(1860~1938)가 발전기를 직렬로 배열한 뒤, 230킬로미터에 달하는 거리를 125킬로볼트로 송전하여 20메가와트를 제공하는 데 성공했고, 이후 상용화를 이루었다.[16]

현재는 고전압 직류송전High Voltage DC 기술이 발전함에 따라 DC 송전의 장점이 더욱 부각되고 있다.[17] 교류는 주파수에 의해 임피던스라는 개념이 등장하지만 DC에서는 이러한 성분이 무시되기 때문에 효율적인 전력 전달이 가능해진다. 또한 에디슨의 시대에는 불가능했던 전압의 승압 역시, 전력전자 기술이 발달함에 따라 고체 변압기solid state transformer가 개발되어 DC의 단점이 현저히 줄어들게 된다. 따라서 사람들이 만들어 낸 가십거리는 또다시 끝나지 않은 문제가 되었고, 과학 논쟁에서는 그때는 맞고 지금은 틀릴 수 있다.

마르셀 데프레즈(왼쪽)와 르네 터리(오른쪽)

## 음파와 전파 그리고 전화기

19세기는 한마디로 발명의 시기였다. 분야를 떠나 수많은 이들이 동시 발명이라는 기이한 사건에 직면했다. 새뮤얼 모스가 전신 개발에서 성공적인 신호탄을 쏘아 올린 뒤, 또 다른 전기의 요정이 새로운 형태의 전신을 개발한다. 음성이 전달되는 원리는 압력에 의한 공기의 진동에 있다. 파동처럼 전파되어 귀가 그 진동을 느낌으로써 소리를 인지하게 되는 것이다. 모스의 전신이 송신과 수신을 모두 전기 신호의 형태로 송신하여 수신한 뒤에 해독한decoding 것이라면, 새로 등장하게 될 발명품은 음파를 전파로, 전파를 음파로 변환함으로써 인간에게 보다 직관적인 수신을 가능하게 했다. 이러한 발명의 시작은 이탈리아에서 미국으로 이민을 간 안토니오 메우치Antonio Meucci(1808~1889)가 이룩한다.

전자기 음성에 관한 업무를 하던 메우치는 1854년에 아내가 병에 걸리자 간호를 위해 지하 집무실과 2층 방을 연결하는 장치를 만들었는데, 이

전화기의 최초 발명자
안토니오 메우치

   것이 바로 전화기의 초기 원형이 되었다. 전화기의 원리도 전자기 유도법칙에 있는데, 음파에 의해 판이 진동하게 되면 자석과 나선 코일이 상대적인 운동을 벌였다. 이로 인해 수신 측과 연결된 코일은 유도전류에 의해 다시금 상대적 운동을 일으켰고, 판의 진동을 만들어 냈다. 이러한 원리에 기초하여 메우치는 1856년부터 30가지 이상의 다양한 전화기 종류를 만들어 낸다.

   그러나 점점 가세가 기울기 시작했던 메우치는 정식 특허를 내지 못하고 임시특허로 자산을 지켜오다가, 1874년에는 그마저도 만료되고 만다.

   한편 같은 시기 미국에서는 스코틀랜드 출신의 이민자 알렉산더 그레이엄 벨Alexander Graham Bell(1847~1922)이 전기 음향학에 대한 연구를 하고 있었다. 그는 전신회사에서 일하며 인간의 목소리를 직접적으로 전달하고자 하는 열망을 가진 인물이었다. 이러한 열망으로 그가 이후 전화기의 상용화를 주도할 수 있었다. 메우치의 특허가 만료되어 공백기가 발생하자, 벨은 전화기에 대한 특허를 신청했다. 벨의 라이벌이던 엘리샤 그레

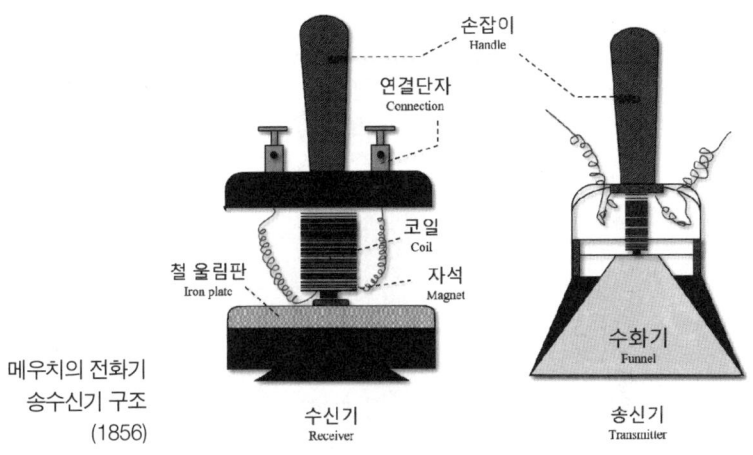

메우치의 전화기
송수신기 구조
(1876)

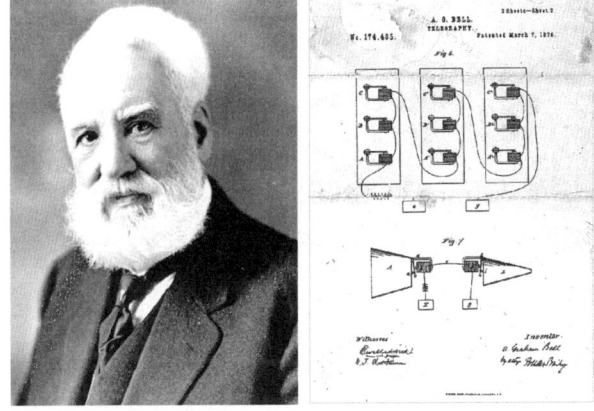

알렉산더
벨(왼쪽)과 그가
1876년에 만든
전화기의 특허
스케치(오른쪽)

이 Elisha Gray(1835~1901)도 비슷한 아이디어를 출원했으나, 특허를 가장 먼저 취득한 것은 벨이었다. 1880년대까지 벨은 전화통신 회사를 이끌었으며, 성공적으로 인지도를 쌓아갔다.

그럼에도 특허권 분쟁을 두고 메우치와 수많은 소송을 벌였고, 세간의 풍문에 휩싸였다. 벨은 전화기의 최초 발명자로 와전되어 알려졌으나, 공식적으로 최초의 발명자는 메우치였다. 상용화를 주도한 사람이 벨이었

10 • 발명가의 시대    287

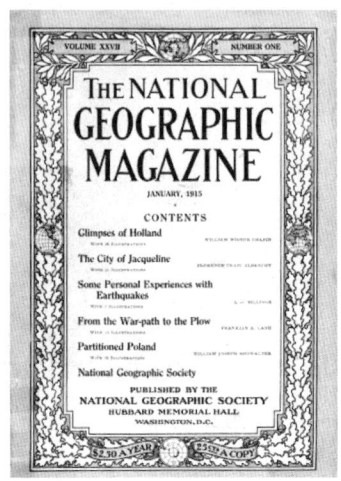

벨의 영향으로 성장한 학술지《사이언스》(왼쪽)와《내셔널 지오그래픽》(오른쪽)

다 보니 사람들의 인식 속에서 잘못 알려진 경향이 있다. 물론 다른 요소도 있을 것으로 보인다. 전자기파의 '에너지 흐름'을 두고 이름의 덕을 본 포인팅처럼, 벨 역시도 전화기의 발명에서 메우치보다는 대중에게 인식되기 좋은 행운을 가졌다. 이름이 '벨'이었으니 말이다.

벨은 메우치와의 전화기 발명과 관련된 논란이 있기도 했지만 자신의 회사를 잘 성장시켰으며 AT&T America Telephone & Telegraph의 전신이 되었다. 그뿐만 아니라 벨은 선한 영향력을 대중에게 확실히 보여주었다. 청각 장애인을 위한 프로그램과 지원을 아끼지 않았으며, 과학기술의 발전에도 지대한 관심을 가졌다. 그는 에디슨과 함께 미국 과학진흥협회의 공식 간행물인《사이언스 Science》[18] 저널의 최대 후원자였으며, 자신의 사위와 함께 내셔널 지오그래픽 협회의 주요 요직에서 활동하기도 했다.

## 마르코니와 테슬라의 무선통신

1912년 4월 15일 새벽, 아일랜드 퀸스타운을 떠나 뉴욕으로 향하던 배로부터 "Come Quickly, Distress"라는 신호 하나가 전달된다. 이후 얼마 지나지 않아 또 한 번의 신호가 전달된다. "SOS"(1905년 독일에서 채택한 구조신호).

얼마 안 가 이 신호가 '빙산에 충돌한 배'로부터 전달된 것을 알아차렸다. 거대한 배는 자신에게 부여된 그리스 신화 속 거인 titan이라는 말이 무색할 만큼 처참하게 바닷속으로 가라앉고 있었다. 타이태닉호였다. 수많은 사상자가 발생했지만, 그럼에도 두 번의 신호를 통해 700명 이상의 생존자를 낼 수 있었다. 이 비극적인 사건은 해상 안전 규정을 강화하는 계기가 됐지만, 그것 못지않게 그 중요성이 부각되는 것이 바로 '무선통신'이었다.

굴리엘모 마르코니Guglielmo Marconi(1874~1937)는 무선통신의 선구자로 알려진 사람이다. 이탈리아의 발명가이자 사업가로서, 1888년 헤르츠의 전자기파 실험 이후 지대한 영향을 받아 스스로 헤르츠의 실험을 재현해 보기도 했다. 1895년에는 약 2.4킬로미터 떨어진 거리에서 무선 신호를 송수신했으며, 1896년에는 영국으로 이주하여 자신이 발명한 것을 특허로 등록했다. 그리고 드디어 1897년 마르코니의 무선통신 회사가 설립된다. 1901년에는 대서양을 가로지르는 무선통신에 성공했으며, 그 거리는 영국 콘월의 펄두에서 캐나다 뉴펀들랜드의 세인트존스까지 무려 3,400킬로미터에 달했다.

당시 과학자들에게 통용되던 상식에 따르면, 전자기파도 빛과 마찬가지로 직진성을 갖기 때문에 마르코니의 실험은 결코 성공할 수 없는 것이었다. 전자기파는 지구 밖으로 사라져 버릴 것이라 여겨졌다. 다시 말해,

굴리엘모 마르코니의
무선전신기

직진하는 전파가 둥근 지구의 곡률을 따라 대서양 너머의 땅으로 전달될 수는 없다는 것이었다. 모두가 그를 사업하는 사기꾼의 거짓말처럼 치부했으나, 속속 밝혀지는 실험 결과는 마르코니의 손을 들어주었다. 물론 마르코니는 공학자로서의 면모가 강했던 탓인지, 무선통신이 가능했던 원리가 무엇인지에는 관심이 없었다. 이후 마르코니의 무선통신 원리를 찾아낸 것은 올리버 헤비사이드로서, 전리층에 의해 전파가 반사되어 통신이 가능했던 것을 밝혀냈다(이 전리층을 일컬어 헤비사이드 층이라 부른다).

이후 마르코니의 사업은 성공적이었다. 무선통신의 성공으로 그는 노벨 물리학상도 수상했으며, 이후 타이태닉호의 침몰 사건으로 그 중요성이 대두되어 무선통신 장치의 수요가 급증했다. 이후 1920년대와 1930년대를 거치면서 단파 라디오 기술과 마이크로파 기술에도 지대한 공헌을 하게 된다. 재미있는 것은 무선통신의 발전에서 마르코니와 테슬라의 우선권 논쟁이 기록되어 있는 점이다. 실제로 테슬라도 헤르츠의 전자기파 실험 결과에 감명을 받아 재현해 보고 독창적인 실험을 진행했으며, 1891년 테슬라 코일을 개발했다. 특히 전자기 공명(공진)을 통해 무선전력 전

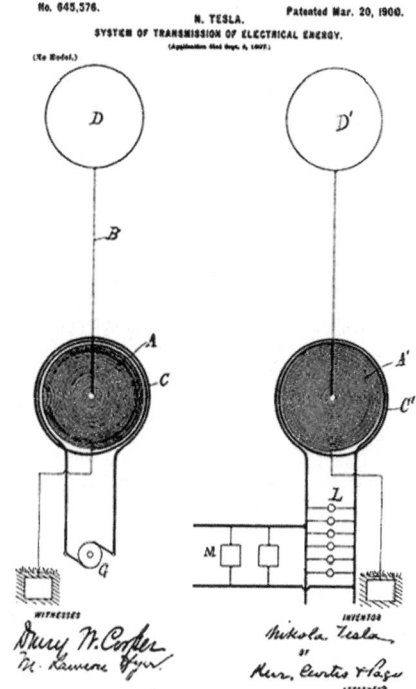

테슬라의 무선전력 전송 송수신
특허, U.S.patent 645,576

송이 가능할 것임을 예측했다. 1893년 세인트루이스와 필라델피아에서는 한쪽 손에는 전등을, 반대쪽 손에는 공진하는 변압기를 두고 무선으로 전등을 켜는 실험을 보여주었다. 1900년에는 무선전력 전송과 관련된 특허를 취득했으며, 월가의 지배자 J. P 모건과도 해당 사업과 관련된 협력 관계를 갖게 되었다.

테슬라의 무선통신 기술은 마르코니보다 실용성이 떨어졌으며, 실제로 대서양을 횡단하는 무선통신도 구현해 내지 못했다. 그럼에도 기술적 특허에서, 미국 대법원은 마르코니의 무선전신 특허보다 테슬라의 특허(US 645,576)가 우선함을 인정하였다.[19]

## 무선전력 전송

마이클 패러데이의 전자기 유도 실험 이후로, 전자기 형태의 에너지는 물체를 통하지 않고도 전달될 수 있다는 사실을 직감한 사람이 몇몇 있었다. 아일랜드 출신 성직자 니컬러스 캘런 Nicholas Callan(1799~1864)은 1834년부터 전자석과 전자기 유도 현상에 흥미를 느끼기 시작했다. 그는 실험을 위해 저전압의 배터리를 연결한 1차 측 코일과 2차 측 코일을 절연한 뒤 장치를 만들었는데, 1차 측 코일은 굵은 권선으로 적게 감았고, 2차 측 코일은 얇은 권선으로 많이 감았다. 그런 다음에 1차 측의 전류 공급을 간헐적으로 진행하자 높은 전압이 얻어졌다. 공급하는 주기가 약 20Hz였는데, 이때 2차 측에 생성된 전압은 약 6만 볼트였으며 생성된 스파크의 길이는 무려 380밀리미터였다. 1836년 캘런이 만든 유도 결합 코일은 최초의 변압기였으며, 인공적으로 만들어 낸 번개 수준의 고전압이었다.[20] 하지만 그의 발명은 당시에 큰 파장을 일으키지 못했다.

유사한 발명으로 유명세를 얻은 사람은 독일의 전기기술자 하인리히 루호코르프 Heinrich Rühmkorff(1803~1877)로서, 유도 코일을 독립적으로 발명하고 상용화에 성공했다. 그는 캘런과 마찬가지로 높은 전압을 인공적으로 만들 수 있었으며, 약 300밀리미터 이상의 스파크를 생성할 수 있었다.[21] 루호코르프는 1851년에 첫 번째 특허를 받았고, 1858년에는 나폴레옹 3세로부터 전기 응용분야의 중요 발견을 인정받아 볼타상을 수상하기도 했다. 루호코르프 유도 코일의 명성이 높을 수밖에 없었던 것은 '전자기파'를 발견한 헤르츠의 실험에서도 이 장비가 사용되었기 때문이다. 이는 전자기를 연구하는 유명 연구실에서는 필수로 보유한 실험 장비였다.

이렇게 캘런과 루호코르프 그리고 헤르츠로 이어지는 연구를 통해, 전자기적 결합이 공기를 통해서도 가능하다는 점이 알려졌다. 그때까지 1

니컬러스 캘런의
유도 코일(1836)

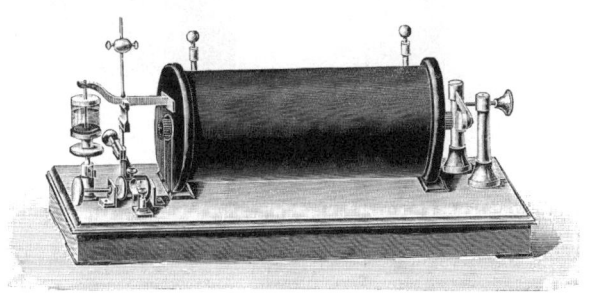

루호코르프
유도 코일(1851)

차(송신)와 2차(수신) 간의 결합을 '에너지 수송'의 관점으로 바라본 사람은 없었다가, 1889년 파리 만국박람회에서 헤르츠의 전자기파 실험을 전해 들은 테슬라가 새로운 접근을 시도했다. 바로 루호코르프 유도 코일을 개선하여 전력을 전달하고자 했던 것이다. 이 과정에서 높은 주파수를 사용하는 것이 전력 전달에 유리함을 알게 되었지만, 절연 강도에 문제가 생겨 절연체가 녹아내리곤 했다. 문제를 해결하고자 테슬라는 절연체를 공기로 하는 공심 유도 코일을 만들게 된다. 2차 측 코일에서 높은 스파크를 발생시키며 전력 전달에 성공한 테슬라는 1894년에 송수신 코일과 관련된 특허를 취득한다.

테슬라는 어린 시절 번개가 치는 광경을 목격하면서 넓은 지역을 순식간에 이동하는 것에 감탄했던 바 있다. 배움을 통해 번개도 전기라는 사

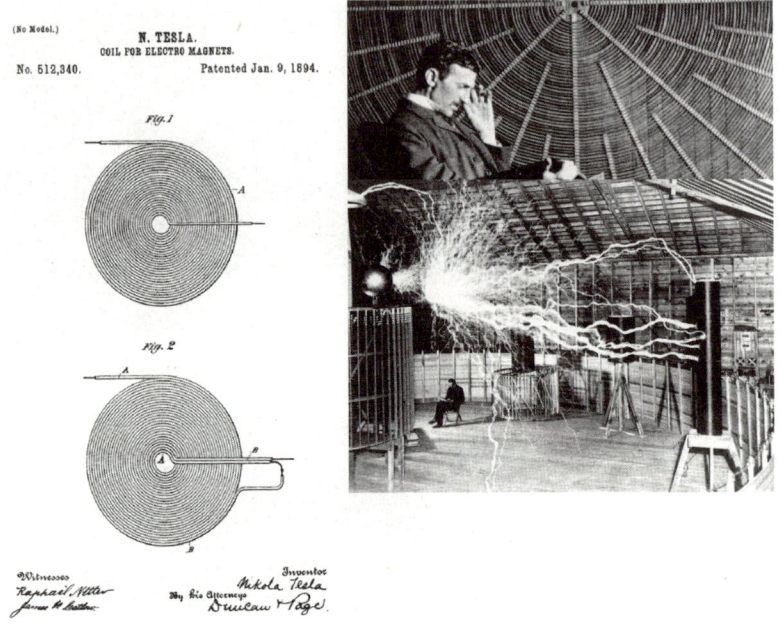

테슬라의 송수신 코일 구조 특허, U.S.patent 512,340(왼쪽)과
그의 무선전력 전송 실험 연구실(오른쪽 두 사진)

실을 알게 되자, 그는 어렴풋한 추측에 다가서기 시작했다. 이후 루호코르프 코일에서도 마치 번개와 같은 스파크가 내려치자 이내 어린 시절의 생각들이 퍼즐처럼 맞춰졌다고 한다. 마치 번개와 같이, 대류 간의 전력 전송도 무선으로 가능할 것이라 여겼으며, 이를 실현하고자 그는 대규모 프로젝트에 나섰다. 테슬라는 막대한 자금을 투자받아 워든클리프Wardenclyffe 타워라는 무선전력 송신 시스템을 만든 것이다. 이는 무려 57미터에 다다르는 거대한 장치이며, 구형기둥과 지붕으로 구성되어 있다. 중앙에는 큰 도체가 있어서 전력을 대기 중으로 송신하는 역할을 했다. 하지만 지속되는 자금 부족과 투자자 J. P. 모건과의 갈등으로 인해 결국 사업에 실패하였다.

▲ 1904년 롱아일랜드에 만들어진 테슬라의 워든클리프 테슬러는 대서양을 수직활 전력을 무선으로 전송하려고 했다.

▶ 모리스 르블랑의 철도 무선전력 전송 코일 구조의 특허: U.S.patent 527,857

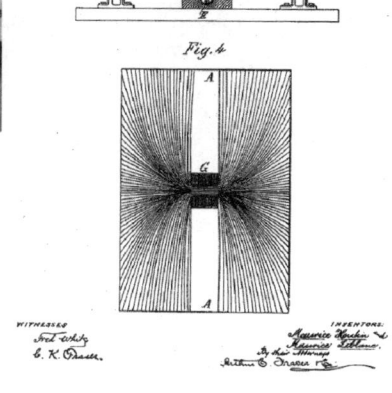

테슬라와 비슷한 시기에 무선전력 전송 기술에 매진하여, 비교적 근접한 거리에서 전력을 전송하고자 하는 시도도 있었다. 프랑스 에콜 폴리테크니크 출신의 모리스 르블랑Maurice Leblanc(1857~1923)은 교류 시스템과 비동기 모터를 연구하면서 결합 자기장의 원리를 이해한 엔지니어였다. 그는 당시 공학의 꽃이던 철도 기술에 무선충전을 도입하고자 했으며, 이와 관련된 특허를 얻게 된다.

안타깝게도 무선전력 전송 기술은 테슬라 이후, 사업성 문제로 인해 사라지고 있었다. 그러나 2006년 11월에 MITMassachusetts Institute of Technology의 솔라치치 교수 연구진이 공진 기반의 강한 자기 결합 구조를 발표했는데, 9.9메가헤르츠의 주파수를 적용한 장치가 2미터 거리에서 약 효율 40퍼센트를 달성하면서 다시 한번 무선전력 전송 기술에 불을 지피게 되

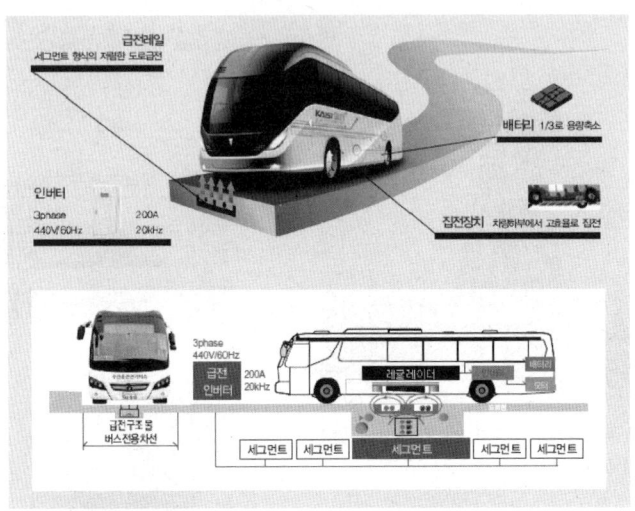

한국과학기술원에서 개발한 OLEV on-line electric vehicle

었다.

2009년, 한국에서는 한국과학기술원이 자기 공진 형상화 기술을 개발하여 전기버스를 위한 무선전력 전송 기술에 도전했다. 원천기술을 기반으로 주행 및 정차 중에 무선으로 전력을 전송하는 이 기술은, 2010년 미국 시사주간지 《타임Time》에 '세계 50대 발명품'으로 선정되기도 했다. 현재 현대자동차에서는 고급 SUV 차량에 무선충전을 위한 11킬로와트급 수신 장치를 장착하여 시범 사업을 보이고 있다.

# 11
# 새로운 선에 관하여

## 진공관과 방전 연구

험프리 데이비는 최초의 전구를 발명하여 광부들에게 빛을 제공한 프로메테우스였다. 데이비의 제자로서 전자기 유도 법칙으로 유명세를 떨친 마이클 패러데이도 스승 못지않게 전구에 대한 연구에 관심을 가졌다. 1830년대에 패러데이는 자신만의 독특한 실험을 구상했는데, 유리관 안에 양극(+)과 음극(-)의 전극을 떨어뜨린 채, 기체를 주입하여 양극에 볼타 전지로 전압을 가했다. 처음에는 별다른 특이사항을 발견하지 못했다. 일반적으로 공기와 같은 기체는 완벽한 절연체이기 때문에 센티미터당 수십 킬로볼트 이상을 걸어주지 않는 이상 방전현상을 확인하기 어려웠다. 여기서 패러데이는 유리관 속 기체의 압력을 낮추는 실험을 진행했는데, 이로써 파스칼, 토리첼리, 게리케와 보일로 연결되는 선대의 연구결과가 패러데이에 의해 전자기 현상과 이어지는 순간을 맞게 된다.

이때 패러데이는 음극에서 시작하여 양극으로 이어지는 발광 현상을 목격한다. 이러한 발광 현상을 '글로glow 방전'이라고 하며, 이는 기체의 낮은 압력 조건에서 일어나는 플라스마[1] 현상의 일종이다. 더욱더 기압을 낮추자, 전극 사이 중간 지점에서 발광 현상이 발생하지 않는 영역을 발견할 수 있었다. 현재 이를 '패러데이 암부Faraday dark space'라고 부른다.

패러데이의 연구는 당분간 이어지지 않았지만, 20년 후 독일에서 유사한 연구가 시작되었다. 과거 파스칼이 살던 시대에는 진공 실험을 위해 유리관을 만들기가 매우 어려웠으나, 게리케부터 이어져 온 독일에서는 유리 공예 장인이 많았기에 진공 실험을 위한 좋은 환경이 구축되어 있었다. 이러한 이점은 19세기의 독일까지 이어졌고, 독일은 여전히 유리 제조 기술에 일류 국가였다.

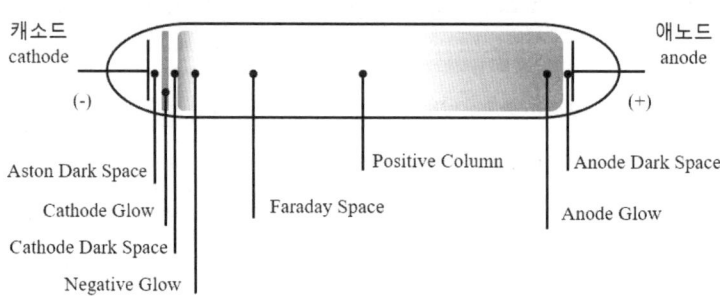

진공관에서의 글로 방전 현상

1850년대 초에는 유리 제조 기술자인 하인리히 가이슬러Johann Heinrich Wilhelm Geißler(1814~1879)가 패러데이와 유사한 형태의 튜브(유리관)를 만들어 낸다. 패러데이의 관이 코르크 마개와 유리를 조잡한 형태로 만들다 보니 완벽한 진공상태에 다다르기 힘든 반면, 가이슬러의 튜브는 수은 진공펌프를 이용하여 완벽한 진공상태를 만들기 용이했으며, 여러 기체를 주입하기도 편리했다.

가이슬러 튜브를 전해 받은 율리우스 플뤼커Julius Plücker(1801~1868)는 방전관에 대한 연구를 시작했으며, 1858년엔 요한 빌헬름 히토르프Johann Wilhelm Hittorf(1824~1914)와 협력하여 패러데이의 연구를 뛰어넘는 결과를 얻었다. 더 낮은 저압 진공상태에서 지속적인 방전현상을 만들어 낼 수 있었고, 극한의 저압 상태에 다다랐을 때 드디어 음극cathode 근처에서 형광의 방사선이 나오는 것을 확인할 수 있었다. 1869년에 히토르프는 방전에 의해 방사되는 선이 음극에서 시작하여 양극으로 나아간다는 것과, 이 선이 자기장에 의해 휘어지며 유리에 닿으면 밝은 빛을 낸다는 것을 알게 되었다. 1875년 영국의 물리학자 윌리엄 크룩스William Crookes(1832~1919)는 가이슬러관의 진공상태를 보다 더 개선하여 보급하였다.

당시 유럽에서 가장 강력한 진공상태를 유지할 수 있었던 크룩스관은 많은 이들이 방전 실험에 뛰어드는 데 큰 영향을 주었다. 헬름홀츠의 제자인 베를린 대학의 오이겐 골드슈타인Eugen Goldstein(1850~1930)은 1876

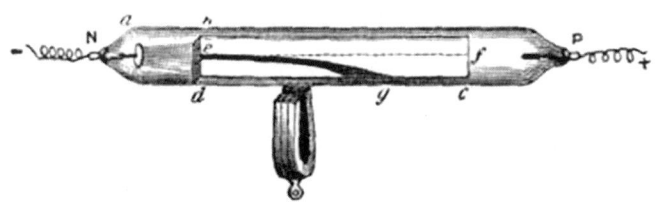

1880년 윌리엄 크룩스가 남긴 자기장에 의해 음극선이 휘는 현상

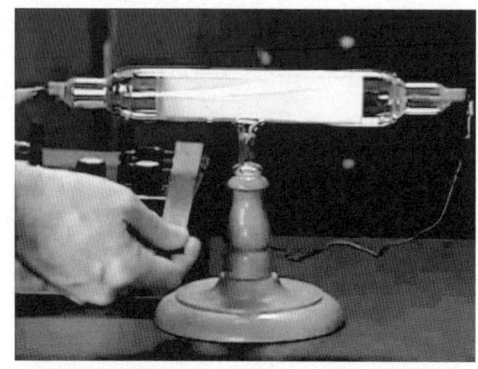

자석의 자기장에 의해
음극선이 휘는 실험

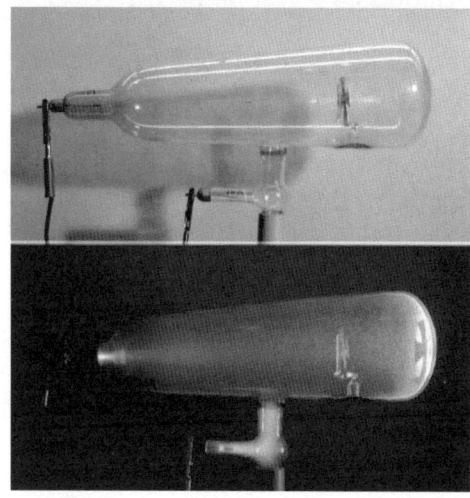

크룩스관과 음극선 실험

년 플뤼커와 히토르프의 실험을 재현하고, 음극에서부터 직진하는 빛을 음극선cathode ray or electron beam이라 명명한다.

독일에서 진보하기 시작한 이 실험들의 결과는 인류사에 엄청나게 큰 변화를 불러온다. 그때는 미처 알지 못했지만, 유리관과 방전 실험은 원자 세계로의 길을 열었으며, 현대 사회가 누리는 모든 전자기기의 공학적 혁명의 발판이 되었다.

## 반도체의 시작은 전구였다

만일 누군가 "백열전구가 없었다면 컴퓨터의 발전도 없었을 것이다"라고 주장한다면, 다소 비약적인 말로 들릴 수 있으나 이는 사실이다. 현재 컴퓨터를 구성하는 핵심 부품은 반도체이며, 이 원리는 진공관 연구에서 시작됐다. 그리고 진공관은 백열전구로부터 기원했다.

백열등에 사용되는 진공관이 물리학자들 사이에서 인기를 얻을 때, 물리학이 아닌 실용적인 측면에서 이를 활용하고자 한 천재 공학자가 있었다. 그는 현대의 전기공학도들에게 무척이나 유명한 존 앰브로즈 플레밍John Ambrose Fleming(1849~1945)으로서, 전류, 자기장과 작용 힘(도선의 운동)에 해당하는 세 가지 변수를 왼손과 오른손으로 재미있게 설명한 바 있다. 플레밍의 왼손 법칙으로 알려진 공식은 전류와 자기장이 이루는 방향에 따라 작용 힘이 결정되는 원리로서, 모터의 기계적 운동을 직관적으로 설명할 수 있다. 플레밍의 오른손 법칙은 작용 힘(도선의 운동)과 자기장의 방향에 따라 도선에 유도되는 전류의 방향이 결정되는 원리로서, 발전기의 원리에 해당한다. 직관적이며 이해하기 쉬운 설명을 세상 밖으로 끄집어낸 것이다.

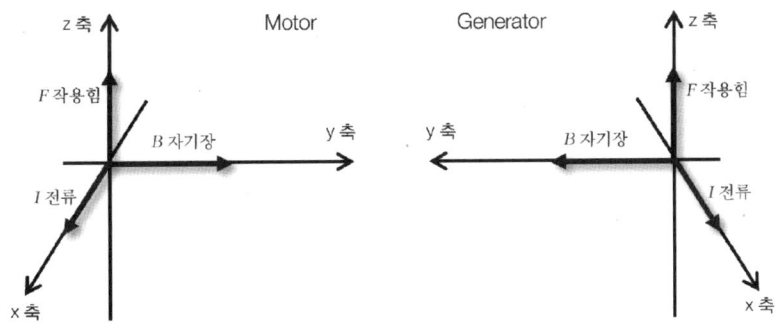

플레밍의 왼손 법칙(왼쪽)과 오른손 법칙(오른쪽)

1882년 플레밍은 에디슨 전구회사에서 교류 조명 시스템에 관한 자문을 담당하다가, 재미있는 소식을 한 가지 전해 듣는다. 1880년 멘로파크의 마법사라고 불리는 토머스 에디슨은 탄소필라멘트[2]가 포함된 백열전구를 실험하던 때의 이야기이다. 에디슨과 그의 연구소 직원들은 유리전구를 진공상태로 만들 경우 필라멘트의 수명이 올라간다는 것을 알고 있었다. 어떻게 보면 조명 장치인 전구를 상용화하려는 시도였지만 그들도 모르는 사이 패러데이나 플뤼케, 히토르프처럼 방전관 실험을 하던 셈이었다. 그러다가 고온의 열로 인해 유리관 안쪽이 그을림 현상이 발생하자 이를 막아보기 위해 가림막 형태의 금속판을 배치했다. 물론 그을림 현상을 막지는 못했지만, 이상한 현상을 하나 발견한다. 전기적으로 필라멘트와 떨어져 있는 금속판에 직류 전류가 흐르기 시작한 것이다. 당시로서는 진공에서는 결코 전류가 흐르지 않는다는 것이 정설이었으나 마치 원격작용과 같은 현상이 발견된 것이다. 다만 원리를 알 수 없었던 이들은 설명할 수 없는 이 현상을 '에디슨 효과'라고 이름 붙이게 된다.[3]

　에디슨의 회사는 초기에 직류를 주력으로 했지만, 나이아가라 발전소 수주에서 웨스팅하우스에 패배한 이후 교류 시스템을 병행했다. 이때 플레밍은 에디슨 필라멘트에 120헤르츠의 교류를 인가하는 실험을 할 수 있었고, 여기서도 에디슨 효과를 관찰했다. 입력이 직류거나 교류거나 금속판에는 직류로 된 신호만이 측정됐다. 이전에 없던 새로운 현상이 발견된 것이다. 플레밍의 발견은 잠시 잊혀 있었지만, 이후 마르코니와의 만남을 통해 새로운 국면을 맞이한다. 1899년 아직 무선통신이 대서양을 가로지르기 전, 마르코니는 플레밍에게 송수신기 성능의 개선을 위해 자문한다. 좋은 협력 관계를 형성한 둘은 이후 1901년 마르코니와 함께 대서양 무선통신의 주역이 되었으며, 마르코니의 회사에서 일하며 라디오 수신을 개선하기 위해 연구에 매진한다. 수신장치에서는 필연적으로 교류

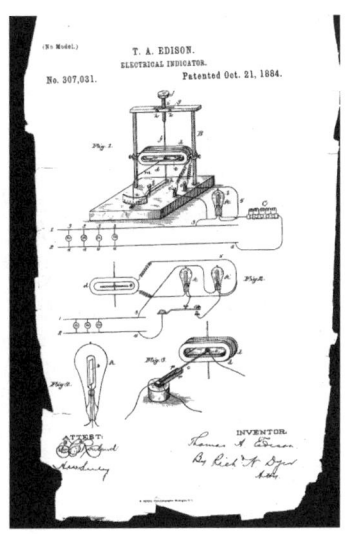

1880년 에디슨 효과가 발견된 전구(왼쪽)와
이를 응용한 DC 전압 조정기 특허 US 307,031(1883년 특허 출원)(오른쪽)

를 직류로 변환하는 장치가 필요했다. 물론 기계적인 보조장치를 통해 정류기rectifier로 동작시킬 수 있었지만, 보다 상업성 있는 장치가 필요했다. 플레밍은 20년 전쯤의 에디슨 효과를 기억했고, 이것이 어떠한 기계장치보다도 빨리 정류 기능을 소화할 수 있음을 알아챘다. 마침내 1904년 플레밍은 최초의 다이오드diode라 할 수 있는 2극 진공관을 발명하게 되었고, 1905년 특허를 취득한다.[4]

마치 유체를 개방시키고 차단하는 것과 같아서 밸브valve라고 불렸으며, 양극(+)에 해당하는 애노드와 음극(-)인 캐소드로 구성되었기 때문에 후에 두 개Di의 전극electrode이라고 불리는 다이오드가 된다. 순방향은 전류가 흐르게 하고, 역방향은 전류를 차단하는 이러한 특성은 라디오와 TV, 통신뿐만 아니라 여러 산업응용 분야에 사용되었고, 이러한 시대의

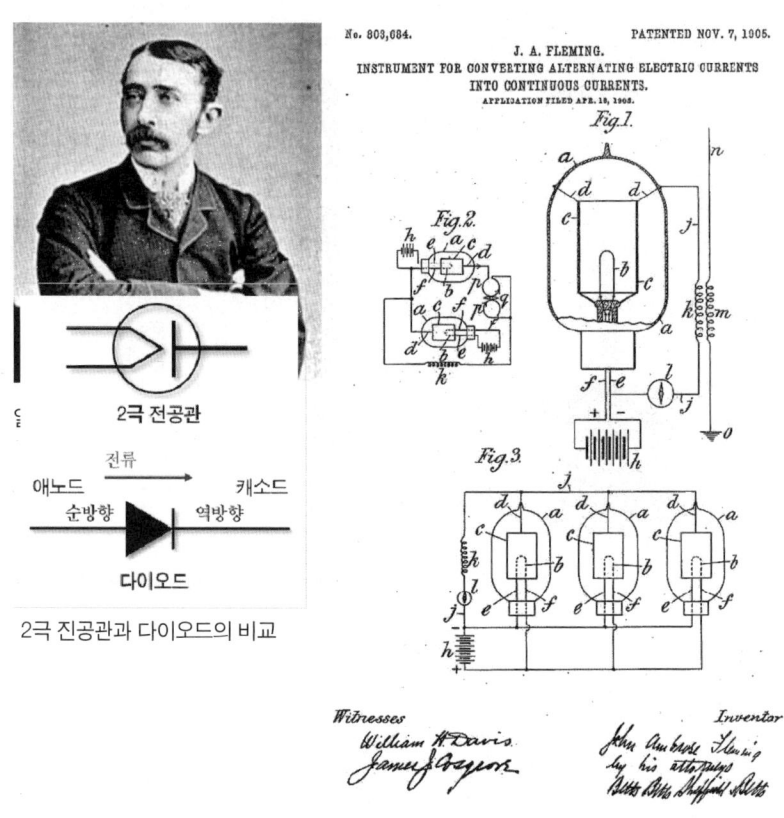

플레밍의 2극 진공관 특허, GB190424850

문을 열어준 사람이 플레밍이라 하는 천재였다.

진공관의 개발과 함께 셀 수 없이 많은 거인이 탄생했다. 1906년 미국 캘리포니아 출신의 리 드 포레스트Lee de Forest(1873~1961)는 플레밍의 2극 진공관에 영감을 받아 이를 재현해 보는 실험을 했다. 이 과정에서 신호의 증폭 현상을 발견하는데, 여기서 드 포레스트는 플레밍의 2극 진공관에서 증폭의 세기를 조절하기 위한 세 번째 전극을 추가했다.

플레밍의 발견 이후로는 동시대의 발견이 이어졌다. 오스트리아-헝가

 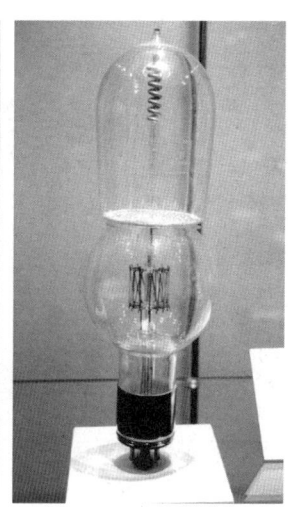

리 드 포레스트의 3극 진공관(왼쪽)과 로버트 폰 리벤의 증폭 진공관(오른쪽)

리 출신의 로버트 폰 리벤Robert von Lieben(1878~1913)은 드 포레스트와 마찬가지로 진공관에서 발생되는 신호 증폭 현상을 발견했다. 당시 전신망의 거리가 증가함에 따라 신호 감쇄가 큰 문제가 되었는데, 진공관의 증폭 현상은 이러한 문제를 해결할 수 있는 최적의 해결책이었다.

드 포레스트와 리벤은 둘 모두 증폭 진공관에 대한 특허를 가졌다.[5] 그러나 특허는 거의 유사한 내용이었다. 하지만 특허가 출원될 당시에 드 포레스트는 플레밍과 마찬가지로 무선전신 사업에 응용하고자 했고, 리벤은 유선전화기에 중계기로 이용하고자 했다. 특허 심사관들은 핵심기술이 동일한지를 파악할 능력이 없었기 때문에 응용 분야가 달랐던 두 기술에 대해 특허를 모두 인정했다. 결국 드 포레스트와 리벤은 비극적이게도 수년간 법적 다툼을 이어가게 되었다.

이후로도 진공관은 3극을 넘어 그 이상의 극을 갖는 진공관이 개발됐다. 진공관은 주로 통신 분야에 적용되어 많은 발전을 이뤘고, 항공모함이나 전투기에 적용되면서, 제1·2차 세계대전 시기에 절정에 달한다.

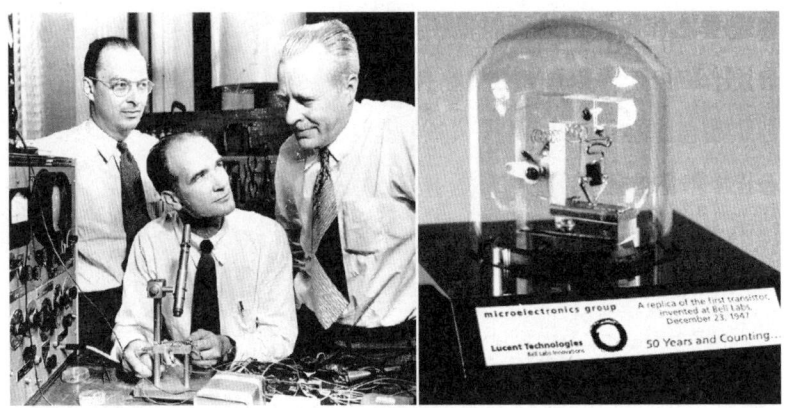

왼쪽부터 존 바딘, 윌리엄 쇼클리, 월터 브래튼(왼쪽)과 그들이 만든 트랜지스터(복제품)(오른쪽)

1945년 펜실베이니아 대학의 존 모클리는 1만 8,000개의 진공관을 사용하여 최초의 컴퓨터인 에니악ENIAC[6]을 만들었다. 에니악은 무게가 무려 30톤에 달하는 거대 장치였는데, 점점 진공관의 문제점이 드러나기 시작했다. 1947년 벨 연구소의 월터 브래튼, 윌리엄 쇼클리와 존 바딘은 3극 진공관을 대체할 수 있는 트랜지스터[7]를 개발했다. 이러한 공로를 인정받아 이들은 1956년 노벨 물리학상을 공동 수상한다. 비로소 손바닥 크기의 진공관 시대가 저물고 티끌만 한 반도체의 시대가 등장했다.

## 톰슨의 실험과 전자의 발견

진공관이 개량되어 서서히 보급되어 갈 때쯤 캐번디시 연구소를 이끌던 영국의 조지프 존 톰슨Joseph John Thomson(1856~1940)도 음극선에 관한 연구를 수행하고 있었다. 그는 자신이 받은 수업료를 연구소에 쏟아부어 가며 명맥을 이어갔으며, 역시 당대 핫 이슈였던 음극선에 대해서 관찰하였다.
 톰슨은 자신만의 독특한 실험을 위해 특수한 진공관을 제작했는데, 기

 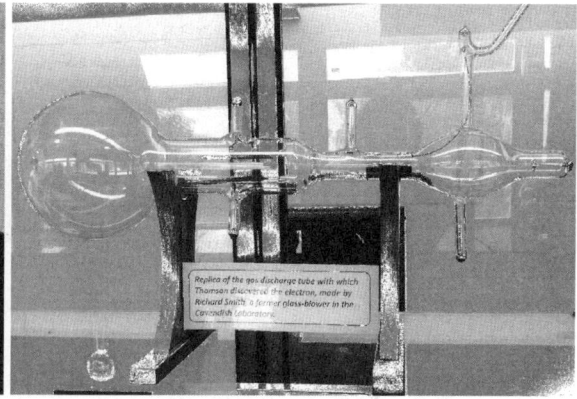

조지프 존 톰슨(왼쪽)과 그의 음극선 실험 도구(오른쪽)

존의 방식과 같이 두 개의 전극을 포함하고 음극선이 지나는 길목에 전기장과 자기장을 가할 수 있는 장치를 고안했다(양극 금속판인 애노드에는 음극선이 통과하는 작은 홈이 있다). 실험은 음극선이 전기장의 영향을 받는지를 먼저 확인했다. 과거 헤르츠는 음극선도 파동이기 때문에 전기장에 의한 영향이 나타나지 않는다고 보았으나, 톰슨은 진공관 내부의 진공을 완벽한 수준으로 만드는 순간, 전기장에 의해 음극선이 휘는 것을 발견했다. 이후 음극선이 음전하의 흐름이라고 추측한 톰슨은 자기장에 의한 영향도 측정하여 휨의 정도를 비교했다. 톰슨은 진공관 안에 금속 바람개비를 설치하여 음극선을 쏘아보는 실험을 추가했는데, 바람개비가 회전운동을 하는 것을 확인했다. 역학적 움직임이 포착되자 음극선은 전하량뿐만 아니라 질량을 갖는 무언가일 것이라는 추측에 다가서게 된다.

톰슨의 실험은 우선 여기까지였다. 이제는 결과들을 분석하고 해석해야 했다. 변수는 흐름의 속도, 전하량과 질량이었지만 얻을 수 있는 식은 전기장과 자기장에 의한 두 개의 식뿐이었기 때문에 전하량과 질량을 합쳐 하나의 변수인 비전하(전하량을 질량으로 나눈 값)로 나타낸 뒤 해를 구

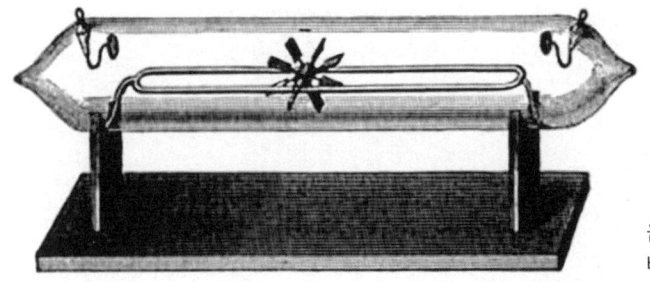

음극선에 의한
바람개비 실험

할 수 있었다. 물론 비전하라고 하는 측정값을 전하량과 질량으로 정확히 분리할 수는 없지만, 중성 상태의 전하량과 급격한 차이를 보일 수 없다는 사실을 통해 비전하로부터 질량을 추측해 냈다. 그리고 그렇게 계산된 값은 충격적인 결과로 나타나는데, 바로 가장 작은 원자로 알려진 수소 원자보다 그 값이 무려 1,000배는 작다는 것이다.

톰슨은 여기서 선택의 기로에 서게 되었다. 원자atom라는 것은 그 이름에서도 알 수 있듯이, 더는 쪼개질 수 없다는 암묵적인 약속이었다. 그러나 쪼갤 수 없는 입자보다 더 작은 물리량을 등장시켜야 하는 순간이 온 것이다. 톰슨은 전자라고 하는 아원자 입자subatomic particle를 발표하면서 설명되지 않던 것들의 실마리를 제공한다.

물론 새로운 사실로 인해 해프닝도 있었다. 전기공학을 배우면서 한 번쯤은 품어볼 수 있는 의문, 즉 '왜 전자와 전류의 방향을 (헷갈리게) 서로 반대로 정의했을까?' 하는 의문이 바로 여기서 등장한다. 음극선과 전자의 이동이 발견되기 전, 전류는 마치 유체처럼 모델링되었기 때문에 높은 전압에서 낮은 전압으로 양전하(+)가 이동하는 전기적 흐름으로 전류를 인식했다. 그러나 음극에서 시작되는 전자의 흐름(음극선)이 새롭게 발견되면서 혼란이 생기게 된 것이었다. 따라서 이러한 문제를 바로잡고자 전자의 이동과 전류의 방향이 서로 충돌하지 않는 이론으로 체계가 만들어

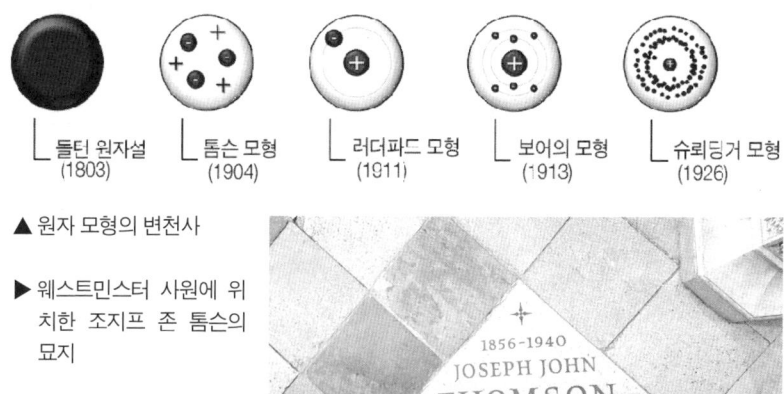

▲ 원자 모형의 변천사

▶ 웨스트민스터 사원에 위치한 조지프 존 톰슨의 묘지

졌다. 물론 당시에는 전자에 대한 학계의 입장 차이가 극명했기 때문에 처음에는 반대에 부딪혔지만, 점차 전자에 대한 이론이 받아들여졌다. 이러한 공로를 인정받아 톰슨은 1906년 노벨 물리학상을 받는다. 전자와 원자의 세계에 대한 후속 연구는 톰슨의 자양분을 먹고 자란 학생들이 이어 나가는데, 후에 물리학 분야의 큰 거인이 되는 어니스트 러더퍼드, 막스 보른, 오펜하이머 등이 이들에 포함된다.

조지프 존 톰슨이 전자를 발견한 것은 역사적인 사건이며, 전기적 현상의 근원을 찾는 문제였다. 역사에서도 그의 실험적 가치를 높게 평가했으며, 간접적으로 그의 영향력을 살펴볼 수 있다. 톰슨은 죽은 뒤에 웨스트민스트 성당에서 아이작 뉴턴과 아주 가까운 곳에 안치되어 있다.

## 미지의 빛, X선

가이슬러관과 크룩스관의 발명 이후 전자의 발견까지 과학은 지속적인 진보를 이어가고 있었다. 그러나 실제로는 이보다 전에 중요한 사건이 있었다. 독일의 뷔르츠부르크 대학의 물리학 연구소장이었던 빌헬름 콘라트 뢴트겐Wilhelm Conrad Röntgen(1845~1923)은 크룩스관을 개량한 히토르프관과 레나르트관[8]을 시험해 보고 있었다. 1895년 그는 검은 종이로 감싼 진공관 안에서 음극선을 방출시켜 금속에 입사시켰다. 그러자 우연히 책상 위에 있던 백금 시안화 바륨 종이가 감광 현상[9]을 보이는 것을 확인할 수 있었다. 일반적으로 검은 종이는 모든 빛을 흡수한다고 생각했기 때문에 음극선 역시 빠져나오지 못할 것이라 생각했다. 물론 음극선은 유리관뿐만 아니라 진공이 아닌 상태에서는 뻗어나가는 거리조차 극히 제한됐는데, 그럼에도 음극에서 시작된 무언가는 양극의 금속판에 부딪히면서 에너지를 방출시켰다. 발생된 '눈에 보이지 않는 빛'은 진공관 밖에서도 지속적으로 감광 현상을 발생시켰다. 뢴트겐은 자신이 발견한 '알 수 없는 미지의 빛'을 X선이라고 불렀다.

약 한 달 정도 지나서 뢴트겐은 자기 부인의 왼손에 X선을 조사하여 뼈 사진을 찍었다. 이후 이를 정리하여 〈새로운 형태의 빛에 관하여〉를 논문으로 출간했으며, 이는 미지의 빛에 관한 새로운 연구의 시작을 알리는 계기가 되었다. 뢴트겐은 이러한 공로를 인정받아 1901년 초대 노벨상 수상자가 된다.

실제로 X선의 발견은 이미 예정되어 있던 결과였다. 이미 음극선에 관한 연구는 당대 물리학의 주류 학문이었으며, 1893년에는 미국의 니콜라 테슬라가 X선에 관한 연구를 진행했다는 기록이 남아 있다.[10] 또한 1895년 이전에 X선을 방출시키는 원리를 알고 있었고, X선으로 사진 촬영도 했었다. 연구 결과 발표에서 안타깝게도 뢴트겐에게 선두를 빼앗겼지만, 테슬라는 자신이 할 수 있는 일을 했다. 수많은 실험을 통해 X선에 장기간 노출될 경우 피폭되는 것을 발견하였고, X선의 좋지 않은 영향을 기록

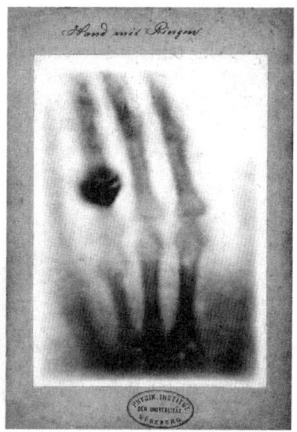

뢴트겐(왼쪽)과
그의 X선 촬영
(오른쪽)

하여 보고하기도 했다.

뢴트겐의 X선 발견 이후 많은 사람들이 X선을 이용한 실험에 뛰어든다. 이 중에는 헨리 모즐리Henry Moseley(1887~1915)와 같은 사람도 있었으며, X선을 조사하여 원소를 구분 짓는 획기적인 방법을 고안해 내기도 했다. 몇몇 사람들은 과거 허셜과 리터가 적외선과 자외선을 찾아낸 것처럼 X선 그 너머에 존재할지 모르는 새로운 선들을 찾아내고자 연구에 매진하였다.

## 새로운 빛, 방사선

X선이 발견된 후, 수많은 선에 관한 연구가 한참이었다. 이때 가장 중요한 새로운 선에 관한 연구는, 걸출한 인물들을 4대째 배출하고 있던 프랑스의 한 물리학 가문에서 이어진다. 에콜 폴리테크닉 출신의 앙리 베크렐Henri Becquerel(1852~1908)은 공학을 전공했으며, 특히 빛을 머금었다가 시간이 지난 후에 발광하는 '인광'물질에 대해서 연구하고 있었다. 1895년

에콜 폴리테크니크의 교수가 된 베크렐은 얼마 안 가, 앙리 푸앵카레Henri Poincaré(1854~1912)로부터 뢴트겐의 X선 발견 소식을 전해 듣는다. 베크렐은 흥분을 감추지 못했고 자신이 연구하던 인광물질과 X선과의 연관성을 조사하기 시작한다. 베크렐이 X선에서 주목했던 점은 음극선으로부터 나오는 형광빛이었다. 베크렐은 이 빛이 인광물질에서 나오는 형광빛과 유사성이 있다고 생각했다. 인광물질은 태양의 빛에 노출되면 어두운 곳으로 옮겨두어도 한동안 밝은 빛을 발했는데, 이때 나오는 빛에서도 X선이 나올 것이라 추측했으며, 그 예상은 적중했다. 베크렐은 햇빛에 노출한 인광물질을 검은 종이로 감싼 뒤에 빛에 민감한 사진건판[11]을 가져다 놓았다. 그 결과, 인광물질에서 나온 빛도 X선과 비슷하게 그 흔적을 남겨놓았다.

베크렐은 자신이 얻어낸 실험 결과에 크게 동기부여가 됐는데, 신기한 것은 흥미로운 발견이 여기서 끝이 아니었다는 점이었다. 날이 흐린 어느 날, 빛에는 어떠한 영향도 받지 않은 인광물질이 스스로 빛을 내며 사진 건판에 물체의 형체를 강렬히 남겼다. 다시 말해 빛의 영향 없이도 감광 현상을 일으키는 물질이 있다는 것이었다. 사람들은 알 수 없는 미지의 선에 대해서 '베크렐 선'이라는 이름을 붙였으며, 이것이 우리가 알고 있는 방사능의 첫 발견이었다.

베크렐의 이러한 발견에 앞서, 그가 훌륭한 '전자기 수저'를 물고 태어났다는 점을 언급할 필요가 있다. 할아버지 앙투안 세자르 베크렐Antoine César Becquerel(1788~1878)은 전자기에 관한 역사와 당대의 기술에 대해 기록한 바 있으며, 아버지인 알렉상드르-에드몽 베크렐Alexandre-Edmond Becquerel(1820~1891)은 최초의 태양전지를 만든 것으로 유명하다. 가업을 이어받은 앙리 베크렐 역시도 방사능의 발견으로 유명하며, 이후에는 마리 퀴리Marie Curie(1867~1934)와 그 남편 피에르 퀴리Pierre Curie(1859~1906)

앙리 베크렐(왼쪽)과 그의 아버지 에드몽 베크렐(가운데), 할아버지 앙투안 베크렐(오른쪽)

의 방사선 연구에도 큰 영향을 끼친 것을 알 수 있다. 마리 퀴리의 박사학위 논문이 바로 역청 우라늄광에 대한 연구였으며, 우라늄보다 강한 방사선이 방출된다는 것을 알게 되었다. 여기서 마리와 피에르는 역청 우라늄을 두 원소로 분리하는 데 성공하는데, 이것이 바로 폴로늄(Po, 84)과 라듐(Ra, 88)이다. 사실 뢴트겐의 발견 이후로 수많은 새로운 선들과 연구가 발표됨에 따라 '베크렐 선'은 초기에 주목을 받지 못했다. 그러나 베크렐의 영향을 받은 마리와 피에르 퀴리의 연구가 유명세를 얻자 베크렐의 연구도 대중에게 알려지게 되었고, 베크렐과 퀴리 부부는 1903년에 노벨 물리학상을 공동 수상한다. 또한 1911년에는 마리 퀴리가 폴로늄과 라듐 발견의 공로를 인정받아 노벨 화학상을 수상한다.

전구와 진공관의 발전이 새로운 빛들을 밝히게 되었다. 토머스 에디슨과 함께 GE를 공동 창업한 엘리후 톰슨 Elihu Thomson(1853~1937)은 이미 최고 수준의 전구를 개선하여 X선 방출을 생성하는 진공관을 만들었으며, 뢴트겐의 X선이 발표된 지 1년도 지나지 않아 골절을 진단하는 의료 기계 장치를 만들어 낸다. GE는 X선과 자기공명 영상 진단장치 MRI, magnetic resonace imaging를 포함하는 의료기기를 생산하며, 현재까지도 미국을 대표하는 국제적인 기업으로 자리 잡고 있다. 유럽에서는 독일의 베르너 폰 지멘스가 설립한 회사 지멘스가 의료장비 생산을 주도하고 있으며, X선의 발견자인 뢴트겐과 협력하여 진단용 방사선 발생장치를 개발하였다. 의료 장비를 만들고 있는 두 거대 회사는 현재까지도 MRI와 전산화 단층 엑스선 촬영장치CT, computed tomography를 두고 100년간 1·2위 자리를 다투고 있다.[12]

# 12
# 언제나 후발주자였던 아인슈타인

## 절대 좌표계가 무너지는 순간

1865년 맥스웰의 《전자기장의 동역학 이론》이 등장하고 1888년 헤르츠가 전자기파를 발견한 후로, 전자기 학문은 체계를 이루어 갔다. 그리고 새로운 이론을 연구하던 사람들은 전자기장과 그 안의 전하의 움직임에서 모순점을 발견하기 시작했다.

$$\vec{F} = q(\vec{E} + \vec{v} \times \vec{B})$$

로런츠 힘Lorentz force:
여기서 $q$는 전하량, $E$는 전기장, $B$는 자기장, $v$ 는 입자의 속도

$$\vec{F_v} = \vec{J} \times \vec{B}$$

일반적인 단위 부피당 자기장: 여기서 $J$는 전류밀도, $B$는 자기장

이 식을 로런츠 힘이라고 하는데, 전기력과 자기력을 나타내는 대표적

인 수식이라고 할 수 있다. $q$라 하는 전하는 정지해 있으며, $q$를 기준으로 $v$의 속도로 움직이는 전류는 자기장 $B$와의 상호 작용을 통해 힘을 발생시킨다. 그런데 만약 서로 다른 $q$가 더는 정지해 있지 않고 서로 다른 속도로 움직인다면 어떻게 될까? 이러한 질문에서 시작한 것이 고전역학과의 모순점을 없애기 위한 '상대론적인 움직임'의 시작이었다.

움직이는 전하, 즉 전류는 직교하는 외부 자기장과의 반응에 의해 작용 힘이 발생한다. 이는 앙페르가 발견한 자기력이며, 도선 사이에 발생하는 현상이다. 이는 틀림없는 사실이며, 도선 밖의 관찰자가 바라보는 시선에서는 항상 옳은 말이다. 그러나 관찰자의 시선을 옮겨 도선 안에서 바라본다면 모순이 발생한다. 움직이는 전하들이 모두 동일한 속도로 움직인다면 전류에 비례하는 상대 속도가 영(0)에 가까워지게 되어 작용하는 자기력이 없어졌다. 하지만 실제로는 물리적인 힘, 즉 자기력이 발생했다. 이를 설명하고자 등장한 것이 바로 로런츠 힘이다. 전하 $q$는 상대적이건 절대적이건 정지해 있다면, 전기력을 따른다. 반면에 정지 속도를 기준으로 $v$의 속도로 움직이는 전류는 자기장 $B$와의 상호 작용을 통해 자기력을 발생시켰다.

$$\vec{F} = \int_V (\rho \vec{E} + \vec{J} \times \vec{B}) \cdot dV$$

로런츠 힘:
여기서 $\rho$는 전하밀도, $E$는 전기장, $B$는 자기장 그리고 단위 부피 $V$

다시 말해, 움직이거나 멈춰 있는 전하의 '상대적인 속도'에 의해 전자기력이 결정된다는 것이다. 조금 더 구체적으로 설명하자면, 움직이는 물체의 상대 속도가 거의 영에 가까움에도 자기력이 발생되는 것처럼 보였던 이유는 '움직이는 물체는 운동 방향으로 수축'하여 전하량의 밀도 변화가 생겼기 때문이다. 그것을 가장 잘 설명하는 단 하나의 수식이 바로 로런츠 힘이라 할 수 있다. 이 시점에서 우리가 알게 된 중요한 사실은, 관찰자의 시점에 따라 자기력은 전기력으로 해석될 수 있으며, 본질적으로 전기력과 자기력은 같다는 것이다.

로런츠 힘은 맥스웰 방정식과 고전역학의 모순점을 없애기 위한 작업에서 끝나지 않고 '상대론적인 움직임'의 시작이 되었고, 절대적인 시간과 공간을 깨뜨리는 망치가 되었다.[1]

맥스웰의 전자기 동역학이 큰 영향력을 행사하던 19세기 후반에는 에테르라는 물질이 전자기 에너지를 품고 있으며, 품을 수 있다고 생각했다. 맥스웰은 과거 전자기 역학 구조를 이해시키기 위해 《물리적 역선에 관하여》에서 유동바퀴 모델을 제시했는데, 이후 발표한 《전자기장의 동역학 이론》에서는 이것을 폐기하는 대신에 에테르 분자의 성질에 기대어 설명했다. 모든 공간에 채워진 에테르는 마치 파도와 같이 흐름drift을 만들어 내며, 물 위의 배가 움직이는 것과 같은 역학적 결과물이 전자기적 현상일 것이라 추측했다. 하지만 1887년 마이컬슨-몰리 실험이 전해지면서 사람들은 선대 과학자들이 부르짖던 에테르의 실재에 대해 의문을 품기 시작한다.

마이컬슨-몰리 실험은 지구의 회전 운동에 의해 필연적으로 발생해야 하는 '에테르의 바람'을 측정하고자 한 실험이었다. 90도로 배치된 거울과 반사된 광원이 한 점에 모여 간섭무늬를 생성하는데, 예상대로라면 에테르 바람에 의해 빛의 상대적인 속도 차가 발생하여 간섭무늬를 왜곡시켜야 했다. 하지만 아무런 변화가 없었다. 이로써 에테르의 바람이 없기 때문이라는 결론에 다다른다. 올리버 헤비사이드와 함께 맥스웰주의자로 활동하던 조지 프랜시스 피츠제럴드George Francis FitzGerald(1851~1901)는 마이컬슨-몰리 실험에 적지 않은 충격을 받았다.

그는 당시 사람들과 마찬가지로, 전자기파의 매질로서 에테르가 실재

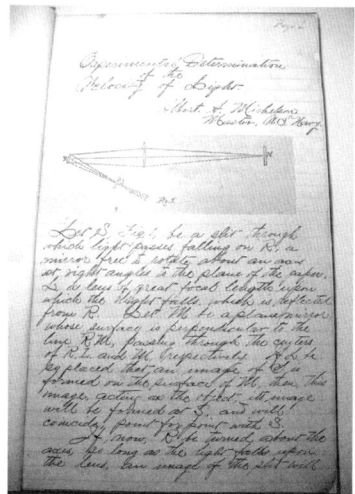

앨버트 에이브러햄 마이컬슨Albert Abraham Michelson(1852~1931)(왼쪽)과 그의 실험 노트(오른쪽)

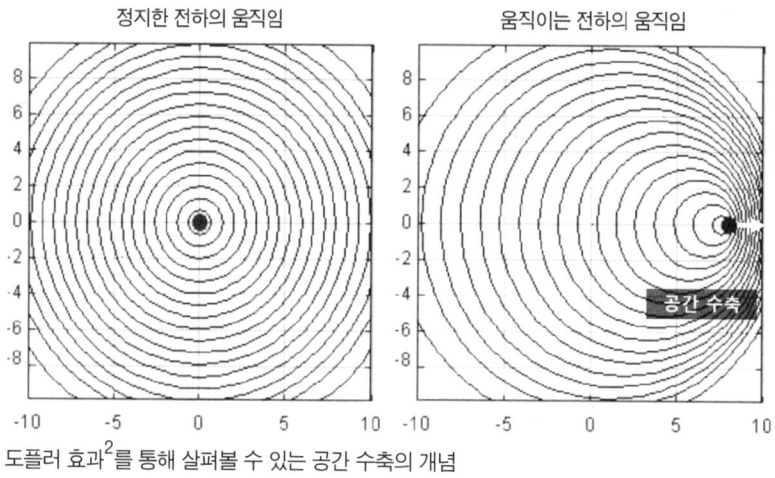

도플러 효과$^2$를 통해 살펴볼 수 있는 공간 수축의 개념

한다고 믿고 있었다. 더구나 에테르 속을 일정한 속도로 움직이는 전하가 그의 주요 연구 대상이었기에, 마이컬슨-몰리 실험은 그에게 충분히 충격적인 일이었다. 피츠제럴드는 존경하는 맥스웰의 에테르 이론도 지키

면서 마이컬슨-몰리 실험의 결과를 설명하기 위해, 1889년에 '모든 움직이는 물체는 운동 방향으로 축소한다'는 당시로서는 터무니없는 가설을 수립한다. 그 내용은 피츠제럴드가 《사이언스》에 투고한 편지 형식의 논문 〈에테르와 지구의 대기〉[3]에서 확인할 수 있다. 그는 여기서 "모든 움직이는 물체가 운동 방향으로 축소되면 마이컬슨-몰리 실험에서 말하는 에테르 흐름이 없음을 설명할 수 있다"라는 설명을 덧붙였다.

한편, 그 옛날 뮈센부르크가 활동했던 라이덴 대학에서는 19세기 후반의 천재 물리학자 헨드릭 안톤 로런츠Hendrik Antoon Lorentz(1853~1928)가 활동하고 있었다. 그는 1892년에 앞서 설명한 모순점을 해결하고자 매우 유사한 아이디어를 생각해 냈고, 그가 믿고 있던 에테르 이론과 마이컬슨-몰리 실험의 결과를 토대로 새로운 이론을 발표한다.[4]

$$\gamma = \frac{1}{\sqrt{1-\frac{v^2}{c^2}}}$$

로런츠 인자이며, 특수 상대성 이론에 자주 등장한다,
여기서 $c$는 진공에서의 빛의 속도를 의미한다.[5]

'로런츠-피츠제럴드 수축'이라고 부르는 로런츠의 가설에서는 운동 방향으로 수축하는 정도가 로런츠 인자를 통해 잘 표현되었지만, 사실 로런츠 자신도 이러한 접근에 의구심을 품고 있었다. 그는 탁월한 감각으로 만들어 낸 이 변환에 수학자로서는 자부심을 가졌지만, 철학자로서는 탐탁지 않아 하며 여전히 에테르를 찾아 헤매고 있었다. 이와는 별개로 로런츠는 자신의 연구를 이어갔으며, 이후로도 전기장과 자기장을 관찰자의 움직임에 따라 변환할 수 있도록 하는 도구를 만들어 냈다. 당시 국제 표준시를 정하는 움직임들이 있었기에 시간에 대해서도 관심이 많던 시기였다.

제이만(왼쪽)과 로런츠(오른쪽):
네덜란드의 과학자인 두 사람은, 자기장에 의해 빛의 스펙트럼이 갈라지는 '제이만 효과'를 발견한 공로로 1902년 노벨 물리학상을 공동 수상했다

1895년 로런츠는 시계도 빛의 속도로 광원에 가까워지면 시간이 느리게 간다는 국소 시간local time의 원리를 만들어 발표한다. 그는 자신의 이론을 뒷받침하는 근거를 찾고자 했으며, 1896년 자신의 제자 피터르 제이만Pieter Zeeman(1865~1943)과 함께 자기장 연구에 몰두하는 과정에서 원자의 스펙트럼 선이 갈라지는 현상을 발견한다. 이러한 공로를 인정받아 로런츠와 제이만은 1902년 함께 노벨 물리학상을 수상하기도 했다.

### 상대성 원리의 주역은 누구인가

비슷한 시기, 프랑스의 앙리 푸앵카레는 로런츠의 연구를 살펴보며 전자기 동역학에 대해 같은 결론에 다가서고 있었다. 이후 로런츠와 서로의 생각을 공유한 뒤에 그는 '상대성 원리'라는 개념을 처음으로 제안한다.

상대성 이론: 앙리 푸앵카레(왼쪽)와 그의 저서 《전자의 동역학에 관하여》(오른쪽)

그가 주장한 내용은 모든 관성계에서 동일한 것은 물리 법칙이며, 절대적인 시간이란 없다고 주장했다. 이러한 주장은 이후 등장할 알베르트 아인슈타인의 말을 마치 미리 대언하는 것과 같은 내용이었다. 하지만 1893년부터 무려 10년간 프랑스 경도국에서 일하며 상대성 이론의 틀을 만든 고령의 푸앵카레를 감안한다면, 이후 아인슈타인이 푸앵카레의 연구를 이어받았다고 하는 것이 맞는 표현일 것 같다.

푸앵카레는 초기에 에테르라고 하는 형이상학적인 요소를 던져버리고 절대적인 빛의 속도를 통해 각 관성계의 시간을 동기화시키고, 동시에 발생한 사건은 서로 다른 관성계에서 해석하고자 했다. 결국 시간과 공간은 절대적이지 않으며, 빛의 속도만이 절대적이라는 이후의 개념을 간접적으로 드러낸 것이다. 실제로 로런츠 변환에서 드러난 초기의 수학적 오류를 지적하고 수정하여 완성한 것도 푸앵카레의 업적이었다.[6] 결국 로런츠에서 시작된 상대성 이론의 발판인 '길이 수축'과 '국소 시간'은 1905년에 발표된 푸앵카레의 저서 《전자의 동역학에 관하여》에 잘 드러난다.

비슷한 시기였던 1905년 6월 30일, 《물리학 연보》에 〈운동하는 물체의 전기동역학에 관하여〉[7]라는 논문이 발표되었다. 바로 26세의 알베르트 아인슈타인Albert Einstein(1879~1955)이 쓴 것이었다. 그 내용은 로런츠나 푸앵카레의 주장과 크게 다르지 않았다. 다만 아인슈타인은 상대성이라는 표현보다는 **불변 공준**이라는 표현을 선호했다. 로런츠와 푸앵카레가 관성계마다 서로 다른 점에 대해 집중하여 상대성이라는 표현을 썼다면, 아인슈타인은 변하지 않는 빛의 속력으로부터 대전제를 끌어왔다. 빛의 속력이라는 상수로부터 불변 공준을 내세운 아인슈타인의 주장은 단연코 독보적이라 하겠다. 하지만 논문을 심사한 물리학자 막스 플랑크는 이미 로런츠나 푸앵카레의 상대성 이론에 익숙해져 있었고, 큰 차별점을 느끼지 못한 채 아인슈타인의 논문 의견란에 (밑줄을 그어가며) '이것은 상대성 이론'이라 덧붙였다. 그렇기에 상대성 이론의 우선권을 놓고 여러 사람들의 의견이 분분한 점은 충분히 납득할 수 있는 수준이다.

하지만 아인슈타인의 논문에서 소소해 보여도 크게 다른 점을 찾아볼 수 있다. 당시 독일에서는 실험적으로 밝혀진 사실만을 놓고 이론을 펼쳐야 한다는 마흐주의가 퍼져 있었는데 아인슈타인은 그것에 동의하여 에테르라 하는 불필요한 것에 칼을 들이댔다. 마이컬슨-몰리 실험에 따라 에테르는 없으며 시간과 공간은 절대적이지 않다는 점에 기반하여 전기동역학을 설명해 나갔다. 결국 모든 관성계에서 동일한 것은 오로지 광속뿐이라는 **광속 불변의 원리**를 다시 확인시켰다.

현대의 관점에서 아인슈타인의 주장은 엄청난 권위를 가졌지만, 그의 이름표만 떼고 들으면 참으로 허무맹랑한 소리일 것이다. 그러나 빛의 속도가 유한하다는 것과 우주로부터 들어오는 빛이 어떤 (마이컬슨-몰리 실험과 같은) 간섭계를 꾸며도 동일하게 측정된다는 사실로부터 추론된 가

젊은 시절의 아인슈타인

설이며, 새로운 체계의 기준점을 만드는 일이었다. 마치 "시간과 공간은 절대적이다"라고 한 뉴턴조차도 그 근본 원리는 알지 못해서 그저 "신이 그렇게 만들었기 때문"이라고 답할 수밖에 없었던 것처럼, 아인슈타인의 광속 불변의 원리 역시 그러한 역사적 배경을 담고 있다. 절대적 시간과 공간은 하나의 가정이었고, 그 가정이 실험 결과와 충돌하며 모순점을 만들기 시작할 때, 새로운 전제 조건이 필요했던 것이다. 아인슈타인의 상대성 이론은 하나의 '오컴의 면도날'과 같았으며, 형이상학적인 에테르는 사라져 버렸다. 새로운 대전제하에서 상대성은 전기동역학 안에 자리 잡게 되었으며, 이제는 모든 관성계에서 동일하게 적용되는 하나의 물리법칙이 탄생한 순간이었다.

지금까지 우리는 아인슈타인이라는 사람이 마법처럼 등장하여 상대성 이론을 순식간에 만들어 낸 줄로 알기도 했지만, 사실 아인슈타인도 선대 거인의 어깨 위에 올라선 한 사람에 지나지 않았다. 비록 선행 연구에 대한 인용이나 언급의 문제로 인해 상대성 이론은 우선권 논쟁이 여전히 남아 있으나, 명확한 사실은 아인슈타인의 이론이 로런츠, 피츠제럴드, 푸앵카레의 작업을 아우르고 있다는 점이다. 상대성 이론은 현대물리학의 근간을 이루는 학문이며, 뉴턴 역학과 전자기학의 충돌을 해결하면서 갇혀 있던 절대적 시간과 공간으로부터 전자기학을 해방시킨 열쇠였다.

# 13
# 빛이 갈라지고 시작된 양자의 세계

## 복사에너지의 방출과 흡수를 연구한 사람들

그 옛날 뉴턴이 프리즘을 통해 빛을 분리하자 무지갯빛의 선들을 발견할 수 있었다. 이후로도 많은 사람들은 같은 방식을 이용하여 태양으로부터 전달되는 빛을 분해하여 관찰하였다. 독일의 요제프 폰 프라운호퍼Joseph Ritter von Fraunhofer(1787~1826)는 현대 수준의 분광기를 만들어 빛을 내는 불꽃을 분류하기 시작한다.

이전부터 태양과 달에 대한 빛의 스펙트럼을 연구했던 프라운호퍼는 자신이 발견한 선들의 의미를 정확히 알진 못했다. 프라운호퍼와 유사한 분광학의 연구는 스웨덴의 안데르스 요나스 옹스트룀Anders Jonas Ångström (1814~1874)으로 이어지는데, 1852년 옹스트룀은 〈광학조사Optiska Undersökningar〉라는 논문을 통해 전기 스파크의 영향을 받은 가스들이 중첩된 빛을 방출하는 내용을 소개하였고, 화합물의 연소를 통해 발생되는 빛의 특

◀ 프라운호퍼의 분광 실험

▼ 연소를 통해 관찰되는 리튬, 수소, 헬륨, 나트륨의 선 스펙트럼

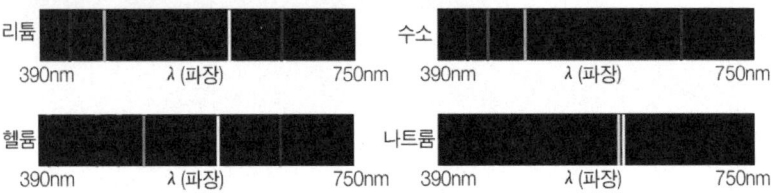

수한 스펙트럼을 설명했다. 하지만 그들은 이러한 빛의 스펙트럼이 무엇을 의미하는지 전혀 알지 못했는데, 이때 독일의 로베르트 분젠Robert Bunsen(1811~1899)이 나타나며 문제 해결의 실마리를 제공한다. 분젠은 램프에 천연가스를 담아 불을 붙이는 분젠버너를 개발한 바 있는데, 이는 알코올램프보다 화력이 높았기 때문에 고온에서 물질을 연소시키며 보다 개선된 분광 실험을 할 수 있었다. 그가 여러 원소에 대한 연소 실험을 진행하는 과정에서 불연속적인 선 스펙트럼이 측정되었고, 원소마다 다르게 관찰되었다(이것은 마치 진열된 상품의 바코드와 같았으며, 원소 각각이 자신의 정체성을 드러내는 것만 같았다). 얻어지는 결과에 동기 부여된 분젠은 여러 물질의 분광 실험을 진행했으며, 이 과정에서 프라운호퍼가 설명하지 못한 나트륨(소듐)의 선 스펙트럼을 구분해 내기도 했다.

분젠의 이러한 성공은 그에게 훌륭한 조력자가 있었기에 가능했다. 그

1859년 발표된 분젠과
키르히호프의 분광기

의 조력자는 과거 박사학위 연구에서 키르히호프의 전기회로 법칙을 발견한 키르히호프였다. 키르히호프는 하이델베르크 대학에서 분젠과 함께 분광학을 연구하며 열과 선 스펙트럼 연구에 관심을 갖게 되었고, 시간이 흐를수록 열의 방출과 흡수에 관한 연구 결과들이 쌓이기 시작했다. 특히 1859년에는 분젠과 함께 분광기를 개발하여 물질을 가열하면서 방출된 빛을 측정할 수 있었고 스펙트럼 연구에 대한 혁명을 일으키게 된다. 키르히호프는 뜨거운 열을 흡수하거나 방출하는 물체에 대해 관심을 가졌으며, 복사열은 여러 가지의 파장과 진동수로 구성된 빛이라는 것을 알게 되었다. 또한, 복사열을 방출하는 물체의 근처에 특정 물체를 가져다 대면 일부는 복사열을 흡수하거나 반사하는 것을 알게 되었다. 이후 도출된 결과로부터 착안하여 복사열을 모두 흡수할 수 있는 이상적인 물체인 흑체black body를 정의하게 된다. 키르히호프는 여러 실험을 통해 흑체 복사와 관련된 이론을 다음과 같이 정리한다.[1]

> 임의의 온도와 파장에서, 어떤 물체의 흡수율과 방출률의 비는 흑체의 방출률과 같으며, 이는 모든 물체에 대해 동일한 값이다. 흑체의 복사 강도는 오직 온도와 파장에만 의존한다.

1871년
베르사유 궁전에서의
독일 제국 선포

## 양자의 탄생

양자역학의 첫 관문은 독일에서 시작된다. 프로이센의 수상 비스마르크는 1871년 프랑스와의 전쟁에서 승리하자, 독일 남부 국가들을 연방에 통합시키며 독일 제국을 선포한다. 프랑스 베르사유 궁전에서 독일 제국을 선포한 황제 빌헬름 1세는 막대한 전쟁 배상금을 기반으로 영국과 프랑스처럼 선진 국가가 되기 위한 도약을 준비한다.

당시 가장 화려한 과학적 성과는 조명 기술이었다. 독일은 빠르게 기술의 진보를 이루기 위해, 흑체 복사를 연구하던 키르히호프를 베를린 대학의 교수로 임명한다. 당시 베를린 대학에는 에너지 보존 법칙을 정립한 헬름홀츠도 있었으며 훌륭한 교수진이 우수한 인재들을 길러내고 있었다. 이때 당대의 내로라하는 인물들로부터 직접 교육을 받으며 그 정신을 이어받은 베를린 대학의 학생이 있었다. 이후 이 학생은 훌륭한 학자로 성장하여, 1889년 키르히호프의 뒤를 이어 흑체 복사 문제를 연구하는 베

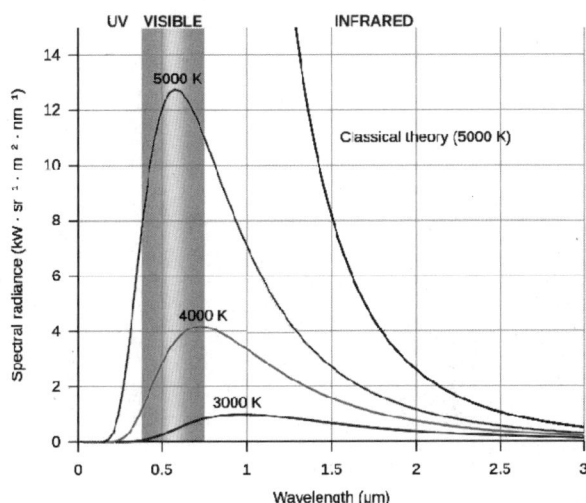

흑체 복사 그래프에서의 자외선 파괴 현상(가장 오른쪽 검은색 곡선)

를린 대학의 교수가 된다. 그가 바로 양자의 개념을 만들어 낸 막스 플랑크 Max Planck(1858~1947)였다.[2]

당대에 열복사 문제는 키르히호프와 볼츠만을 거쳐서 레일리-진스 법칙까지 도달했으나, 낮은 진동수를 이용한 실험에서는 잘 맞는 한편 높은 진동수에서는 에너지 밀도가 이론적으로 무한대에 가까워지는 자외선 파괴ultraviolet catastrophe 현상이 도출되었다. 이것을 해결하고자 노력한 인물이 플랑크였다. 1900년 12월 플랑크는 흑체 복사 스펙트럼의 실험 결과를 이론과 일치시키기 위해 노력하던 중, 방출된 빛의 에너지를 특정한 상수($h$)와 정수배 진동수($\nu$)의 곱으로 가정하였다. 그는 물리적 의미로서 에너지는 연속적으로 방출되는 것이 아니라 불연속적으로 양자화되어 있다고 가정한 것인데, 실험 결과와 일치하는 성공적인 해석을 내어놓았음에도 이론의 착안 과정에서 그가 범한 논리적 비약은 플랑크 스스로도 문제라고 생각했다. 실제로 플랑크는 자신의 이론에 큰 결함이 있으며, 자신의 접근 방식이 고전물리학을 훼손할지도 모른다고 생각했다. 그는 자신

1911년 11월 2일 벨기에 브뤼셀에 위치한 메트로폴 호텔에서의 첫 번째 솔베이 회의에 참석한 막스 플랑크(왼쪽 동그라미 속 인물). 오른쪽에서 두 번째에는 아인슈타인도 보인다.

의 이론에 대해서도 보수적인 학자였다. 그럼에도 등장하는 이후의 학자들은 플랑크의 우려가 무색할 정도로 혁신적인 아이디어를 제시하였다.

## 광양자 가설

19세기 말과 20세기 초, 물리학자들은 빛의 성질에 대해 크게 두 가지 이론을 가지고 있었다. 하나는 파동 이론, 다른 하나는 입자 이론이었다. 파동 이론은 빛을 파동으로 바라본 것이고 하위헌스가 시작하여 프레넬과 토머스 영 그리고 맥스웰의 전자기파 이론과 만나 큰 지지를 받았다. 입자 이론은 질량을 갖는 빛 알갱이가 뉴턴의 운동법칙으로 해석된다는 것이었다.

1801년 토머스 영의 이중슬릿 실험 전까지 입자 이론이 주류였으나, 이는 전자기학이 발전함에 따라 19세기 말에는 거의 사장된 이론이 되었다.

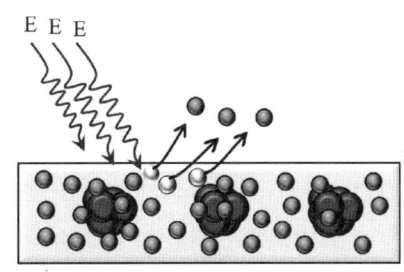

고체에서의 광전 효과(1887)

하지만 1887년에 헤르츠가 자신의 실험 조교 빌헬름 할박스Wilhelm Hallwachs (1859~1922)와 함께 음극선 실험을 하던 중, 전극으로부터 입자 형태가 튀어나오는 것을 목격했다. 후에 광전 효과라고 불리는 이 현상은 다시금 입자성 논쟁에 불을 지피게 되었다. 이후 1897년 조지프 존 톰슨은 전자를 발견했으며, 이와 유사한 실험을 하던 독일의 필립 레나르트Philipp Lenard(1862~1947)도 금속에 자외선을 비췄을 때 튀어나오는 광선이 전자와 유사하다는 것을 발표했다. 1902년 레나르트는 자신의 실험 결과를 복기하면서 비유를 통해 물리적 현상을 설명했다.

실험은 모래사장 속 알갱이를 튀어나오게 하려는 작업이었으며, 채찍질의 세기가 아니라 채찍의 진동수에 비례한다는 사실이었다.

레나르트에 이어 이러한 문제를 더욱 정확하게 해석한 인물이 바로 아인슈타인이었다. 기적의 해라고 부르는 1905년에 아인슈타인은 특수 상대성 이론뿐만 아니라 광전 효과에 대한 논문 〈빛의 생성과 변환에 관한 한 가지 발견적인 관점에 관하여〉도 발표한다. 그의 나이는 26세였다. 아인슈타인은 헤르츠의 광전 효과 실험을 설명하기 위해 5년 전 플랑크의 논문에 소개된 양자화 개념을 도입하는데, 그렇게 등장한 것이 바로 아인슈타인의 광양자 가설[3]이다. 빛이라는 것은 그 특수한 성질에 의해 최소 단위인 덩어리가 있는데, 어떠한 특수한 양으로서 뭉쳐져 있다고 해서 광양자photon라고 명명했다.

아인슈타인의 가설에서는 양자화된 빛이 가진 에너지는 진동수에 비례하며, 이를 수학적으로 풀어내기 위해 플랑크의 특수한 상수인 '플랑크 상수'를 과감하게 적용한다. 아인슈타인의 과감한 접근은 빛을 질량을 갖는 입자로 해석함으로써 빛에너지를 받는 금속이 전자를 내뿜는 현상을 역학적으로 풀어낼 수 있게 되었다. 광양자 가설은 아인슈타인의 유산으로서, 빛에너지를 전기에너지로 변환해 주는 태양광 기술도 거기서 파생된 기술로 볼 수 있다.

이렇게 유용하고 가치 있는 이론임에도 광양자 가설이 처음 등장했을 때는 반응이 그리 좋진 못했다. 특히 1차 솔베이 회의에서 플랑크를 직접 만난 아인슈타인은 그로부터 상대성 이론에 대한 극찬을 듣게 되었지만, 반대로 광양자 가설에 대해서는 좋지 못한 피드백을 받는다. 자연의 불연속성을 아무 거리낌 없이 적용하는 젊은 과학자 아인슈타인을 보며 보수적이었던 플랑크는 우려를 표할 수밖에 없었던 듯싶다. 플랑크에게는 유감스럽게도 '금쪽이'들의 탄생에서 아인슈타인이 시작에 지나지 않았다.

$$E_k = h \cdot \nu - \phi$$
전자의 운동에너지:
여기서 $E_k$는 방출된 전자의 운동에너지, $\phi$는 금속의 일함수이다

광양자 가설은 빛이 입자로서 행동할 수 있다는 가능성을 보여준 예시로서, 아인슈타인은 당시 물리학자들이 직면해 있던 불편한 문제를 뉴턴의 입자론을 소환하여 직관적으로 설명해 냈다. 당시 이미 빛은 파동으로서 종결되는 분위기였으나 아인슈타인의 가설에 의해 분위기는 반전되었다. 물론 광양자 가설에 불편한 감정을 느끼며 반박하기 위한 작업도 있었다. 대표적으로 미국의 실험 물리학자였던 로버트 밀리컨Robert Millikan[4](1868~

1953)은 아인슈타인의 가설이 틀렸음을 증명하기 위해 실험에 매진했으나, 오히려 광양자 가설을 뒷받침하는 결과가 도출되는 것을 발견했다. 심지어 그는 가장 최소의 단위인 플랑크 상수 역시 정밀하게 측정해 내기도 했다.

아인슈타인은 1921년에, 밀리컨은 1923년에 노벨 물리학상을 수상하였다. 플랑크를 거쳐 아인슈타인과 밀리컨이 등장했고, 미처 알지 못했던 양자화된 미시 세계로의 입장이 시작되고 있었다.

## 양자역학의 역사와 현대 문명

1905년 아인슈타인의 광전 효과 이후, 1909년 밀리컨은 전하charge라는 것 역시 양자화된 물리적 구성임을 발견했다. 밀리컨이 전자의 전하량을 측정하면서 조지프 톰슨이 구한 비전하($e/m$)로부터 전자의 질량도 계산할 수 있게 되었다. 질량을 가진 물체가 다시 등장함에 따라 빛의 입자 가설도 탄력을 받게 된다.

1911년에는 어니스트 러더퍼드가 원자핵을 발견했으며, 이를 설명하고자 그는 행성 궤도를 그리는 원자 모델을 제시했다. 이로써 러더퍼드는 자신의 스승인 조지프 톰슨의 (건포도가 겉에 붙어 있는 빵 형태의) 플럼 푸딩 모형plum pudding model을 수정하게 되었다. 1912년에는 푸앵카레가 〈양자론의 측면에서〉라는 논문을 발표하면서 플랑크와 아인슈타인으로부터 시작된 양자화 개념의 엄밀한 수학적 논의가 이루어졌다. 1913년에는 닐스 보어Niels Henrik David Bohr(1885~1962)가 〈원자와 분자의 법칙에 관하여〉를 발표하면서 양자화된 수소 모형이 등장했다. 수십 년 전 스웨덴에서는 옴스트룀을 거쳐 요하네스 뤼드베리Johannes Rydberg(1854~1919)에 이르기까지 수소 원자 연구가 진행되어 선 스펙트럼이 발견된 상태였으며, 그 선들이 나타내는 불연속적인 특성을 예측할 수 있는 '뤼드베리 공식'까지

도출되어 있었다.

$$\frac{1}{\lambda} = R_E \left( \frac{1}{a^2} - \frac{1}{b^2} \right)$$

뤼드베리 공식: 여기서 $\lambda$는 파장이고, $R_E$는 뤼드베리 상수이며,
$a$와 $b$는 자연수이고 항상 $a < b$를 만족한다

하지만 그 수식을 설명해 낼 모델이 없었기 때문에 명쾌하게 이해되지 못하고 있었다. 그렇기에 보어의 해석은 그 의미가 남다르다. 보어의 모델은, 그 이유를 설명할 수 없지만 받아들여야 할 가정을 세 가지 제시한다.

① 전자는 미리 정해진 양자화된 에너지 궤도에만 존재할 수 있음
② 전자가 한 궤도에서 다른 궤도로 이동하면 빛을 방출(바깥쪽 궤도에서 안으로)하거나 흡수(안쪽 궤도에서 밖으로)함
③ 허용된 궤도의 전자 각운동량은 $L = \frac{nh}{2\pi}$ 인 값만 허용함

보어는 '각 운동량 보존'의 개념과 원형의 양자화된 궤도를 가정함으로써, 자신이 제안한 모델과 뤼드베리 공식이 정확하게 일치함을 보였으며, 러더퍼드의 모형을 대체할 수 있었다.

1914년부터 제1차 세계대전이 발발함에 따라 양자이론에 관한 연구와 논의가 잠시 중단되었다가, 4년이 지난 1918년 세계대전이 종식되면서 양자이론 연구에 보다 젊은 과학자들이 뛰어든다. 1924년, 박사학위를 준비 중이던 프랑스의 귀족 루이 드브로이Louis de Broglie(1892~1987)는 입자로 알려진 물질에 파동성을 가정하며, 원자 안의 입자는 파동으로 존재한다는 '빛의 이중성'을 발표한다. 그는 빛의 입자성을 전제로 설명한 아인슈타인의 '광양자 이론'과 '입자의 운동을 다루는 상대성 이론(질량-에너지 등가)'을 통합하여 드브로이의 물질파(파동 공식)를 유도한다.

재미있는 것은 보어가 제시한 세 가지 가정을 조금만 수정하면 수학적으로 물질파가 깔끔하게 유도된다는 점이다. 보어의 모형은 태양계의 모

습처럼 전자가 원자핵 주위를 입자처럼 도는 형태인데, 전자의 궤도 운동은 전자기파를 발생시키기 때문에 에너지 보존 법칙에 따라 결국에는 원자핵으로 수렴하여 붕괴해야 했다. 하지만 보어가 제시한 에너지 궤도 위의 입자 운동을 정상파로 가정한다면 이러한 문제는 말끔히 해결된다. 또한 정상파의 경우 정수배가 아닌 성분은 상쇄간섭으로 소멸하고 정수배는 보강간섭으로 살아남기 때문에 스펙트럼상의 불연속적인 특성도 설명할 수 있었다. 이로써 드브로이는 (전자의) 파동으로서의 연속적인 운동과 양자화된 입자로서의 불연속적인 도약을 빛의 이중성(입자이면서 파동인)으로 설명해 냄으로써 거대한 베일의 모퉁이를 들어 올릴 수 있었다.

드브로이의 영향을 받은 독일 괴팅겐 대학의 베르너 하이젠베르크 Werner Heisenberg(1901~1976), 막스 보른 Max Born(1882~1970)과 파스쿠알 요르단 Pascual Jordan(1902~1980)은 1925년 행렬역학을 개발하여 미시 세계의 운동법칙을 설명했고, 1926년에는 에르빈 슈뢰딩거 Erwin Schrödinger(1887~1961)가 수학적 기교를 통해 파동방정식을 발표했다. 동료 학자들의 지지를 얻은 슈뢰딩거의 방정식은 행렬역학에 맞서는 파동역학이라고 부르게 되었고, 슈뢰딩거는 행렬역학과 파동역학이 서로 같은 결과를 바라보고 있음을 설명했다. 1927년 5차 솔베이 회의가 열렸을 때 하이젠베르크의 불확정성 원리가 발표되었으며, 보어가 제창한 코펜하겐 해석들은 아인슈타인과 충돌했다.

행렬역학에 비해 친숙한 수학적 툴이 사용되었던 슈뢰딩거 방정식은 지금까지도 양자역학의 입문으로 평가받을 정도로 그 중요성이 남다르다. 그러나 아인슈타인과 슈뢰딩거의 바람을 뒤엎고, 보른은 슈뢰딩거 방정식의 해석을 위해 확률론을 꺼내 들었다. 지속적으로 양자역학에 대한 해석의 체계를 잡아가던 보어와 보른 그리고 하이젠베르크는 양자 얽힘(중첩 상태), 터널링과 확률해석을 통해 코펜하겐 해석의 발판을 마련했다. 그럼에도 두 집단의 간극은 좁혀지지 않았으며 수많은 논쟁과 모순을 낳았다. 수학에 특화되었던 폴 디랙Paul Dirac(1902~1984)과 폰 노이만John von Neumann(1903~1957)은 어차피 양자화된 미시 세계의 해석이 인간의 사고로는 이해할 수 없음을 파악하고는, 해석의 영역을 철학자들의 몫으로 분리한 채로, 응용학문의 길로 분화했다.

양자의 세계에서 벌어지는 일은 우리가 경험한 적 없는 특수한 물리적 환경이다. 즉, 현실 세상의 그 무엇으로도 설명할 수 없고 이해할 수도 없다. 이해라는 것은 경험이라는 선험적인 틀이 있어야 받아들일 수 있는 것인데, 미시 세계에서는 거시 세계의 틀인 인과관계가 미약했다. 사실 그러한 한계를 인정함으로써 등장했던 것이 확률이라는 도구였다. 여기서 그치지 않고 양자역학은 거시 세계에서 끝끝내 부정하던 원격작용을 다시금 끌고 들어왔다. 패러데이와 맥스웰을 존경했던 것으로 유명한 아인슈타인은 선대 거인들이 지켜왔던 인과관계와 원격작용과의 투쟁을 기억하고 있었고, 그것을 지키기 위해 노력했다.

그러나 900만 명 이상이 사망한 제1차 세계대전(1914~1918)을 거치면서 과학계는 아인슈타인과 하이젠베르크의 중간세대가 끊기는 비극을 맞이했다.[5] 러더퍼드가 아끼던 제자 헨리 모즐리는 갈리폴리 전투에서 총에 맞아 사망했으며, 알파 입자 산란 실험을 했던 한스 가이거는 독일의 포병부대에 징집되었다. 중성자를 발견한 영국의 제임스 채드윅은 베를린 대학에서 연구하던 시절에 수용소에 구금되기도 했다. 그리고 유구한 과학의 역사를 떠받치던 선대 거인들의 어깨의 의미를 잃어버리게 된다. 이러한 의견은 아인슈타인을 위한 개인적인 변론이다. 그러나 눈앞에서 벌어지는 도깨비 같은 현상, 이를테면 양자 얽힘과 중첩 현상은 아인슈타인의 투쟁을 초라하게 만들었다. 아인슈타인은 포돌스키, 로젠과 함께 '상호 작용을 위해서는 국소성locality을 위배할 수 없다는 EPR 역설'을 통해

"물리적으로 실재existence하는 양자역학은 완벽할 수 없다"라며 공격했지만, (이제는 철학자로 전향해 버린 듯한) 보어는 그것조차도 양자역학의 원리라며 비국소성을 주장했다. 1964년 아인슈타인을 지지했던 존 스튜어트 벨이 부등식을 만들어 누구의 말이 옳은지를 판별할 아이디어를 제시했으나, 2022년 안톤 차일링거의 실험을 통해 오히려 벨 부등식은 아인슈타인(EPR 역설)이 틀렸음을 입증했다.

양자역학의 해석 논쟁은 아직도 끝나지 않은 주제이다. 주류 해석인 코펜하겐 해석 외에도 숨은 변수 이론과 다세계 해석 그리고 서울 해석 등 다양한 해석이 있기 때문에, 어떤 것이 옳다 하는 것은 시기상조일 것이다. 철학에 일정 부분을 내어준 논쟁의 대상이지만, 폰 노이만이나 리처드 파인먼은 양자역학의 미래를 응용학문에 두었다. 실제로 그 토대 위에서 이는 빠르게 성장 중이다. 역사가 보여주듯, 이론이 불완전한 시대에서는 앞지르는 기술이 미래를 밝혀줄 것이다.

단언컨대 양자역학의 꽃은 반도체일 것이다. 반도체의 동작 원리는 미시 세계와 전자의 운동에 기반을 둔다. 거시적으로는 전기가 통하거나, 통하지 않는 원리를 이용하기 때문에 0과 1의 논리연산이나 스위치에 주로 사용되고 있다. 1947년 미국의 벨 연구소의 월터 브래튼, 윌리엄 쇼클리, 존 바딘이 트랜지스터를 개발했고, 1958년에는 텍사스 인스트루먼트의 잭 킬비와 인텔의 전신인 페어차일드의 로버트 노이스가 4족 원소 게르마늄과 실리콘 기반의 집적회로IC, integrated circuit를 개발했다. 집적회로의 발전으로 1971년에는 최초의 상업용 집적회로인 '인텔Intel 4004'가 만들어졌고, 에니악에 들어가는 1만 8,000개의 진공관을 손톱만 한 크기로 대체할 수 있었다. 1970년대부터는 기업용 컴퓨터가 활발하게 보급되었고, 1980년대에는 IBM과 애플 등이 경쟁하며 개인용 컴퓨터PC의 시대를 열었다. 시간이 지날수록 연산 처리능력이 기하급수적으로 빨라졌으며,

1996년 인공지능을 탑재한 IBM의 딥블루라는 컴퓨터는 체스 1위였던 가리 카스파로프를 이겼다. 단순하거나 복잡한 연산에 사용되는 GPU graphics processing unit와 CPU central processing unit의 발달로 인공지능 기술은 한 단계 더 진보했고, 2016년에는 구글 딥마인드의 알파고가 바둑 천재 이세돌에게 승리를 거머쥐며, 정복할 수 없을 것이라 여겼던 바둑의 영역에 깃발을 꽂았다.

## 에필로그
# 노벨상에 다가간 한국인

중세 유럽 시기의 연금술alchemy은 단순한 미신이 아니라 당대 최고의 지식인들이 몰두한 진지한 탐구 주제였다. 아랍 세계를 통해 전래된 연금술은 신비주의와 자연철학, 그리고 금속 변환에 대한 열망이 뒤섞인 독특한 학문으로 자리 잡았고, 유럽에 도입되자마자 지식인 사회를 강하게 매료시켰다. 수많은 학자들이 돌덩이와 같은 하찮은 것에서 황금이라는 가치 있는 것으로 물질을 변화시키기 위해 노력했으며, 놀랍게도 근대 과학의 선구자로 추앙받는 아이작 뉴턴조차도 그의 연구 시간 중 절반 이상을 연금술에 쏟아부었을 만큼 이 분야에 깊이 빠져 있었다.

그러나 연금술은 결국 실현되지 못했다. 허상이 무너지자 점차 경험과 실험, 논리를 중시하는 합리주의가 시대의 주류가 되었고, 아랍에서 전래된 연금술에 깃든 신비주의와 종교적 상징성은 과학적 탐구의 장애물로 간주되었다. 그 상징적인 전환 중 하나가 바로 '연금술alchemy'이라는 이름에서 아랍어 관사 al-을 제거하고, '화학chemistry'이라는 새로운 시대를 여는 것이었다.

해학적이게도 인류는 연금술에 성공했다고 할 수 있다. 비록 금을 만들지는 못했지만, 더욱 가치 있는 물건을 만들어 냈기 때문이다. 그것은 바로 반도체이다. 반도체는 조건에 따라 부도체일 수도 있고 도체가 될 수도 있는데, 이러한 특성 때문에 0과 1의 논리체계로 구성된 전자기기에 잘 부합한다. 이제는 전자기기로 뒤덮인 시대에서 반도체는 세상을 지배하는 필수품이 되었다. 1960년부터 2018년까지 생산된 반도체 트랜지스터의 수는 약 $13 \times 10^{21}$개로 추산된다.[1] 금액으로는 환산하기조차 어려운 금액이다. 값싼 모래의 실리콘은 금 못지않은 자태를 뽐내고 있으며, 인류는 또 다른 의미의 연금술에 성공했다고 볼 수 있다.

반도체 중에서 가장 많은 비중을 차지하는 트랜지스터는 단연코 모스펫MOSFET, metal oxide semiconductor field effect transistor이다. 실리콘 결정에 산화막을 깔고 금속 전극을 달아, 전기장에 의해 동작하는 트랜지스터는 컴퓨터나 휴대전화의 뇌와 심장이라 할 수 있다. 그리고 이 위대한 발명 앞에, 한국인 강대원(1931~1992) 박사가 있었다. 1931년 한국에서 태어난 강 박사는 6·25 전쟁에 참전하기도 했다. 정전 이후에는 만기 전역한 뒤 서울대를 졸업하고 미국 오하이오 주립대로 떠났다. 여기서 강대원 박사는 플레밍과 드 포레스트의 진공관을 공부했고, 1956년에는 에디슨 효과에 대한 〈열이온 방출 현미경The thermionic emission microscope〉을 석사 졸업논문으로 발표했다. 이후 1959년에는 박사학위를 받는데, 여기서 등장한 논문인 〈산화물 층을 통한 실리콘 층으로의 인 확산Phosphorus diffusion into silicon through an oxide layer〉이 이후 MOSFET의 발명을 예고하기도 했다.

1959년 박사학위를 받은 강대원 박사는 뉴저지의 벨 연구소에 들어갔다. 여기서 상사인 마틴 아탈라와 함께 실리콘 기반의 MOSFET을 개발했고, 1960년 학술대회 발표와 동시에 특허를 출원했다.

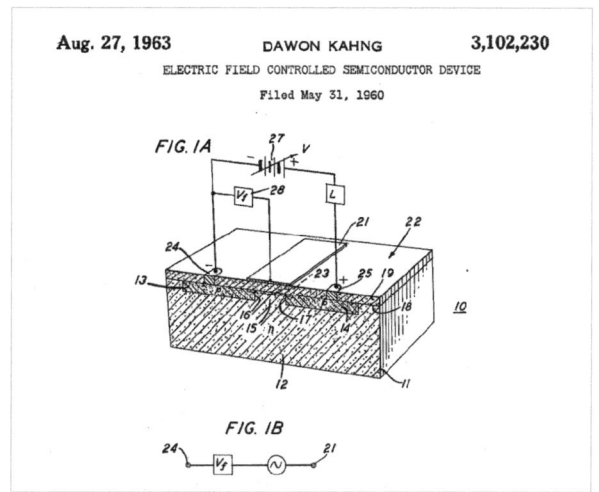

강대원 박사의
1960년 특허
US3,102,230

처음 MOSFET 기술이 발표되었을 때의 반응은 지금과 사뭇 달랐다.[2] 1950년대 윌리엄 쇼클리가 바이폴라 접합 트랜지스터BJT, bipolar junction transistor를 상용화했기 때문에 강대원 박사의 결과가 큰 주목을 받지 못했으나, 반도체 집적회로가 가속화되자 상황은 달라졌다. 태생적으로 BJT는 MOSFET보다 전력 소모량이 많은데, 출력을 유지하면서 작게 만들다 보니 발열량을 견딜 수 없었다. 이때까지만 해도 잭 킬비가 꿈꾸던 반도체 집적의 시대는 실현 불가능한 상상이었으나, 강대원 박사의 MOSFET 연구는 그에게 구원의 손길이 되었다. 이후 MOSFET을 만난 반도체 분야는 새로운 시대의 장을 열게 되었다.

현재 MOSFET은 컴퓨터 CPU의 핵심 기술이며, 삼성전자와 SK하이닉스의 DRAM을 구성하는 핵심 소자이다. 강대원 박사는 식민지 조선에서 태어나 어려운 시기를 견뎌내고 조국의 산업기반을 다진 인물이라 할 수 있다. 그러나 이러한 업적은 비단 한국에만 국한된 것이 아니다. 강대원 박사가 없었다면 마이크로소프트의 빌 게이츠도 없었고 애플의 스티브

잡스도 없었다. 이러한 공로를 인정받아 강대원 박사는 미국 상무부 산하 특허청의 '발명가 명예의 전당'에 이름을 올렸으며, 노벨과 에디슨 그리고 테슬라와 어깨를 나란히 했다. 또한 물리학의 공로 역시 인정받아 아인슈타인과 스티븐 호킹이 수상했던 프랭클린 연구소의 '스튜어트 밸런타인 메달'을 수상하기도 했다.

1992년 5월, 학술대회를 마치고 뉴저지로 돌아가는 길에 갑자기 발병한 대동맥류 파열에 따른 후유증으로, 강대원 박사는 생을 마감하게 된다.[3] 2000년 한국의 김대중 대통령이 노벨 평화상을 수상하던 그해, 반도체 집적회로의 시대를 연 잭 킬비는 노벨 물리학상을 수상하는데, 여기서 잭 킬비는 강대원 박사와 MOSFET 연구를 언급하면서, 그가 없었다면 오늘의 자신도 없었다고 말한 바 있다.[4]

국제전자전기기술자협회IEEE, Institute of Electrical and Electronics Engineers는 전 세계 190개국에서 약 46만 명의 정회원과 17만 명의 학생회원을 둔 단체이다. IEEE는 국제단체로 성장하면서, 과거 스타인메츠가 활동하던 미국의 전기기술자협회AIEE를 1963년에 병합했다. 현재 IEEE의 회원 비중은 미국, 인도, 중국, 캐나다, 일본의 순서로 높으며, 한국인은 1만 4,000명 이하일 것으로 추정된다.[5]

IEEE는 선대의 연구 위에서 수많은 사람들이 활동하는 무대가 되었다. 과거 그 무대에서 **최초로 활동했던 한국인**도 강대원 박사였다. 지금도 현시대 전기의 요정들은 선대의 어깨 위에서 거탑을 쌓아 올리고 있다. 비단 반도체뿐만이 아니라 전기 자동차와 배터리 그리고 초전도체에 이르기까지 미래를 뒤엎을 기술을 찾고 있다.

국제전자전기기술자협회, IEEE

## 마치며

오늘날 우리는 말 그대로 전기로 둘러싸인 세상 속에 살고 있다. 전기라는 에너지의 한 형태를 인류가 자유자재로 다룰 수 있게 되면서 스마트폰은 사실상 신체의 일부가 되었고, 전기 자동차를 타고 도로 위를 누비며, 배터리를 통해 일상에서 산업까지 전기를 저장하고 이동시키고 있다. 반도체는 손끝에서 지능을 구현할 수 있게 해주고, 초전도체는 저항이라는 물리 법칙의 한계를 넘어 물질의 본질에 대한 새로운 질문을 던지고 있다. 이러한 기술들이 눈앞에 펼쳐져 있는 시대에 살다 보니, 과거의 위대한 발견들이 초라해지는 것도 당연하다.

하지만 이 모든 기술과 개념은 결코 스스로 태어난 것이 아니다. 현재까지 이어지는 많은 기술이 수 세기에 걸친 선대 요정들의 어깨 위에 세워지고 있다. 탈레스가 호박을 문지르며 신기한 현상을 관찰하던 순간부터, 패러데이와 맥스웰이 전자기장의 본질을 밝혀내기까지, 그 여정은 언제나 당연하지 않은 질문에서 시작되었다. 전류가 흐를 수 있다는 것, 전압이 유도된다는 것, 자석이 힘을 미친다는 것, 그 무엇 하나 쉬운 전제가 아니었다.

오늘날 전자기 학문은 회로이론, 반도체, 통신, 제어, 전력, 디지털 시스템 등 수많은 세부 전공으로 나뉘어 있다. 하지만 본디 이 모든 흐름은 하나의 본류, 바로 전자기 현상에 대한 탐구에서 출발했다. 안타깝게도 현재 전공자들조차 이 연결성을 인식하지 못하거나 필요성을 느끼지 못하는 경우가 많다. 분화와 전문화의 시대 속에서, **전체를 보는 눈이 점점 희미해지고 있다는 지적이다. 그럼에도 이러한 능력이 여전히 보전되는 곳들이 있다.

흔히 학파라는 것은 학문적 주장이나 견해가 같은 이들끼리 모여 있는 집단을 일컫는다. 그들은 단순히 같은 부류의 집단을 넘어서, 사상을 공유하고 그 이전의 유구한 역사와 전통을 계승하는 곳이다. 물론 학문과 전통, 자금력 그리고 네트워크 등이 모인 아주 복잡한 결합체이지만, 필자는 특히 과거로부터 전달되는 전통과 그들이 공유하는 이론의 탄생 배경에 집중했다. 그것을 알고 연구하는 것과 모르고 연구하는 것에는 큰 차이가 있다는 점을 꼬집은 것이다. 이미 책을 통해서 확인했듯이, 선대의 연구를 이어받은 맥스웰과 영국 케임브리지의 캐번디시 연구소가 그렇다(전자의 발견, DNA 이중나선, 중성자 발견으로 이어지는 과정이 그 예시라 할 수 있다). 독일의 경우도 크게 다르지 않다. 막스 플랑크, 알베르트 아인슈타인, 베르너 하이젠베르크 등을 배출한 카이저 빌헬름 협회도 역시 현재 막스 플랑크 연구소로 이어져, 많은 결실을 이뤄내고 있다. 심지어 대부분의 노벨상 수상자가 같은 학파까지는 아니더라도 서로 직간접적으로 영향을 주고받았다는 점을 생각해 볼 때 과거와 현재 그리고 미래를 내다볼 수 있는, 전체를 보는 눈이 얼마나 제한된 능력인지를 짐작할 수 있다.

그렇다 보니 제한된 시야에서 당연하지 않은 질문을 던지는 것보다, 당연한 질문에 익숙해져 가는 것도 같은 맥락이라 할 수 있다(이 책을 통해서 살펴봤듯이 새로운 발견은 다른 차원에서, 당연하지 않은 것들로부터 시작되었다). 하지만 이 모든 문제도 결국은 너무 빠른 기술의 진보가 만들어 낸 부작용이라 할 수 있다. 어쩌면 우리에게는 당연하지 않은 질문을 던지기 위해 앞서가는 기술에 역행할 용기가 필요한 것도 사실이다.

반면, 이미 지나버린 과거를 포기하고 당연한 질문들의 연속 속에서 과연 우리가 그 속도만큼 이해하고 있는가는 또 다른 문제인 것 같다. 2024년 노벨 물리학상 수상자인 제프리 힌턴 교수가 인공지능의 통제 불가능성을 우려한 것은 단순한 기술적 비판이 아니다. 그것이 어떻게 작동하는

지를 모른 채, 기술의 '전진 앞으로'만 외치는 현 세태를 비판한 것이기도 하다. 다시 말해 앞서가는 기술의 이면에 등장하는, 설명되지 않은 공백을 언급한 것이다. 이 블랙박스들에 대해 누군가는 지금도 연구하고 고민하고 있겠지만, 필자는 적어도 전자기 분야에서만큼은, 이 문제를 해결하기 위한 일환으로서 전자기 발전사를 권유하고 있는 셈이다. 선대의 기록에서도 볼 수 있듯이, 실마리가 되는 단서가 전체를 보는 눈에서 나올 수 있다. 지금도 유효하지만, 융합이라는 키워드가 대세였던 시대가 있다. 서로 다른 것을 하나로 만들었을 때 새로운 길목이 보인다는 것이다. 결국 이는 모두 같은 이야기로 귀결된다. 겉보기에 지금은 서로 다른 학문인 것들을 하나의 큰 틀에서 본다면 새로운 차원에서 문제를 직시할 수 있다는 것이다.

이러한 이유로 나는 도슨트를 자처했다. 그저 이론이나 역사의 요점 정

프랑스 현대 시립미술관에 전시 중인 라울 뒤피의 〈전기의 요정〉(1937)

리가 아니라, 서로가 하나였음이 낯설지 않도록, 시대적 흐름에 맞춰 선대의 고민과 접근 방법이 잘 드러나도록 했다.

이 책은 라울 뒤피의 그림 〈전기의 요정〉에서 지대한 영향을 받았으며, 전자기 법칙이 어떻게 탄생했는지, 그것이 어떤 철학과 실험 속에서 자라났는지, 그리고 어떻게 현대 산업 전반에 생명을 불어넣게 되었는지를 되짚어보는 여정서라 할 수 있다.

〈전기의 요정〉에서 시작된 이 긴 이야기에는 기라성 같은 요정들을 담아내고자 한 노력의 흔적이 담겨 있다. 호기심을 가진 누군가에게, 이 책이 작게나마 방향을 제시하는 이정표가 되기를 바라며, 한 번쯤은 궁금했을 전자기 법칙의 탄생과 시대적 배경을 통해 당대의 향기와 많은 이들의 고민을 떠올려 볼 수 있기를 간절히 바란다.

# 주

## 01 호박과 자석을 연구한 사람들

1. 탈레스가 자신의 천문학적 지식을 이용해 올리브 수확이 풍년일 것을 예측하고, 미리 올리브 착유기를 대량으로 임대하여 큰 이익을 얻었다는 일화가 제1권 11장에서 소개된다. Aristotle, *Politics*, Book 1, Chapter 11; George Crawford and Bidyut Sen, *Derivatives for Decision Makers: Strategic Management Issues*(John Wiley & Sons, 1996).
2. 탈레스가 만물의 근원을 물이라고 주장한 것을 기록하고 있으며, 이는 제1권 3장에서 다룬다. William Smith, *A Dictionary of Greek and Roman Biography and Mythology*(London. John Murray: printed by Spottiswoode and Co., 1848); Aristotle, Metaphysics, 983b. https://data.perseus.org/citations/urn:cts:greekLit:tlg0086.tlg025.perseus-eng1:1.983b
3. 탈레스가 호박과 자석의 성질에 대해 연구하고, 이들이 물체를 끌어당기는 현상을 설명하는 일화가 기록되어 있다. 이 내용을 제36권에서 다룬다. Diogenes Laërtius, *Lives and Opinions of Eminent Philosophers*, Book 1, Life of Thales 참고.
4. 전자electron라는 용어는 고대 그리스어 '호박 ἤλεκτρον'에서 유래되었다고 설명한다. E. T. Whittaker, *A History of the Theories of Aether and Electricity*(Longmans, Greenand Co., 1910); E. A. Davis and I. J. Falconer, *J.J. Thomson and the Discovery of the Electron* (CRCPress, 1997).
5. Pliny the Elder, *Natural History*, book 37, p. 11.
6. 탈레스의 원문 기록은 남아 있지 않으며, 탈레스를 언급한 아리스토텔레스의 《영혼에 관하여》도 역시 후대의 구전을 통해 전해지고 있다. 3세기에 디오게네스는 《그리스 철학자 열

주 347

전》을 통해 탈레스의 일화를 소개했으며, 여기서 탈레스는 호박과 자석을 증거로 무생물에도 영혼과 생명이 있음을 주장했다. Jammer, *Concept of force*, p. 14; 야마모토 요시타카, 《과학의 탄생: 자력과 중력의 발견, 그 위대한 힘의 역사》, 이영기 옮김(동아시아, 2005).

7 데모크리토스보다 후대의 사람인 심플리키우스가 전해온 말이며, 17세기에 길버트가 조사하여 기록한 내용이다. Gilbert, *De magnete*, II-2, p. 46.

8 아리스토텔레스의 부동의 동자 개념은 그의 저서인 《자연학》과 《형이상학》 모두에 등장하며, 자연이 운동과 변화를 일으킨 최초의 외부 작용으로 설명하고 있다. Aristotle. *Physics*. Translated by Robin Waterfield(Oxford University Press, 1996); Aristotle. *Metaphysics*. Translated by W.D. Ross, in *The Complete Works of Aristotle*, edited by Jonathan Barnes(Princeton University Press, 1984).

9 기원전 408~355년에 활동했던 에우독소스는 고대 그리스의 철학자로서 중심점을 공유하는 여러 개의 구체에 천체가 부착되어 움직인다는 동심 구체 이론을 설파했다. Richard Kraut ed. *The Cambridge Companion to Plato* (Cambridge University Press. 1992), p. 174.

10 현대의 관점으로서 중력에 의한 현상이다.

11 아리스토텔레스는 인과론의 네 가지 원인으로 질료인material, 형상인formal, 작용인efficient, 목적인final을 제시하였다. 질료인은 사물을 이루는 재료(본질)를, 형상인은 사물의 구조(형태)를, 작용인은 변화의 원인을, 목적인은 행위의 목적을 의미한다. Aristotle. *Metaphysics*. Translated by Hugh Lawson-Tancred(Penguin Classics, 1998); Aristotle. *Physics*. Translated by Robin Waterfield(Oxford University Press, 1999).

12 에피쿠로스의 사상은 당시 종교와의 사상적 충돌 역시 피할 수 없었다. 에피쿠로스는 인격적인 신을 부정했으며, 불사의 존재라는 점 외에 부가적인 가치를 신에게 부여하는 것을 불경한 것으로 여겼다. 인간이 만들어 내는 신에 대한 생각이 논리적인 모순을 만들어 내기 때문에 에피쿠로스는 이러한 점을 지적하였다. 에피쿠로스의 역설이란 "신은 전능하며, 신은 선한데, 악은 존재한다", 그러므로 "악의 존재를 없앨 수 없는 신은 전능하지 않거나, 선하지 않은 것이다"이다.

13 Lucretius, *De Rerum Natura*, Book VI, pp. 906~916.

14 Pliny the Elder, *Natural History*, book 36, p. 25.

15 J. C. Maxwell, *On Physical Lines of Force*(Philosophical Magazine, 1861), pp. 161~175.

16 '주님의 해'라는 의미의 라틴어 Anno Domini는 예수 그리스도의 탄생을 기준으로 하는 연대이며, 그 약어가 AD이다. 이러한 연대 체계는 6세기 중반, 디오니시우스 엑시구스가 처음 도입한 것이다.

17 밀라노 칙령은 모든 사람이 자신의 종교를 자유롭게 선택할 수 있다는 신앙의 자유 권리였다. 그리스도교인들에게만 국한된 자유가 아닌 기타 종교에 대한 모든 자유를 포함하는 칙령으로서 관용의 상징과도 같다. 그리스도교가 로마 제국 내에서 더는 박해받지 않고 포교를 할 수 있던 것이 밀라노 칙령 이후부터이고, 또한 이는 380년 테오도시우스 1세 황제 때에 그리스도교가 국교로 자리를 잡는 발판이 되었다. Eusebius, *Historia Ecclesiastica*, Book 10; https://en.wikipedia.org/wiki/Edict_ of_Milan

18 알 히크마라고 하는 지혜의 집بيت الحكمة, Bayt al-Hikma은 8세기 후반부터 13세기 초반까지 바그다드에 있던 주요 학문 연구소 및 도서관으로, 아바스 왕조 시대에 설립되었다. 이곳은 번역과 학문 연구 그리고 과학 및 철학의 중심지로서 이슬람의 황금시대에 중요한 역할을 했다. 아메드 제바르, 《아랍 과학의 황금시대》, 김성희 옮김(알마, 2016), p. 16; C. Hillenbrand, *Islam: A New Historical Introduction*(Thames & Hudson, 2015).

19 탈라스 전투Battle of Talas는 751년에 아바스 왕조의 군대와 당나라의 군대 사이에서, 현재의 키르기스스탄과 카자흐스탄 사이의 탈라스강 유역에서 벌어졌다. 고구려 유민 출신 고선지 장군이 파견되어 전투를 치른 기록이 있다. J. M. Bloom, *Paper Before Print*(Yale University Press, 2001); https://en.wikipedia.org/wiki/Battle_of_Talas

20 유클리드의 원론은 8세기 후반부터 바그다드의 지혜의 집에서 번역되기 시작했으며, 주석을 포함한 많은 연구들이 이루어졌다. 12~13세기에는 아랍어에서 라틴어로 재번역되어 유럽에 전파되었다. J. P. Hogendijk and A. I. Sabra, *The Enterprise of Science in Islam: New Perspectives*(MIT Press, 2003); J. L. Berggren, *Episodes in the Mathematics of Medieval Islam*(Springer, 1986).

21 16세기에 들어서면 카르다노와 제자 페라리에 의해 3차 방정식과 4차 방정식의 해법이 제시된다. 5차 방정식 이상부터는 대수적 연산으로는 해를 구할 수 없다는 것을 닐스 헨리크 아벨이 증명했으며, 에바리스트 갈루아가 확장하여 다항 방정식의 해를 구하는 연구가 진행되었다. 결론적으로 5차 방정식 이상부터는 대수적 방법이 아닌 뉴턴-랩슨과 같은 수치해석적인 방법으로 근사해를 구하고 있다. N. H. Abel, *Mémoire sur les équations algébriques, où on démontre l'impossibilité de la résolution de l'équation générale du cinquième degre*(1824); É. Galois, *Mémoire sur les conditions de résolubilité des équations par radicaux*(1832); H. M. Edwards, *Galois Theory*(Springer, 1984).

22 카메라 옵스큐라Camera obscura는 어두운 방이라는 뜻으로, 빛이 작은 구멍을 통해 들어와 반대편 벽에 외부 장면을 반대로 형성하는 장치이다. 이는 가장 기본적인 광학 원리 중 하나로, 렌즈 없이도 이미지를 형성할 수 있다. E. Hecht, *Optics*(Addison-Wesley, 2002).

23 이븐 알하이삼의 연구는 유럽에 번역되어 르네상스 시기 과학혁명의 밑거름이 됐다. 그가 저술한 광학과 천문학 이론은 코페르니쿠스와 케플러 그리고 후에 뉴턴의 광학 연구에도 기여했다. 이븐 알하이삼은 당대 이슬람 천체관의 중심이었던 프톨레마이오스 세계관에 대한 비판서로도 유명하다. 남호영, 《코페르니쿠스의 거인 뉴턴의 거인》(솔빛길, 2020), 113쪽; A. I. Sabra, *The Optics of Ibn al-Haytham*(Warburg Institute, 1989).

24 Leonardo Fibonacci, *Liber Abaci*(1202).

25 Mario Livio, *The Golden Ratio: The Story of Phi, the World's Most Astonishing Number* (Broadway Books, 2002).

26 H. V. Baravalle, "The geometry of the pentagon and the golden section," *National Council of Teachers of Mathematics*, Vol 41(1948), pp. 22~31.

27 W. W. Cooper, P. Yue, *Challenges of the Muslim World: Present, Future and Past*(2008), p. 215.

28 S. A. P. Murray, *The library: An illustrated history*(New York: Skyhorse Publishing, 2012),

p. 54.

29 Houben, Hubert, *Roger II of Sicily: A Ruler Between East and West* (Cambridge University Press, 2002) pp. 115~120; https://archive.org/details/hubert-houben-roger-ii-of-sicily-a-ruler-between-east-and-west-2002

30 1269년 페트루스 페레그리누스가 쓴 *Epistola de magnete*, 즉《자성서》는 자석과 자기 현상에 대해 기록한 최초의 전자기 연구서로, 자기학에 대한 중요한 실험 결과를 담았다. 자석의 기원과 관련해서는 그리스와 중국의 기록이 남아 있으며, 각각 철을 끌어당기는 물체인 자석에 대한 기록을 남겼다. 또한 자석을 응용한 나침반이라는 도구는 중국 심괄의 저서《몽계필담》에 최초로 언급되었고, 12세기에는 중국 - 아랍 - 비잔틴 문화권을 거쳐서 서구 유럽에 도달했다는 시각이 있다. Pierre, de Maricourt(Author), Arnold, Brother(Translator), Brother Potamian(Introductory), *The letter of Petrus Peregrinus on the magnet, A.D. 1269*(New York McGRAW Publishing Company, 1868): https://archive.org/details/letterofpetruspe00pieriala/page/n73/mode/2up

31 Brother Potamian이 남긴 서두의 글에는 편지 형식의《자성서》가 페트루스 페레그리누스의 막역한 친구, 시게루스 드 푸코쿠르에게 보내는 것임이 명시되어 있다. https://www.gutenberg.org/files/50524/50524-h/50524-h.htm

32 야마모토 요시타카,《과학의 탄생: 자력과 중력의 발견, 그 위대한 힘의 역사》, 이영기 옮김 (동아시아, 2005), 274~275쪽.

33 아우구스티누스 철학은 4세기경의 철학자였던 아우구스티누스가 신플라톤주의의 영향을 받아 기독교 신학과 철학을 융합한 사상이다. 그는 신플라톤주의에서 말하는 '일자The one'에 인격성을 부여하여 인간과 관계를 맺는 존재로서 하나님을 묘사하였다. 또한 일자에서 흘러나오는 것을 창조론으로 변화시켰으며, 인간의 자유의지를 일자로부터 멀어지려 하는 악한 것으로 여겼다. 기본적으로 신앙과 이성의 합일을 추구했으며 하나님에 대한 지식은 궁극적으로 신앙을 통해 완전해진다고 생각했다. Augustine. *Confessions*. Translated by Henry Chadwick(Oxford University Press, 2008).

34 중세유럽에서는 그리스도교와 철학을 융합하려는 시도들이 있었는데, 아리스토텔레스의 논리학·형이상학·윤리학 등을 받아들인 토마스 아퀴나스는 교리에 맞게 철학을 재해석하여 신의 존재를 증명하고자 했다.

35 Roger Bacon, *Opus Majus*, III, p. 112; Roger Bacon, *Opus Majus*, VII, p. 793.

36 Roger Bacon, *Opus Majus*, VI, p. 589.

37 Roger Bacon, *Opus Majus*, IV, p. 1, 71.

38 Langdon Brown, "William Gilbert: His Place in Medical World," *Nature*, Vol. 154, pp. 136~139.

39 Nordenskiöld, *Facsimile-Atlas*, p. 65.

40 Goethe, *The Sorrows of Young Werther*, p. 56.

41 William Gilbert, *De magnete*, II-2.

42 테렐라는 지구 자기장을 설명하기 위한 장치로서, 지구 표면에서 나침반이 북쪽을 가리키

는 이유를 설명하였다. 테렐라의 구조는 구형으로서 보통 자석으로 만들어진다.
43 William Gilbert, *De magnete*, II-2, p. 51.
44 William Gilbert, *De magnete*, II-2, p. 112.
45 지구를 하나의 자석이라고 할 때 지구의 북쪽은 S극, 남쪽은 N극을 띠는 자석이다.
46 William Gilbert, *De magnete*, I, p. 39.
47 갈릴레이는 1632년에 출간한 그의 책 《두 가지 주요한 우주 체계에 관한 대화Dialogue Concerning the Two Chief World Systems》에서 길버트의 연구를 언급하며, 그의 자기장 이론이 매우 중요한 과학적 기여라고 평가했다. 또한 길버트의 연구 결과를 갈릴레이가 주장하는 지동설의 근거로서 사용하였다.
48 케플러의 《신천문학》과 《세계의 조화》에서는 길버트의 연구를 언급하며, 자기장 이론이 태양계의 운동을 설명하는 데 유용하다고 말하고 있다. 또한 궤도 운동의 원동력이 지구 자기장에 있을 것이라는 어렴풋한 추측을 남긴다.
49 Niccolò Cabeo, *Philosophia magnetica*(Francesco Suzzi Ferrara, 1629); Mottelay, Paul Fleury, *Bibliographical history Of Electricity And Magnetism* (Charles Griffin&Company, 1922), pp. 109~110, https://archive.org/details/bibliographicalh033138mbp
50 David Gubbins and Emilio Herrero-Bervera, *Encyclopedia of Geomagnetism and Paleomagnetism*(Springer Science & Business Media, 2007), p. 463.

## 02 과학혁명과 전자기력의 맹아: 코페르니쿠스에서 뉴턴까지

1 율리우스력Julian calendar은 기원전 46년 율리우스 카이사르Julius Caesar가 도입한 태양력으로, 1년을 365.25일로 계산하여 4년마다 하루를 추가하는 방식의 윤년을 적용하는 체계이다. 그러나 율리우스력은 실제 태양년(약 365.2422일)과의 차이 때문에 약 128년에 하루씩 오차가 발생한다. 이로 인해 점차적으로 계절과 달력 사이의 불일치가 생겨났다. 로저 베이컨은 이러한 문제를 해결하기 위한 노력을 취했는데, 그의 생전에는 실현되지 않다가 그 지식은 후에 그레고리력Gregorian calendar의 도입에 중요한 배경이 된다. 1582년 교황 그레고리오 13세가 율리우스력의 오차를 수정한 그레고리력을 도입했으며, 이는 현재까지 사용되는 달력 체계가 된다. 그레고리력은 베이컨의 제안을 반영하여 윤년 규칙을 수정하였고, 400년마다 세 번의 윤년을 제외하는 방식으로 오차를 줄였다. 이는 태양년과 달력의 차이를 효과적으로 보정하여, 계절과 달력의 일치성을 높였다. D. C. Lindberg, *Roger Bacon's Philosophy of Nature*(Clarendon Press, 1983); J. M. Hackett(ed.), *Roger Bacon and the Sciences: Commemorative Essays*(Brill, 1997).
2 주전원은 고대 천문학에서 행성의 운동을 설명하기 위한 기하학적 모델로서, 프톨레마이오스의 알마게스트에서 처음으로 등장하였다. 대원은 행성이 지구를 중심으로 도는 큰 원 궤도이며, 주전원은 행성 자체가 대원을 따라 돌면서 별도의 작은 원 궤도를 따라 도는 것을 말한다. 이러한 개념의 등장 배경에는 천동설에서 설명되지 않는 행성의 역행운동을 설명하고자

함이었다. Claudius Ptolemy, *Almagest*; https://de.wikipedia.org/wiki/Epizykeltheorie
3   종교개혁의 중심이었던 마르틴 루터는 코페르니쿠스의 지동설(태양중심설)에 부정적인 의견을 표명했으며, 이러한 기록은 1539년 필리프 멜란히톤이 남긴 기록에서 나타난다. Philipp Melanchthon, *Elementorum Rhetorices Libri Duo*. https://books.google.com.et/books?id=4-XTd3-L0y4C&printsec=frontcover#v=onepage&q&f=false; Owen Gingerich, *The Book Nobody Read: Chasing the Revolutions of Nicolaus Copernicus*(Walker & Company, 2004).
4   구약성경 〈여호수아〉 10장 12~13절.
5   1609년에 발표된 《신천문학Astronomia Nova》에서는 케플러의 1법칙과 2법칙이 소개되며, 1619년에 발표된 《세계의 조화Harmonices Mundi》에서는 케플러의 3법칙이 소개된다.
6   이오, 유로파, 가니메네, 칼리스토를 의미한다.
7   David Wootton, *Galileo: Watcher of the Skies*(Yale University Press, 2010); https://en.wikipedia.org/wiki/Galileo_Galilei
8   갈릴레이의 재판과 관련된 주요 문서와 증언을 수집한 자료이다. 갈릴레이가 이단으로 기소된 과정과 그에 대한 로마 가톨릭의 반응을 자세히 다루고 있다. Maurice A. Finocchiaro, *The Galileo Affair: A Documentary*(History University of California Press, 1989).
9   Anton Postl, "Correspondence between kepler and galileo," *Vistas in Astronomy*, Vol. 21(1977), pp. 325~330. https://onefortyfirst.wordpress.com/2010/10/15/101310-galileos-letter-to-kepler/
10  프로테스탄트는 16세기 초부터 로마 가톨릭의 권위에 도전한 개신교로서, 종교개혁자들의 신앙과 사상을 따르는 기독교(그리스도교)의 한 갈래이다.
11  Galileo Galilei, *Dialogue*, p. 235.
12  ($x, y, z$) 좌표계를 말한다.
13  브루노는 코페르니쿠스의 태양 중심설을 확장하여, 우주가 무한하며 수많은 태양과 행성들이 존재한다고 주장했다. 그는 그러한 혁신적인 사상으로 당시 종교적·철학적 통념에 도전하여 큰 논란을 일으켰고, 결국 종교재판에 회부되어 화형을 당했다. 타카타 모토무, 《철학의 근본 문제 유물론 대 관념론: 역사적 갈등》, 최시연 옮김(책갈피, 2024), 110쪽; https://en.wikipedia.org/wiki/Giordano_Bruno_and_the_Hermetic_Tradition
14  René Descartes, *Principia Philosophiæ*(1644), II~37, 39, 40.
15  René Descartes, *Principia Philosophiæ*(1644), II~16.
16  야마모토 요시타카, 《과학의 탄생: 자력과 중력의 발견, 그 위대한 힘의 역사》, 이영기 옮김(동아시아, 2005), 703쪽.
17  데카르트는 자기력을 설명하는 과정에서 "나선형 입자들이 일정한 통로를 따라 흐르기 때문에 자기력이 생긴다"라는 주장을 한다. René Descartes, *Principia Philosophiæ*(1644), IV-147~149.
18  데카르트는 자연의 운동 법칙을 설명함에서 "자연의 어떠한 현상도 이 논의에서 빠지지 않았다"라는 자신감을 내비치고 있다. René Descartes, *Principia Philosophiæ*(1644), IV-

199. https://archive.org/details/ita-bnc-mag-00001403-001/page/304/mode/2up
19 Galilei, Galileo. *The Assayer*, II(1623).
"철학은 우리 눈앞에 있는 거대한 책에 쓰여 있습니다. 우주를 말합니다. 하지만 우리가 먼저 언어를 배우고 그것이 쓰인 기호를 파악하지 않는다면 그것을 이해할 수 없습니다. 그것은 수학의 언어로 쓰였고, 그 문자는 삼각형, 원, 그리고 다른 기하학적 도형입니다. 이것들이 없다면 인간적으로 단 한 단어도 이해할 수 없습니다. 이것들이 없다면 우리는 어두운 미궁을 헤매는 것입니다."
20 Richard S. Westfall, *Never at Rest: A Biography of Isaac Newton*(Cambridge University Press, 1983); 남호영,《코페르니쿠스의 거인 뉴턴의 거인》(솔빛길, 2020).
21 색수차Chromatic Aberration란 렌즈를 통과하는 빛의 파장이 서로 다르게 굴절되어 색상이 분리되는 현상이다. 이로 인해 이미지가 선명하지 않게 되고 색상 가장자리에 색 번짐이 생긴다. 색수차는 렌즈의 재료와 설계 방식에 따라 발생하며, 특히 광각 렌즈와 같은 복잡한 광학 시스템에서 더 두드러진다.
22 Descartes, René. *Dioptrique*. In *Discours de la méthode*(1637), VIII, IX.
23 프리즘을 통한 굴절 실험으로 아이작 뉴턴이 유명하여 최초의 고안자로 알려져 있지만, 사실 이미 그 이전부터 이븐 알하이삼과 로저 베이컨 등도 빛이 프리즘을 통과할 때 가시광선이 파장별로 분리되는 것을 알고 있었다. 다만 뉴턴은 별도의 프리즘을 하나 더 사용하여 분리된 가시광선을 다시 합성시켰다. Olivier Darrigol, *A History of Optics from Greek Antiquity to the Nineteenth Century*(Oxford University Press, 2012).
24 H. W. Turnbull, ed., *The Correspondence of Issac Newton: 1661-1675*, Vol. 1(London, UK: Cambridge University Press for the Royal Society, 1959), p. 416.
25 뉴턴의 프린키피아는 데카르트의 프린키피아를 오마주하였다.
26 $G$는 중력 상수이며, $M$과 $m$은 두 행성의 질량을 나타낸다. 운동하는 행성의 궤도는 $r$로 표현되어 있다. 케플러의 제3법칙을 통해 쉽게 만유인력을 유도하는 방법은 남호영,《코페르니쿠스의 거인 뉴턴의 거인》(솔빛길, 2020), 282~283쪽에서 확인할 수 있다.
27 불리알뒤는 17세기 프랑스의 저명한 천문학자로, 케플러의 법칙을 연구하였다. 그는 1645년에 출판한 저서 《교황청 천문학Astronomia Philolaica》에서 케플러의 타원 궤도 이론을 지지하며 행성 운동의 역제곱 법칙을 제안했다. 또한 이탈리아의 조반니 알폰소 보렐리는 1666년 《Theoricae Mediceorum Planetarum ex Causis Physicis Deductae》에서 행성 운동의 원리를 케플러의 운동 법칙에 근거하여 물리적으로 설명하려고 하였다. Herbert Butterfield. *The Origins of Modern Science*(Free Press, 1997) 참고.
28 명예혁명이라는 용어는 1688~1689년에 영국에서 일어난 정치적 사건을 가리킨다. 이 혁명은 제임스 2세의 퇴위와 윌리엄 3세와 메리 2세의 공동 통치로 이어졌으며, 영국 정치 체제와 권력 구조에 중요한 변화를 가져왔다. '명예혁명'이라는 이름은 이 혁명이 상대적으로 평화롭고, 피를 많이 흘리지 않고 이루어졌다는 점을 강조한다. John Morrill. *The Nature of the English Revolution*(Routledge, 1993) 참고.
29 라이프니츠는 영국을 방문했을 당시에 뉴턴과 가까이 지내던 헨리 올덴버그와 존 콜린스를

만날 수 있었고, 뉴턴의 스승이었던 아이작 배로Isaac Barrow(1630~1677)의 책을 구입하기도 했다. 이 과정에서 라이프니츠는 자연스럽게 뉴턴의 존재를 알게 됐지만, 직접적으로 뉴턴을 만나지는 못했다. Alfred Rupert Hall, *Philosophers at War: The Quarrel Between Newton and Leibniz* (Cambridge, 2002), pp. 44~69.

30 https://en.wikipedia.org/wiki/Leibniz%E2%80%93Newton_calculus_controversy 참고.

## 03 17·18세기, 전기를 다룬 사람들

1 정확히는 "자연은 진공을 싫어한다Natura abhorret a vacuo"라고 말했다. David C. Lindberg, *The Beginnings of Western Science* (University of Chicago Press, 1992) 참고.
2 토리첼리가 1644년에 출판한 *Demonstratio nova* 이다.
3 1517년 마르틴 루터가 95개조 반박문을 발표하자, 유럽 전역으로 종교개혁에 대한 바람이 불기 시작한다. 신성 로마 제국 내의 많은 제후국들도 개신교인 루터교를 받아들이자 가톨릭과의 갈등이 고조된다. 이러한 긴장을 완화하기 위한 일시적 평화 구축이 아우구스부르크 화의이며, 화의의 내용은 독일 지역 내의 루터교의 인정이었다. 그러나 프랑스 지역을 중심으로 일어난 칼뱅주의와 다른 개신교 분파는 인정되지 않았다.
4 프라하를 수도로 하여, 고대부터 다양한 민족이 거주하던 보헤미아 지역을 중심으로 발전한 국가이다. 16세기 초부터는 합스부르크 왕가의 지배를 받기 시작했고 이후 오스트리아-헝가리 제국에 편입되었다가 1918년 체코슬로바키아의 독립과 함께 역사 속으로 사라졌다. https://en.wikipedia.org/wiki/Kingdom_of_Bohemia; https://www.britannica.com/place/Bohemia 참고.
5 루돌프 2세의 동생이었던 마티아스는 형의 뒤를 이어 신성 로마 제국의 황제가 되었지만, 개신교의 종교적 자유를 인정했던 선대 황제의 약속을 지키지 않았으며 오히려 개신교에 대한 탄압 정책을 고수하였다. 이 시기 가톨릭에 대한 열렬한 지지자였던 페르디난트 2세가 보헤미아의 왕이 되자 이에 억눌려 왔던 분노를 참지 못한 개신교 귀족들은 가톨릭 관리들을 프라하 성의 창문 밖으로 던져버리는 사건이 발생한다. 사실 프라하에서의 이러한 투척 사건은 과거에 한 차례 있었으며 1618년의 사건은 2차 투척 사건으로 부르고 있다. Geoffrey Parker, *The Thirty Years' War* (Routledge & Kegan Paul, 1984); KFN(국방TV), 〈도크멘터리 전쟁史: 123부 유럽 근세 전쟁의 시작〉.
6 개신교 세력의 군대가 신성 로마 제국으로 향하자 이에 반발한 제국군의 틸리 백작과 파펜하임 장군은 제국 내 개신교 세력을 지지하던 마그데부르크를 침공하여 학살극을 벌인다. 30년 전쟁의 잔혹성을 대표하는 사건으로서, 인도주의적 위기감을 표현하는 단어인 'Magdeburgization'이 여기서 파생됐다. https://en.wikipedia.org/wiki/Sack_of_Magdeburg
7 현대 독일의 형성에 큰 기여를 한 역사적 국가로서, 프러시아Prussia 혹은 프로이센이라고 부른다. 19세기에는 오토 폰 비스마르크에 의해 통일된 독일 제국이 되었으며, 제1차 세계대전이 끝나고 프로이센 왕국은 해체되었고, 제2차 세계대전 이후에는 완전히 역사 속으로

사라지게 된다. https://en.wikipedia.org/wiki/Kingdom_of_Prussia
8   Otto von Guericke, *Experimenta Nova (ut vocantur) Magdeburgica de Vacuo Spatio* (J. Janssonium à Waesberge, 1672).
9   Thomas Birch, *The Works of the Honourable Robert Boyle*(London, Printed for J. and F. Rivington, 1772); Boas Hall, Marie, "Robert Boyle," *Scientific American*, Vol. 217(1967), 96~102.
10  Stephen Pumfrey, "Hauksbee, Francis," *Oxford Dictionary of National Biography*(Oxford University Press, 2009).
11  Burke, James. *Connections*(London: Macmillan. 1978), p. 75.
12  수시로 편지를 주고받은 내용들이 전해진다. David H. Clark and Lesley Murdin, *The enigma of Stephen Gray astronomer and scientist(1666~1736), Vistas in Astronomy*. Vol. 23, Issue 4(1979), pp. 351~404.
13  Michael Ben-Chaim, "Gray, Stephen," *Oxford Dictionary of National Biography*(Oxford University Press, 2004).
14  https://histoires-de-sciences.over-blog.fr/2019/01/history-of-electricity.both-kinds-of-electricity.attraction-and-repulsion.the-law-of-dufay.html; Bertucci, Paola, "Sparks in the dark: the attraction of electricity in the eighteenth century," *Endeavour*(September 2007).
15  http://www.sparkmuseum.com/BOOK_GRAY.HTM
16  Paola Bertucci, "Sparks in the dark: the attraction of electricity in the eighteenth century," *Endeavour*, Vol. 31, Issue 3(September 2007), pp. 88~93.
17  David H. Clark and Stephen H.P. Clark, *Newton's Tyranny: The Suppressed Scientific Discoveries of Stephen Gray and John Flamsteed*(New York, Freeman and Co., 2001).
18  코플리Copley 메달은 과학의 권위 있는 업적을 남긴 사람에게 수여되는 가장 오래된 상으로, 노벨상보다 더 오랜 역사를 자랑한다. https://en.wikipedia.org/wiki/Copley_Medal
19  http://histoires-de-sciences.over-blog.fr/2019/01/history-of-electricity.both-kinds-of-electricity.attraction-and-repulsion.the-law-of-dufay.html
20  실제로 라이덴 병에 전기가 저장되는 원리는 두 도체와 도체 사이의 유리병이 커패시터로 동작한 것이며, 물과는 아무 관련이 없다. 따라서 당시의 발견은 오류였다.
21  Wiep van Bunge et al., "Jean Nicolas Sébastien," *The Dictionary of Seventeenth- and Eighteenth-Century Dutch Philosophers* (Bristol: Thoemmes Press, 2003).
22  Pieter van Musschenbroek, *Elementa Physicæ Conscripta in usus Academicos* (Typographia Remondiniana, 1726); https://archive.org/details/BUSA254_038/page/n7/mode/2up
23  Herman de Lang, Vincent Icke, e.a. "Canon van de Natuurkunde," *Veen Magazines* (2009), p. 47.
24  Edwin J. Houston, "Von kleist and the leyden jar," *Electricity in Every-day Life*(P. F. Collier & Son. 1905), p. 71; https://archive.org/details/electricityinev05housgoog/page/

72/mode/2up

25 J. A. Leo Lemay. "Franklin's Dr. Spence," *Maryland Historical Magazine*, 59(1964), pp. 199~216.

26 Abraham Wolf, *History of Science, Technology, and Philosophy in the Eighteenth Century*(New York: Macmillan, 1939), p. 232; "Lightning Rods: Franklin Had It Wrong," *The New York Times*(June 14, 1983).

27 https://founders.archives.gov/documents/Franklin/01-04-02-0039 참고.

28 Batterie는 단어 '포병부대'에서 파생되어 배터리battery가 되었다. I. Bernard Cohen, ed., *Benjamin Franklin's Experiments: A New Edition of Franklin's Experiments and Observations on Electricity*(Cambridge, Mass.1941), pp. 57~63, 126~127.

29 Abraham Wolf, *History of Science, Technology, and Philosophy in the Eighteenth Century*(New York: Macmillan, 1939), p. 232, https://www.benjamin-franklin-history.org/experiments-with-electricity/

30 https://en.wikipedia.org/wiki/Georg_Wilhelm_Richmann; Ronald W. Clarke, *Benjamin Franklin, A Biography*(Random House, 1983), p. 87.

## 04 계몽주의 시대의 전기 혁명

1 Edmund T. Whittaker, *A history of the theories of aether and electricity : from the age of Descartes to the close of the nineteenth century* (New York: Longmans, Green, 1910), pp. 48~51.

2 Roderick Weir Home, *Aepinus's Essay on the Theory of Electricity and Magnetism*. (Princeton University Press, 2015).

3 화학과 관련된 '산에 대한 일반적인 고려사항'으로 상을 받게 된다. Charles Coulston Gillispie, *The Edge of Objectivity: An Essay in the History of Scientific Ideas*(Princeton University Press, 1960). pp. 225~228.

4 캐번디시 연구소를 후원한 캐번디시의 후손, 데번셔 공이 맥스웰에게 기록들을 제공하면서 미출간된 내용들이 세상에 나오게 된다. Henry Cavendish and James Clerk Maxwell (ed.), *The Electrical Researches of the Honourable Henry Cavendish*(Cambridge University Press, 1879).

5 1798년 중력 상수를 측정하기 위해 '캐번디시 실험'에서 헨리 캐번디시가 사용한 비틀림 균형 장치의 도면이다. 여기서는 건물을 포함하여 장치의 수직 단면도가 포함되어 있으며, 1798년 *Philosophical Transactions of the Royal Society of London*(2부) 88, pp. 469~526에 게재된 그의 논문 〈지구 밀도를 결정하기 위한 실험〉에서 확인할 수 있다. H. Cavendish, *Experiments to determine the Density of the Earth*(Royal Society of London, 1798), p. 62; https://archive.org/details/philtrans07861996/mode/2up

6 C.-A. de Coulomb, "Premier Mémoire sur l'Électricité et le Magnétisme," *Mémoires de*

*Mathématique et de Physique*, Vol. 10(Académie Royale des Sciences, 1785), pp. 569~577.
7   당시 쿨롱이 발표한 논문들은 다음과 같다. C.-A. de Coulomb. "Second mémoire sur l'électricité et le magnétisme," *Mémoires de mathématique et de physique*(Académie Royale des Sciences, 1785), pp. 578~611; C.-A. de Coulomb, "Troisième Mémoire sur l'Électricité et le Magnétisme," *Mémoires de Mathématique et de Physique*, Vol. 10(Académie Royale des Sciences, 1785), pp. 612~638.
8   C.-A. de Coulomb, "Premier Mémoire sur l'Électricité et le Magnétisme," *Histoire de l'Académie Royale des Sciences*(1785), pp. 569~577.
9   1598년 프랑스의 앙리 4세가 공표한 문서로 신앙의 자유를 인정한 내용이다. 가톨릭과 개신교 사이의 심각한 종교전쟁을 완화하고자 하는 노력이었으며, 일정 부분 프랑스 내의 종교 갈등을 봉합하였다. 그러나 1685년 루이 14세의 퐁텐블로 칙령에 따라 낭트 칙령이 철회되었으며, 프랑스의 개신교였던 위그노에 대한 박해가 시작되었다. 노먼 데이비스, 《유럽: 하나의 역사》, 왕수민 옮김(예경, 2023) 참고.
10  James A. Secord, "How Scientific Conversation Became Shop Talk,"*Transactions of the Royal Historical Society*. Vol. 17(2007), 129~156.
11  Roger Pearson, *Voltaire Almighty: A Life in Pursuit of Freedom*(Bloomsbury, 2005), p. 82.
12  "Emilie du Châtelet, la lumière de Voltaire," LExpress.fr(18 Oct 2012); https://www.lexpress.fr/culture/livre/emilie-du-chatelet-la-lumiere-de-voltaire_1175200.html
13  마리트 룰만, 《여성 철학자 (아무도 말하지 않은 철학의 역사)》, 이한우 옮김(푸른숲, 2006).
14  Carolyn Iltis, "The Leibnizian-Newtonian Debates: Natural Philosophy and Social Psychology," *The British Journal for the History of Science*. Vol. 6, No. 4(1973), pp. 343-377.
15  마찰이 무시될 때, 운동과 위치에너지의 보존 가능성을 제시했으며 이후 오일러, 라그랑주 등에게도 영향을 주었다. 데이비드 보더니스, 《E=mc²》, 김희봉 옮김(생각의나무, 2014).
16  자연 상수 $e$는 후에 오일러에 의해 명명된다.
    Carl B. Boyer, "Leonhard Euler," *Encyclopedia Britannica*(2021).
17  테일러 급수를 전개한 사람.
18  양자학파, 《공식의 아름다움》, 김지혜 옮김(미디어숲, 2021), 이론편, 오일러 공식, p. 113.
19  텐서곱Tensor Product은 선형대수학과 다차원 배열의 수학적 연산에서 중요한 개념으로서, 주어진 두 벡터, 행렬 또는 더 높은 차원의 텐서들을 결합하여 더 큰 차원의 텐서를 생성하는 연산을 말한다.
20  오일러가 프리드리히 2세로부터 키클롭스Cyclops라고 놀림을 받았다는 1차 사료는 존재하지 않지만, 과학사 관련 저서를 통해 구전으로 전해지고 있다. E. T. Bell의 다음 저서에는 프리드리히 2세가 오일러를 키클롭스라고 부른 일화가 언급된다. E. T. Bell, *Men of Mathematics*. Touchstone Books(Simon & Schuster, 1986), p.179.
21  Luigi Aloisio Galvani, *De viribus electricitatis in motu musculari commentarius*(Bologna:

The Institute of Sciences, 1791).
22 이온ion은 원자나 분자의 상태를 말하며, 전자를 잃거나 얻어서 전하를 띠는 원자나 분자를 말한다. 원자가 전자를 얻거나 잃는 상황을 이온화(전리)라고 하며 전기적으로 양전하는 양이온cation에, 음전하는 음이온anion에 대응된다. 대표적인 이온화 과정은 전해질이 물에 녹는 과정이며, 이때 양이온과 음이온으로 나뉜다. 전자를 n만큼 잃으면 원자나 분자기호 뒤에 n+라고 표기하고, 전자를 얻으면 n-라고 표기하며, n 값이 1이면 숫자를 표시하지 않아도 된다.
23 전해질electrolyte은 수용액 상태에서 이온으로 쪼개져 전류가 흐르는 물질이며, 대표적으로 염화나트륨, 황산, 염산, 수산화나트륨, 질산나트륨, 수산화칼륨 등이 있다.
24 Robert Routledge, *A popular history of science* (G. Routledge and Sons, 1881), p. 553.

## 05 낭만주의 시대의 과학자들

1 임마누엘 칸트, 《순수이성 비판 서문》, 김석수 옮김(책세상, 2002), 110~111쪽.
2 버트런드 러셀이 주장한 '귀납법의 한계'로서 미래를 예측할 때 과거의 경험이 반드시 신뢰할 수 있는 정보만을 주는 것이 아니라는 예시이다. 예를 들어, 1월부터 8월까지 매일 아침 칠면조를 관찰했을 때 칠면조는 아침을 먹고 있었기 때문에 다음 날에도 그다음 날에도 아침을 먹을 것이라는 추론을 얻어냈지만, 추수감사절 전날 칠면조가 요리가 됨으로써 추론이 틀리는 결과를 얻는다. Bertrand Russell, *The Problems of Philosophy* (Oxford University Press, 1912).
3 성서 연구에도 많은 기록을 남긴 뉴턴은 7에 의미를 부여하여 7이라는 숫자가 우주의 질서를 대변한다고 생각했다. 성서 외적으로도 피타고라스의 7음계를 무지개색과 연관 지어 소리와 색의 조합을 떠올렸다. Isaac Newton, *Opticks: Or, A Treatise of the Reflexions, Refractions, Inflexions and Colours of Light* (Royal Society, 1704).
4 무지개의 빛을 처음으로 일곱 개로 정의한 사람은 아이작 뉴턴이며, 1704년 출간된 그의 저서인 《광학Opticks》에서 확인할 수 있다. Richard S. Westfall, *Never at Rest: A Biography of Isaac Newton* (Cambridge University Press, 1980), pp. 214~215.
5 롯데의 신격호 회장은 젊은 시절 《젊은 베르테르의 슬픔》을 읽고 감명을 받아 작품 속 샤를로테의 이름을 따서 회사명을 지었다고 알려져 있다. 정승원, 〈[신격호 스토리] 젊은 베르테르의 슬픔을 사랑했던 작가지망생〉, 《뉴스투데이》(2020. 01. 19); 송혜진, 〈괴테의 샤롯데, 신격호의 롯데… 월드타워 새 공원의 의미〉, 《조선경제》(2023. 05. 12).
6 1810년 요한 볼프강 폰 괴테가 발표한 색채 이론이다. Johann Wolfgang von Goethe, *Zur Farbenlehre* (Cotta'schen Verlage, 1810).
7 요한 볼프강 폰 괴테, 《색채론》, 장희창 옮김(민음사, 2002).
8 뉴턴의 반사망원경을 개선하여 천문학 발전에 큰 기여를 했으며, 천왕성의 발견자로 알려져 있다. https://en.wikipedia.org/wiki/William_Herschel

9 "중력이 물질에 선천적이고, 내재적이며, 본질적으로 주어진다는 사실, 즉 한 물체가 다른 물체에 작용할 때 둘 사이에 거리가 떨어져 있는데도 진공을 가로질러서 작용하며, 운동이나 힘을 전달하는 다른 어떤 것도 매개로 하지 않는다는 사실은 너무도 부조리하게 느껴진다네. 철학적 대상에 대해 제대로 된 사고력을 지닌 사람이라면 그 누구도 이런 것에 속지는 않으리라는 생각이 든단 말일세," 뉴턴 역시도 신비주의적인 중력이라는 요소에 대한 의구심을 품었으며, 그의 동료였던 리처드 벤틀리에게 보내는 편지를 통해서 확인할 수 있다. 낸시 포브스,《패러데이와 맥스웰》, 박찬·박술 옮김(반니, 2015), 62쪽; W. D. Niven, *The Scientific Papers of James Clerk Maxwell*(Dover Publications, 1890) 참고

10 전류의 자기적 효과를 발견하는 데 이렇게 오랜 시간이 걸린 이유에 대한 앙페르의 설명은 루이 드로네이Louis de Launay의 책에 수록되어 있다. L. De Launay, *Correspodance Du Grand Ampère*, Vol. 2(Librairie-Imprimerie Gauthier-Villars, 1936). p. 556; https://gallica.bnf.fr/ark:/12148/bpt6k96905860/f478.item.texteImage

11 Jean-Baptiste Biot, Félix Savart, "Note sur le magnétisme de la pile de Volta," *Annales de chimie et de physique*(1820).

12 낸시 포브스,《패러데이와 맥스웰》, 박찬·박술 옮김(반니, 2015), 31쪽.

13 Michael Faraday, *Experimental researches in electricity*, Vol. 2(Richard and John Edward Taylor, 1844). https://archive.org/details/experimentalres03faragoog/page/n319/mode/2up

14 Bence Jones, *The life and letters of Faraday*, Vol. 1, p. 345.

15 자연철학의 아름다움을 설명하려 했던 칸트의《판단력 비판》에서는 자연에 대한 그의 철학관이 잘 드러나 있다. 칸트는 자연 산물들의 각 부분이 독립적이고 하나의 도구로서 존재하지 않는다고 주장했다. 오히려 각 부분들은 다른 부분을 만들어 내기도 하며, 그것들의 합을 종합적으로 판단할 때 하나의 목적을 달성하고자 하는 특별한 관계를 지닌다고 생각했다. 따라서 자연 산물들은 유기적인 관계를 가지고 있으며, 하나의 힘을 통해 연결된 그 어떤 것도 쓸데없는 것이 없는 목적들의 대체계로 생각하였다. 1786년에는《자연과학의 형이상학적 기초》를 통해 칸트는 물질의 역학적인 움직임을 인력과 척력이라는 근본적인 단위의 것으로 설명했다. 또한, 실재하는 모든 것은 인력과 척력과 같이 반대의 힘으로 이루어져서 환원될 수 있다고 표현했다. 칸트의 영향을 받은 독일의 프리드리히 폰 셸링은 공간을 채우는 인력과 척력, 즉 힘의 그물망을 떠올렸으며, 물리적인 장(field)을 예고했다. 임마누엘 칸트,《판단력 비판》, 백종현 옮김(아카넷, 2009), 58~62쪽; 낸시 포브스,《패러데이와 맥스웰》, 박찬·박술 옮김(반니, 2015), 62쪽.

16 West, Krista. *The Basics of Metals and Metalloids*(Rosen Publishing Group, 2013), p. 81; https://airshipflamel.com/2017/07/09/michael-faraday-the-scientists-scientist/

17 왕립연구소에서 패러데이가 강연한 연도와 주제는 다음과 같다.

| 1827 화학 | 1829 전기 | 1832 화학 | 1835 전기 |
| 1837 화학 | 1841 화학의 기초 | 1843 전기의 원리 | 1845 화학의 기초 |
| 1848 양초 한 자루에 담긴 화학 이야기 | | 1851 인력 | 1852 화학 |

주 359

1853 볼타 전기   1854 연소의 화학   1855 일반 금속의 독특한 특성
1856 인력       1857 정전기       1858 금속 특성
1859 물질의 다양한 힘과 이들의 상호관계   1860 양초 한 자루에 담긴 화학 이야기
https://en.wikipedia.org/wiki/Royal_Institution_Christmas_Lectures

18 패러데이를 위대한 전기의 요정이라 말한 것에는 그만한 이유가 있다. 분명히 패러데이는 전자기이론 탄생의 시점에 있었으며, 수많은 영향을 줬다. 비단 '전자기 유도 법칙'을 말하는 것은 아니다. 패러데이의 연구가 수많은 전기의 요정들에게 양분을 제공했고, '변화'를 만들어 낸 것이 가장 큰 이유이다. 만일 "가장 위대하고 유명한 과학자가 누군가?"라고 질문을 던진다면, 단연코 아인슈타인을 말하는 사람이 많을 것이다. 그 아인슈타인이 자신의 연구실에 패러데이의 초상화를 걸어놓고 존경을 표했다. 위대한 과학자의 위대한 과학자인 셈이다. J. M. Thomas, *The Genius of Michael Faraday* (Macmillan Press, 1991), p. 21.

## 06 혁명과 프랑스의 요정들

1 로마 시대에는 평민 계급의 권리 보호를 위해 호민관 제도가 있었고, 정치에 개입하여 거부권을 행사할 수 있었다. 마찬가지로 중세 및 근대 초기의 프랑스에서도 성직자와 귀족 외에 평민 역시도 정치에 참여할 수 있었으며 중요한 문제에 대해서 논의하고 의견을 제시할 수 있었다. 1302년에 시작되었던 삼부회는, 절대왕정의 시작을 연 부르봉 왕가의 앙리 4세 이후로 열리지 않았다. 이후 1789년에 프랑스 혁명의 도화선이 된 삼부회가 재소집되었다. https://en.wikipedia.org/wiki/Estates_General_(France)
2 발미 전투는 프랑스 혁명 전쟁 중 프로이센 왕국의 병력에게 계속 밀리던 프랑스 혁명 정부의 군대가 1792년 9월 20일 프랑스 동북부의 발미Valmy에서 결정적으로 승리해 전황을 역전시킨 전투이다. 이는 위기에 빠진 조국을 구하기 위해 모인 평민계층 의용군들이 당시 유럽에서 가장 강력했던 프로이센군을 무찌른 사건이었다. 이후 승리의 주역들은 중앙정부로 자리를 옮겨 영향력을 행사하였다. https://en.wikipedia.org/wiki/Battle_of_Valmy
3 당시 프랑스의 귀족들이나 부유층이 흔히 입던 퀼로트 반바지를 입지 못한 사람들을 일컬어 상 퀼로트라고 불렀다. 그만큼 빈곤한 계층이 상 퀼로트가 발미 전투의 승리 주역이었다. 이후 이들의 영향력이 커지자 프랑스 사회에서는 더욱 급진적인 개혁의 요구가 들끓었다. 윤선자,《이야기 프랑스사》(청아출판사, 2005), 280쪽.
4 이 과정에서 라부아지에는 악독한 세금 징수원으로 낙인찍혀 죽음을 맞는다.
5 변분법이란 함수의 함수인 범함수를 다루며, 알려지지 않은 함수와 해당 함수의 도함수를 통해 특정값(일반적으로 적분값)이 어떻게 정상화되는지를 다루는 방법이다. 일반적으로 극대 혹은 극소가 되는 점을 정상점이라 하며, 이러한 작업을 정상화라 한다.
6 Lagrange, Joseph-Louis. *Mécanique analytique* (1788). Paris, chez la Veuve Desaint.
7 D'Alembert, Jean le Rond. *Traité de dynamique* (1743), Paris.
8 수학적으로는 좌표축에 해당한다.

9　https://horizon.kias.re.kr/9959/ ; https://horizon.kias.re.kr/10335/ 참고.
10　대영박물관에 전시되어 있는 고대 이집트의 중요한 유물 중 하나로, 로제타 스톤은 이집트 상형문자를 해독하는 데 결정적인 단서가 된 석판이다. 1799년 나폴레옹의 이집트 원정군이 발견했지만, 이후 프랑스가 영국군에 패배하면서 로제타 스톤의 원형은 영국의 품으로 전해진다. 타석의 높이는 약 114센티미터, 폭 72센티미터, 두께 27센티미터이며, 프톨레마이오스 5세의 치세를 기념하는 내용이 담겨 있다. 손주영·송경근, 《이집트 역사 100 장면》(가람기획, 2001), 331쪽.
11　Poisson, Siméon-Denis. "Mémoire sur la distribution de l'électricité à la surface des corps conducteurs," *Journal de physique*, Vol. 75(1812), pp. 229~237.
12　조지 그린이 자비로 인쇄하여 출판한 유일한 논문이다. 사실 조지 그린의 논문은 초기에 알려지지 않았고, 퍼텐셜과 장이론의 태동과 함께 윌리엄 톰슨에 의해 재발견되어 세상에 등장했다. Green, George. *An Essay on the Application of Mathematical Analysis to the Theories of Electricity and Magnetism* (1828).
13　같은 결론에 다다른 푸아송의 정교한 열 이론을 질투했던 것인지 아니면 푸아송이 자신과 겹치지 않는 연구에 집중하기를 바랐던 탓인지 정확하지 않지만, 불편한 감정이 표출되어 있다. S. D. Poisson, "Mémoire sur la Distribution de la Chaleur dans les Corps solides," *Journal de l'École Royale Polytechnique*, cahier 19, Vol. 12(1823), pp. 1~144(Lu: 31 déc 1821).
14　나비에-스토크스 방정식에서 압력 $p$를 구하기 위해 푸아송 방정식을 이용할 수 있다. 비압축성 유체의 경우, 나비에-스토크스 방정식을 속도와 관련된 형태로 재구성하면 압력항을 푸아송 방정식 형태로 표현할 수 있다. 나비에-스토크스 방정식은 동적인 열전도의 상호작용을 해석하기 위한 수학적 모델로서 질량 보존(연속 방정식), 운동량(뉴턴 제2법칙) 그리고 에너지 보존(열역학 제2법칙)을 포함한다.

## 07 에너지 보존, 그 기원에 대하여

1　《진화론》을 지은 찰스 다윈의 할아버지가 에라스무스 다윈이며 외할아버지가 조지아 웨지우드라는 것이 재미있는 점이다. 실제로 찰스 다윈이 젊은 시절부터 돈 걱정 없이 연구가 가능했던 이유도 외가인 웨지우드 가문 덕분이었다.
2　조지프 프리스틀리는 1774년 산소를 발견했으며, 산소를 새로운 공기의 한 형태로 생각하였다. 실제로 탈플로지스톤 공기라고 불렸으며, 이것으로 연소 반응을 설명하였다. 하지만 이후 등장하는 라부아지에의 새로운 화학 이론에 의해 플로지스톤설이 반박되었다. https://en.wikipedia.org/wiki/Phlogiston_theory
3　조지프 블랙은 석회(탄산칼슘)와 마그네사이트(탄산마그네슘)를 연구했는데, 물질들에 가열과 산화 반응을 시켰을 때, 포집되어 있던 새로운 형태의 기체를 발견하였다. 이것이 바로 이산화탄소이다. 재미있는 점은 이것이 맥주 양조장에서 우연히 발견되었다는 사실이

고, 이산화탄소라는 물질의 발견을 통해 탄산수의 기원이 되는 소다수를 만들었다는 점을 들 수 있다. 만들어진 음료는 초기에 와인을 증류한 브랜디 또는 위스키 등에 섞어 하이볼 형태로 마시다가 대서양을 건너 콜라의 핵심 소재로 자리 잡는다. 루나 소사이어티의 엉뚱한 실험과 결과들이 대중에게 친숙한 물건을 만들어 낸 것이다.

4 이종호, 〈[기술이 바꾼 미래] 증기기관의 시대를 열다〉, 동아사이언스(2014. 04. 10), https://www.dongascience.com/special.php?idx=609; 김현민, 〈제임스 와트 증기기관, 영국 산업혁명 시동 걸다〉, 아틀란스뉴스(2019. 12. 07), http://www.atlasnews.co.kr/news/articleView.html?idxno=1368

5 Engels, Friedrich, *Die Lage der arbeitenden Klasse in England. Marx-Engels-Werke*, Bd. 2 (Dietz Verlag, 1962), p. 250.

6 마이어의 저서인 《무생물 자연의 힘에 관한 고찰Bemerkungen über die Kräfte der unbelebten Natur》에 등장한다. Julius Robert Mayer, "Bmerkungen über die Kräfte der unbelebten Natur," *Annalen der Chemie und Pharmacie* (1842), Vol. 42, pp. 233~240.

7 Thomas Young, *A Course of Lectures on Natural Philosophy and the Mechanical Arts*(J. Johnson, 1807); https://archive.org/details/lecturescourseof02younrich/page/n5/mode/2up

8 줄은 1840년에 실험적 결과를 발표하였고, 1842년 렌츠는 줄과는 독립적으로 연구 결과를 제출했기에 그들의 업적을 기려 줄-렌츠의 법칙이라고 정의했으나, 일반적으로는 '줄의 법칙' 혹은 '줄 열'이라고 부른다.

9 Carolyn Iltis, "Leibniz and the Vis Viva Controversy," *Isis*, Vol. 62, pp. 21~35; George E. Smith, "The vis viva dispute: A controversy at the dawn of dynamics," *Physics Toda*, Vol. 59, No. 10(2006), pp. 31~36.

10 주류 열 이론이었던 칼로릭Caloric에 대한 도전이었으며, 클라페롱의 주장에 반론을 제기한 논문에서 발췌된 인용문이다. 줄이 발표한 원문에 따르면 "파괴하는 힘은 오로지 창조주에게만 속한 일이라고 믿으며, … 어떤 이론에서 힘의 소멸을 요구한다면 그것은 필연적으로 오류라고 단언한다"라고 하였다. J. P. Joule, "On the Changes of Temperature Produced by the Rarefaction and Condensation of Air," *Philosophical Magazine*(June 1844), pp. 382~383; https://www.biodiversitylibrary.org/item/20067#page/382/mode/2up

## 08 화려하지 못했던 맥스웰 방정식의 등장

1 가우스와 베버의 관계는 이후로도 우호적이었으며, 두 사람의 연구 성과는 독일 '자기협회 Magnetischer Verein'의 바탕이 되었다. 이 협회는 1830년대에 설립되어 전 세계적으로 지구 자기장을 측정하는 프로젝트를 수행했으며, 이는 최초의 국제 과학 협력 중 하나로 평가받는다. C. W. B. Goldschmidt, W. E. Weber, and C. F. Gauss, *Atlas des Erdmagnetismus: Nach den Elementen der Theorie Entworfen*(World Ebook Fair, Retrieved 27 August 2012).

2 C. F. Gauss, "Theoria attractionis corporum sphaeroidicorum ellipticorum homo-

geneorum methodo nova tractata," *Commentationes societatis regiae scientiarium Gottingensis recentiores*, Vol.2(1813), pp. 355~378.

3   노이만과 에두아르트 베버가 '벡터 퍼텐셜'을 처음 도입하였고, 이후 윌리엄 톰슨과 맥스웰이 다시 한번 재조명한다. Neumann, F. E. "Allgemeine Gesetze der induzirten elektrischen Ströme(General Laws of Induced Electrical Currents)," *Annalen der Physik* (1846), pp. 31~34; Yang, ChenNing, "The conceptual origins of Maxwell's equations and gauge theory," *Physics Today*. Vol. 67, No. 11(2014), pp. 45~51.

4   Claude Pouillet, *Éléments de physique expérimentale et de météorologie*(Paris: Béchet Jeune, 1837); Nahum Kipnis, "Law of Physics in the Classroom: The Case of Ohm's Law," *Science & Education*(2009).

5   실제로 에너지 보존 법칙의 의미를 담고 있는 오일러-라그랑주 방정식으로부터 전기회로의 RLC 방정식을 유도할 수 있으며, 한 노드에 대한 전류식으로 변환했을 때 키르히호프의 전류법칙이 도출된다. 이러한 원리는 올리버 헤비사이드가 전개한 '전신 방정식telegrapher's euqations'에서 확인할 수 있다. Yavetz, "From Obscurity to Enigma: The Work of Oliver Heaviside, 1872-1889," *Modern Birkhäuser Classics*(Springer Basel AG, 2011), p. 215.

6   H. Helmholtz. II. "Uber einige Gesetze der Vertheilung elektrischer Ströme in körperlichen Leitern mit Anwendung auf die thierisch-elektrischen Versuche," *Annalen der Physik und Chemie*, Vol. 89, No. 6(1853), pp. 211~233.

7   L. Thévenin. "Extension de la loi d'Ohm aux circuits électromoteurs complexes," *Annales Télégraphiques*, Vol. 10(1883), pp. 222~224.

8   서문의 가장 마지막 문단에 등장한다. Green, George. A*n Essay on the Application of Mathematical Analysis to the Theories of Electricity and Magnetism*(1828).

9   이를 극복하는 방법은 두 가지로 나눌 수 있는데, 하나는 푸리에 급수의 수렴성을 보이는 것이고 다른 하나는 이를 포괄할 수 있는 보다 일반화된 방법을 제안하는 것이었다. 이후 밝혀지지만, 프랑스 출신의 독일 수학자인 디리클레는 주기성과 특정 조건을 제시하여 푸리에 급수의 수렴성을 보였다. 프랑스의 조제프 리우빌과 자크 샤를 프랑수아 스튀름은 고윳값, 직교성과 완비성을 통해 엄밀하게 일반화된 이론을 제시했다.

10  수학적 재능을 타고나 케임브리지의 수학 우등생을 일컫는 '랭글러 제조기'로 불렸던 사람이다. 그에게 배웠던 사람 중에는 윌리엄 톰슨 외에 제임스 클러크 맥스웰도 있다.

11  스토크스 정리는 1854년에 열린 스미스 수학 경시대회의 8번 문제로 출제되었다.

12  스토크스 정리를 제대로 증명한 사람은 독일의 헤르만 한켈이다. 그는 1861년에 이를 발표했지만, 그 누구의 연구도 인용하지 않았다. 스토크스 정리 자체는 분명 그린 정리에서 파생되었지만, 일반화된 스토크스 정리가 발산 정리, 그린 정리, 스토크스 정리를 포괄한다는 점에서 많은 지역에서 동시다발적으로 연구되었다. 대표적으로 가우스(1813)가 있고, 그의 영향을 받은 베른하르트 리만(1851)이 있다. 또한 푸아송(1813, 1828)의 연구도 그렇고 러시아의 미하일 오스트로그라드스키(1839)의 정리 역시 마찬가지이다. 그렇다면 이렇게 많은 연구 속에서 왜 하필 정리의 명칭이 '스토크스 정리'가 되었는지 의문을 가질 수 있다.

이유는 바로 1873년 맥스웰이 《전기와 자기에 관한 논고》를 준비하면서 스토크스에게 이 정리의 역사를 물었고, 스토크스가 스미스 수학 경시대회의 이야기를 들려주었기 때문이다. 마찬가지로 발산 정리를 가우스 정리로 부르는 것도 맥스웰이 그렇게 이름 붙였기 때문이다.

13 King's College Lonon의 홈페이지에 걸린 문구이다. 낸시 포브스, 《패러데이와 맥스웰》(반니, 2015), 324쪽; https://www.kcl.ac.uk/the-man-who-changed-the-world-forever-2 참고: https://www.kcl.ac.uk/the-man-who-changed-the-world-forever-2

14 J. C. Maxwell, *Transactions of the Cambridge Philosophical Society*, Vol. 10(1856), pp. 155~229; https://web.archive.org/web/20101215085100/http://blazelabs.com/On%20Faraday%27s%20Lines%20of%20Force.pdf

15 J. C. Maxwell, "On physical lines of force," *Philosophical Magazine*. Vol. 21, No, 139(1861), pp. 161~175,

16 J. C. Maxwell, "A dynamical theory of the electromagnetic field," *Philosophical Transactions of the Royal Society of London*. Vol. 155(1865), pp. 459~512.

17 맥스웰의 저서에 등장하는 갈바닉 체인은 게오르크 옴의 영향을 받았음을 알 수 있다. 맥스웰은 1827년에 발표된 옴의 논문 《수학적으로 기술된 갈바닉 체인Die galvanische Kette, mathematisch bearbeitet》으로부터 영감을 받았음을 알 수 있다. Ohm, Georg Simon. *Die galvanische Kette, mathematisch bearbeitet*(Berlin: T. H. Riemann, 1827); https://archive.org/details/bub_gb_tTVQAAAAcAAJ/page/n3/mode/2up

18 맥스웰은 전자기이론에서 회전, 발산, 기울기를 포함하는 물리 현상을 설명하기 위해 수학적 도구로서 쿼터니온Quarternion을 채택했다. 이 과정에서는 케임브리지 대학의 동문이었던 테이트의 영향이 컸다. 재미있는 것은 맥스웰의 전자기학에 몰두한 올리버 헤비사이드에 의해 쿼터니온은 사라지고, 4개의 벡터 식으로 간소화되었다는 점이다. 이후 현재까지도 맥스웰 방정식의 원형은 전자기학 어디에서도 찾아볼 수 없다.

19 삼각형의 세변의 길이($a, b, c$)를 알면, 넓이를 구할 수 있는 공식이다.
$S = \{k(k-a)(k-b)(k-c)\}0.5$. 이때 $S$는 삼각형의 면적이고, $k = \dfrac{(a+b+c)}{2}$이다.

20 데카르트의 저서인 《굴절광학La Dioptrique》에서는 스넬의 법칙을 포함하는 빛의 굴절 현상이 설명되어 있다. Descartes, René. *La Dioptrique*(Leyden: Jan Maire, 1637); https://archive.org/details/97Descartes/page/n25/mode/2up

21 미분법의 등장과 함께 페르마의 원리를 통해 스넬의 법칙이 유도 가능하다.

22 하위헌스는 그의 연구 결과와 진자시계의 원리를 설명하는 저서를 1673년에 출판했다. 이 책에서 그는 진자의 운동을 수학적으로 분석하였고, 진자시계의 설계 원리를 상세히 설명했다. 진자 운동에 관한 최초의 종합적인 수학적 연구로 평가받고 있으며, 하위헌스의 주요 업적 중 하나로 꼽힌다.

23 사이클로이드는 곡선의 일종으로서 자연의 최단 강하 곡선을 수학적으로 표현 가능한 궤적이다. 사이클로이드라는 이름은 갈릴레이가 처음으로 명명했으며, 물리적 현상을 직관을

통해 이해했지만 수학적으로는 엄밀하게 표현하지 못했다. 이후 마리나 메르센, 블레즈 파스칼, 크리스티안 하위헌스 그리고 요한 베르누이를 거치면서 사이클로이드가 두 점 사이를 최단 시간 내에 가로지르는 곡선임을 수학적으로 증명하였다. Carl B. Boyer, *A History of Mathematics* (Wiley, 1991); https://mathworld.wolfram.com/Cycloid.html 참고.

24  광행차Aberration of light는 빛의 속도와 지구의 공전 속도 간의 상호 작용으로 인해 별빛의 방향이 지구상의 관측자에게 도달하는 방향과 다르게 보이는 현상을 말하며, 천문학에서 중요한 현상이다. 1728년 영국의 천문학자 제임스 브래들리가 처음 발견했다.

25  Fizeau, Armand Hippolyte. "Sur une expérience relative à la vitesse de propagation de la lumière," *Comptes Rendus Hebdomadaires des Séances de l'Académie des Sciences*, Vol. 29(1849), pp. 90~92.

26  우리가 현재 사용하고 있는 빛의 속력의 기호는 $c$이지만, 맥스웰이 처음 사용한 전자기파의 속도 기호는 $V$였다. 기적의 해라 부르는 1905년, 아인슈타인의 두 논문 《움직이는 물체의 전기역학에 대하여Zur Elektrodynamik bewegter Körper》와 《물체의 관성이 그 에너지 함량에 의존하는가?Ist die Trägheit eines Körpers von seinem Energieinhalt abhängig?》에서도 빛의 속력은 $V$였다. 그보다 이전에 베버와 콜라우슈는 상수constant라는 의미에서 시작해 $c$를 사용했으나, 이후 과학자들은 속도를 뜻하는 라틴어 'celeritas'에서 $c$라는 용어를 채택했고, 이내 지배적인 기호가 되었다. 역사의 모호성으로 인해 그 기원에 대한 의견이 다양한 것도 재미있는 점이라 할 수 있다. R., Kohlrausch and W. E. Weber, "Über die Elektrizitätsmenge, welche bei galvanischen Strömen durch den Querschnitt der Kette fließt," *Ann. Phys.* 99(1856), pp. 10~25.

## 09 캐번디시 연구소와 맥스웰주의자들

1  2019년까지 캐번디시 연구소 출신의 노벨상 수상자가 30명일 정도로 그 영향력은 말로 형용할 수 없다. 또한 전자기 분야뿐만 아니라 캐번디시 연구소 출신의 제임스 듀이 왓슨James Dewey Watson(1928~)은 DNA의 이중나선 구조를 발견한 공로를 인정받아 노벨 생리학·의학상을 수상하였다.

2  아르곤을 발견한 레일리 경을 시작으로, 전자를 발견한 조지프 존 톰슨, DNA의 이중나선 구조를 밝혀낸 제임스 왓슨 그리고 최근에는 (태양과 같은 별을 공전하는) 외계 행성을 발견한 디디에 쿠엘로Didier Queloz(1966~)가 있다.

3  Bruce J. Hunt, *The Maxwellians* (Cornell University, 1994), p. 51.

4  물론 최초 발명자는 그의 동료였던 새뮤얼 크리스티였다.

5  1918년 프랑스에 있던 조제프 베트노에게 보내는 헤비사이드의 편지에서 《전기와 자기에 대한 논고》를 처음 봤던 순간이 언급된다. T. K. Sarkar et al, *History of Wireless* (John Wiley & Sons, 2006), p. 232.

6  https://mathshistory.st-andrews.ac.uk/TimesObituaries/Heaviside.html 참고.

7 낸시 포브스, 《패러데이와 맥스웰》, 박찬·박술 옮김(반니, 2005), p. 335.
8 Harold Jeffreys, "Bromwich's Work on Operational Methods," *Journal of the London Mathematical Society*. Vol. 3, No. 3(1929), pp. 220~223.
9 J. Worrall, "Fresnel, Poisson and the white spot: The role of successful predictions in the acceptance of scientific theories," in D. Gooding, T. Pinch, and S. Schaffer(eds.), *The Uses of Experiment: Studies in the Natural Sciences*, (Cambridge University Press, 1989).
10 프레넬의 빛의 회절에 관한 회고록에는 현대 광학의 기틀이 되는 전반적인 내용이 포함되어 있다. 1818년에 파리 과학 아카데미에 제출한 이 기사는 1819년 심사위원들의 만장일치를 받으며 논문이 선정되었으며, 약간의 수정을 거쳐서 1826년 재인쇄되었다.
Augustin Fresnel, "Mémoire sur la diffraction de la lumière," *Mémoires de l'Académie des Sciences*, Vol. 5(1826), pp. 339~475.

# 10 발명가의 시대

1 정확히는 토머스 에디슨의 전구회사와 엘리후 톰슨의 휴스턴 일렉트릭이 합병하여 만들어진 회사가 제너럴 일렉트릭이다.
2 Philip L. Alger and C. D. Wagoner. "Charles Proteus Steinmetz," *IEEE Spectrum*, Vol. 2, No. 4(1965), pp. 82~95; R. R. Kline, "Professionalism and the Corporate Engineer: Charles P. Steinmetz and the American Institute of Electrical Engineers," in *IEEE Transactions on Education*, Vol. 23, No. 3(1980), pp. 144~150; J. E. Brittain, C. P. Steinmetz and E. F. W. Alexanderson, "Creative engineering in a corporate setting," in *Proceedings of the IEEE*, Vol. 64, No. 9(1976), pp. 1413~1417.
3 J. A. Fleming, *A Handbook for the Electrical Laboratory and Testing Room*("The Electrician" Printing and Publishing Co, 1901); https://archive.org/details/handbookforelect01flemrich/handbookforelect01flemrich/page/n5/mode/2up
4 A. E. A. Araújo and D. A. V. Tonidandel, "Steinmetz and the concept of phasor: a forgotten story," *J. Control Autom. Electr. Syst*. Vol. 24(2013), pp. 388~395.
5 https://atlantic-cable.com/Article/1850DoverCalais/index.htm
6 Siemens, "End-to-End Energy Efficiency Solutions for Industrial Drive Systems"(Dec. 2021), https://assets.new.siemens.com/siemens/assets/api/uuid:13fcf938-6af4-44a8-b89b-505fb783cd2e/arc-view-end-to-end-energy-efficiency-solutions-for-industrial-d.pdf
7 "The History of the Transformer," Edison Tech Center. https://edisontechcenter.org/Transformers.html
8 Carlson, W. Bernard, *Tesla: inventor of the electrical age*(Princeton University Press). pp. 87~90; Silvanus Phillips Thompson, *Polyphase Electric Currents and Alternate-Current Motors*(London: Spon & Chamberlain, 1895), p. 84.

9 W. 버나드 칼슨, 《니콜라 테슬라 평전》, 박인용 옮김(반니, 2015).
10 Neidhöfer, Gerhard. *Michael von Dolivo-Dobrowolsky und der Drehstrom: Anfänge der modernen Antriebstechnik und Stromversorgung*. 2. Aufl.(VDE Verlag GmbH, 2008); https://cdvandtext2.org/50Hz-Neidhoefer.pdf
11 같은 책.
12 멘로 파크 연구소Menlo Park Laboratory는 미국의 발명가 토머스 에디슨이 1876년에 뉴저지주 멘로 파크에 설립한 최초의 민간 연구소이다. 이 연구소는 세계 최초의 산업 연구소로 널리 인정받고 있으며, 에디슨의 여러 주요 발명품이 이곳에서 탄생했다. https://en.wikipedia.org/wiki/Menlo_Park,_New_Jersey
13 당시 기술로서 직류 전압을 직렬로 쌓는 데에는 한계가 있었으며, 100~150Vdc를 사용했는데 전력량이 증가함에 따라 전류가 증가하여 도선의 굵기가 굵어지는 문제점에 직면하였다. 이는 $P = VI$라는 단순한 전력 공식에 의해 얻어지는 추론이었다.
14 W. Bernard Carlson, *Tesla: Inventor of the Electrical Age*(Princeton University Press. 2013), pp. 162~168.
15 John Walter, *The Engine Indicator*(2013), Chapter 8, pp. 8~20. https://cincinnatitriplesteam.org/documents/The%20Engine%20Indicator%20by%20John%20Walter.pdf
16 Jos Arrillaga, *High Voltage Direct Current Transmission*(1998). 2nd ed., Institution of Engineering and Technology 참고.
17 〈[직격인터뷰] "국산 HVDC로 1~2년이면 지멘스 추월, 김찬기 박사"〉, 이투뉴스(이상복 기자), 2020. 04. 27(2023. 05. 14. 수정).
18 《사이언스》는 미국과학진흥회American Association for the Advancement of Science에서 발간하는 과학 학술지이며 경쟁지인 《네이처》와 함께 가장 영향력 있는 과학저널이다. 약 13만 명이 구독하고 있으며, 기관 가입과 온라인 구독을 고려하면 실제 독자는 100만 명가량일 것으로 추측된다. 이소영, 〈유명 과학 저널 〈사이언스〉지는 누가 만들었을까〉, 한겨레, 과학향기, 2019. 10. 19. https://www.hani.co.kr/arti/science/science_general/550489.html
19 1943년, 법원 판결의 결과이다. *Marconi Wireless Telegraph Co. of America v. United States*, 320 U.S. 1(1943).
20 Massimo Guarnieri, "Who Invented the Transformer?" *IEEE Industrial Electronics Magazine*, Vol. 7, No. 4(2013), pp. 56~59.
21 American Academy of Arts and Sciences, *Proceedings of the American Academy of Arts and Sciences*, Vol. 23(Boston: John Wilson and Son, 1896), pp. 359~360.

## 11 새로운 선에 관하여

1 플라스마는 높은 전기장에 의한 기체의 이온화를 말하며, 원자핵과 자유전자가 독립적으로 움직이려 하고 전도도가 높은 특수한 상태이다. 고체, 액체, 기체 상태와 함께 제4의 상태라

고 부른다.
2. 텅스텐 필라멘트 이전의 상용화제품으로 약 1,200시간을 견딜 수 있었다.
3. 1901년 오언 윌런스 리처드슨은 에디슨 효과에 대한 수학적 모델을 제시했다. 고온의 금속에서 나오는 전자의 이동을 표현한 것으로서, 정확히 말하자면 포화 전류 밀도에 관한 식이다. 이 식은 반도체의 등장 이후에도 사용되는 모델이며, 리처드슨은 이 공로를 인정받아 1928년에 노벨상을 수상하게 된다. 서구권에서는 에디슨 효과를 '에디슨-리처드슨' 효과라 부르고 있다.
4. John Ambrose Fleming, *Improvements in Instruments for Detecting and Measuring Alternating Electric Currents.* British Patent GB190424850(1904).
5. De Forest, Lee. *Device for Amplifying Feeble Electrical Currents.* U.S. Patent No. 841, 387(1907); von Lieben, Robert. Kathodenstrahlrelais. Deutsches Reichspatent Nr. 179807, angemeldet am 4. Apr. 1906, veröffentlicht am 1906.
6. Electronic Numerical Integrator and Computer(ENIAC).
7. 최초의 점 접촉 트랜지스터는 게르마늄 결정과 금으로 만들어졌다. 트랜지스터라는 이름은 '저항이 가변된다'는 의미로서, 존 로빈스 피어스가 명명했다. S. Millman(ed.), *A History of Engineering and Science in the Bell System, Physical Science (1925-1980).* AT&T Bell Laboratories(1983), p. 102.
8. 필립 레나르트가 만든 음극선관이며, 그는 음극선에 대한 연구 공로를 인정받아 1905년에 노벨상을 수상하였다. 그는 훌륭한 물리학자였지만 동시에 극단적 인종차별주의자로 알려져 있다. 또한 반유대주의자였기에 아인슈타인과도 관계가 좋지 못했다.
9. 여기서 감광은 빛을 쬔 물체가 물리-화학적으로 성질 변화를 일으키는 것을 말한다.
10. Nikola Tesla, *X-ray vision: Nikola Tesla on Roentgen rays*, 1st ed. (Radford, V.A.: Wiilder Publications, 2007).
11. 유화액을 유리판에 바른 형태이다.
12. 네덜란드의 필립스라는 회사 역시도 두 회사와 치열하게 경쟁 중이다. 흔히 면도기로 유명한 필립스 사는 《자본론》을 펴내며 시대적 변화를 주도한 카를 마르크스의 모계 친척 회사이다.

## 12 언제나 후발주자였던 아인슈타인

1. 사실 로런츠 힘에 대한 큰 틀은 맥스웰의 《전자기장의 동역학 이론》에 이미 등장하고 있으며, 이에 관한 시도는 1881년 조지프 존 톰슨에 의해 이어졌고, 올바른 형태의 수식 전개는 올리버 헤비사이드가 로런츠보다 빨랐다. Heaviside, "On the Electromagnetic Effects due to the Motion of Electrification through a Dielectric," *Philosophical Magazine*(1889), p. 324; Lorentz, Hendrik Antoon, *Versuch einer Theorie der elektrischen und optischen Erscheinungen in bewegten Körpern*(E. J. Brill, 1895).
2. Christian Doppler, *Über das farbige Licht der Doppelsterne und einiger anderer Gestirne*

*des Himmels Abhandlungen der Königlichen Böhmischen Gesellschaft der Wissenschaften* (1842), 5. Folge, Bd. 2, pp. 465~482.
3　에테르가 존재하지 않는다는 마이컬슨-몰리 실험을 해석하기 위해, 조지 피츠제럴드는 자신의 논문에서 "이러한 상반된 주장을 조화시킬 수 있는 거의 유일한 가설로서 물체의 길이가 에테르를 통과하거나 가로질러 이동할 때 빛의 속도에 대한 비율의 제곱에 따라 변한다"라고 주장했다. 이 가설이 바로 특수 상대성 이론의 핵심 개념인 '길이 수축'이며, 피츠제럴드에 의해 최초로 등장했다. George Francis FitzGerald, "The Ether and the Earth's Atmosphere," *Science*, Vol. 13, No. 328(1889), p. 390; https://en.wikisource.org/wiki/The_Ether_and_the_Earth%27s_Atmosphere
4　마이컬슨-몰리 실험을 설명하기 위해 로런츠가 제안한 '길이 수축'에 관한 논문이다. Hendrik Antoon Lorentz, "The Relative Motion of the Earth and the Aether," *Zittingsverlag der Koninklijke Akademie van Wetenschappen te Amsterdam*, Vol. 1(1892), pp. 74~79. https://en.wikisource.org/wiki/Translation%3AThe_Relative_Motion_of_the_Earth_and_the_Aether
5　마이컬슨-몰리 실험과 움직이는 물체의 전자기적 현상을 설명하기 위해 로런츠가 제안한 '국소 시간'과 '길이 수축' 개념이 소개된다. Hendrik Antoon Lorentz, *Versuch einer Theorie der electrischen und optischen Erscheinungen in bewegten Körpern*(E. J. Brill, 1895). 1904년 로런츠가 발표한 논문에서는 '로런츠 변환'과 '인자'가 등장한다. Hendrik Antoon Lorentz, "Weiterbildung der Maxwellschen Theorie. Elektronentheorie," *Encyclopädie der mathematischen Wissenschaften*, Vol. 5, pt. 2(1904), pp. 145~288. https://de.wikisource.org/wiki/Versuch_einer_Theorie_der_electrischen_und_optischen_Erscheinungen_in_bewegten_Ko%CC%88rpern
6　푸앵카레는 《시간의 측정La mesure du temps》을 통해 동시성이라는 것이 객관적 사실이 아니라 관례적인 정의에 지나지 않는다고 주장했으며, 철학적으로 과학의 기초를 고찰해 냈다. Henri Poincaré, "La mesure du temps," *Revue de métaphysique et de morale*(1898). 이후 1901년에는 《역학의 원리에 대하여Sur les principes de la mécanique》를 통해 상대성 원리를 강조하며, 동시성의 문제와 같은 역학의 기본 원리를 상기시켰다. Poincaré, "Sur les principes de la mécanique," *Bibliothèque du Congrès international de philosophie* (1901), Vol. 3, pp. 457~494.
　　1902년에는 동시성에서 출발한 과학적 관습주의를 확장하여 《과학과 가설La Science et l'Hypothèse》을 집필하였고 수학, 물리학, 역학 등에서 벌어지는 문제, 즉 자명한 진리와 물리법칙의 실재를 고찰하였다. 과학이라는 것은 결국 실재하는 것의 집합이 아닌, 자연을 설명하기 위한 가장 편리하고 간결한 도구들이라는 푸앵카레의 생각이 잘 드러나 있다. 이 책은 상대성 개념의 철학적 토대가 된다고 볼 수 있다. Poincaré, *La Science et l'Hypothèse* (Ernest Flammarion, 1902).
　　1905년에는 《과학의 가치La valeur de la science》를 출간하면서 《시간의 측정La mesure du temps》을 재수록했으며, 이 책에서 처음으로 광속 불변을 주장했다. Poincaré, *La Valeur de la*

*Science*(Flammarion, 1905). 또한 1905년 6월 5일에는 짧은 논문을 통해 '로렌츠 인자'를 적용한 논문,《전자 동역학에 관하여Sur la dynamique de l'électron》를 발표한다. Poincaré, "Sur la dynamique de l'électron," *Comptes Rendus de l'Académie des Sciences*(1905), Vol. 140, pp. 1504~1508; 1908년에는 이를 수학적으로 정식화하여 다시 논문을 발표한다.
재미있는 것은, 푸앵카레도 아인슈타인이 상대성 이론을 발표한 것을 알고 있었지만 그 어느 곳에서도 아인슈타인을 언급하지 않은 점이다. Poincaré, "La dynamique de l'électron," *Revue Générale des Sciences Pures et Appliquées*, Vol. 19, pp. 386~402.
둘은 매우 유사한 이야기를 하고 있지만, 푸앵카레는 과학적 관습주의에 기대어 상대성 이론을 펼쳤기 때문에 '에테르'라는 것을 폐기하지 않았다. 관측은 불가능하지만, 만약 그것이 도구적으로 필요하고 유용하다면 남겨두자는 그의 생각이 잘 반영되어 있다. 반면 불필요한 것에 과감히 칼을 꺼내 든 아인슈타인이 '불변 공준'을 근거로 한 '상대성 이론'의 주인이 되었다.

7  1905년 6월 30일에 발표된 특수 상대성 이론의 내용이 담긴《운동하는 물체의 전기역학에 대하여Zur Elektrodynamik bewegter Körper》의 주요 내용은 두 가지로 요약된다. 첫째, 상대성 원리(물리 법칙)는 모든 관성계에서 동일하게 적용된다. 둘째, 빛의 속도는 불변하며 진공에서의 빛의 속도는 모든 관찰자에게 일정하다. Einstein, Albert. "Zur Elektrodynamik bewegter Körper," *Annalen der Physik*, Vol. 17(1905), pp. 891~921.
시간과 공간의 절대성을 허문 아인슈타인은 몇 달 만에 보완 논문, 즉《물체의 관성은 그 에너지 함량에 의존하는가?Ist die Trägheit eines Körpers von seinem Energieinhalt abhängig?》를 발표하였고, 시간 지연과 길이 수축을 통해 마침내 질량과 에너지의 경계마저 허물어 버렸다(질량-에너지 등가 원리). Albert Einstein, "Ist die Trägheit eines Körpers von seinem Energieinhalt abhängig?" *Annalen der Physik*, Vol. 17(1905), pp. 639~641.
수식을 완전히 유도해 내진 못했지만, 공교롭게도 푸앵카레 역시 전자기에너지가 운동량을 가지며 질량처럼 작용할 수 있음을 발표했던 바 있다. Henri Poincaré, "La théorie de Lorentz et le principe de réaction," *Archives Néerlandaises des sciences exactes et naturelles*, Vol. 5(1900), pp. 252~278.


## 13  빛이 갈라지고 시작된 양자의 세계

1  키르히호프와 분젠은 화학 반응 없이도 원소를 식별해 낼 수 있는 새로운 분석 도구를 개발해 냈다. 이어지는 하이델베르크 대학에서의 아름다운 협업은 분광 기법을 통해 세슘과 루비듐이라는 새로운 원소의 발견으로 이어지게 된다. Gustav Kirchhoff and Robert Bunsen. "Chemische Analyse durch Spectralbeobachtungen," *Annalen der Physik und Chemie* (1860), 2nd ser, Vol. 110, No. 6, pp. 161~189.
키르히호프는 분젠과의 협업 중에도 독립적인 연구를 진행했으며, 이후에 양자역학의 길로 인도하는 지침서가 되었다. Kirchhoff, Gustav. "Ueber das Verhältniss zwischen dem

Emissionsvermögen und dem Absorptionsvermögen der Körper für Wärme und Licht," *Annalen der Physik und Chemie*(1860), Vol. 109, pp. 275~301.
2 토비아스 휘터,《불확실성의 시대》, 배명자 옮김(흐름출판, 2023), p. 23.
3 이 논문은 기적의 해라 부르는 1905년에 발표되었으며, 논문의 제목은《빛의 생성과 변환에 관한 한 가지 발견적인 관점Über einen die Erzeugung und Verwandlung des Lichtes betreffenden heuristischen Gesichtspunkt》이다. 아인슈타인은 논문에서 직접적으로 플랑크의 연구를 언급했으며 자신의 연구가 플랑크의 가설, 즉 에너지의 최소 단위인 양자로부터 시작되었음을 시사한다. 또한 당시 광전 효과를 밝혀낸 실험 물리학자 필리프 레나르트의 1902년 논문을 언급하며, 맥스웰의 연속적인 전자기파가 아닌 불연속적인 입자 기반의 해석을 시도했다. Max Planck, "Ueber das Gesetz der Energieverteilung im Normalspectrum," *Annalen der Physik*(1901), Vol. 4, pp. 553~563; Philipp Lenard, "Ueber die lichtelektrische Wirkung," *Annalen der Physik*, Vol. 8(1902), pp. 169~198; Albert Einstein. "Über einen die Erzeugung und Verwandlung des Lichtes betreffenden heuristischen Gesichtspunkt," *Annalen der Physik,* Vol. 17(1905), pp. 132~148.
4 밀리컨은 기름방울 실험을 통해 비전하 상태의 물리량을 벗어나 최초로 전자의 전하량을 측정했으며, 정밀한 실험을 통해 플랑크 상수까지 측정해 낸 실험 물리학자이다. Robert A. Millikan, "On the Elementary Electrical Charge and the Avogadro Constant," *Physical Review*(1913), Vol. 2, No. 2, pp. 109~143.
5 토비아스 휘터,《불확실성의 시대》, 배명자 옮김(흐름출판, 2023), p. 78.

## 에필로그 • 노벨상에 다가간 한국인

1 "13 Sextillion & Counting: The Long & Winding Road to the Most Frequently Manufactured Human Artifact in History," *Computer History Museum*(April 2, 2018. Retrieved 28 July 2019).
2 https://computerhistory.org/blog/13-sextillion-counting-the-long-winding-road-to-the-most-frequently-manufactured-human-artifact-in-history/?key=13-sextillion-counting-the-long-winding-road-to-the-most-frequently-manufactured-human-artifact-in-history 참고.
3 Lee A. Daniels, "Dr. Dawon Kahng, 61, Inventor In Field of Solid-State Electronics," *The New York Times*(1992. 05. 28) 참고.
4 http://kcs.cosar.or.kr/2024/prof_kahng.jsp 참고.
5 2023 IEEE ANNUAL REPORT. https://ieeeannualreport.org/2023/ieee-by-the-numbers/

## 전기의 요정

ⓒ이태연, 2025. Printed in Seoul, Korea

초판 1쇄 펴낸날    2025년 8월 6일
초판 3쇄 펴낸날    2025년 9월 5일

지은이    이태연
펴낸이    한성봉
편집    최창문·이종석·오시경·김선형
콘텐츠제작    안상준
디자인    최세정
마케팅    오주형·박민지·이예지
경영지원    국지연·송인경
펴낸곳    도서출판 동아시아
등록    1998년 3월 5일 제1998-000243호
주소    서울시 중구 필동로8길 73 [예장동 1-42] 동아시아빌딩
페이스북    www.facebook.com/dongasiabooks
전자우편    dongasiabook@naver.com
블로그    blog.naver.com/dongasiabook
인스타그램    www.instargram.com/dongasiabook
전화    02) 757-9724, 5
팩스    02) 757-9726
ISBN    978-89-6262-668-1  93400

※ 잘못된 책은 구입하신 서점에서 바꿔드립니다.

## 만든 사람들

편집    최창문·김경아
표지디자인    최세정